도심지 터널
로드헤더 기계굴착 가이드

도심지 터널

로드헤더 기계굴착 가이드

Roadheader Excavation Guide
in Urban Tunnelling

김영근, 정호영, 조정우, 장진석
박사원, 이용준, 최성현 저

사단
법인 한국암반공학회
KOREAN SOCIETY FOR ROCK MECHANICS AND ROCK ENGINNERING

씨
아이
알

[로드헤더 기계굴착 가이드]

■ Why 왜 기계굴착인가?

전통적으로 터널 굴착에 주로 사용되어 왔던 발파공법은 가장 효율적인 방법으로 적용되어왔지만 이제는 발파진동과 안전문제에 대한 민원으로 인하여 새로운 전환점에 맞이하게 되었다. 다시 말하면 보다 적극적인 기술적 대응을 통하여 민원 문제를 해결하여야 하고, 안전 이슈에 대한 답을 제공하여야 하는 것이다. 도심지 터널공사에서 기술적 해결책의 하나로 로드헤더를 이용한 기계굴착이 검토되었으며, 본 책은 로드헤더 기계굴착에 대한 공학적 기본 틀을 제공하고자 하였다.

■ What 무엇을 담고 있는가?

도심지 터널공사에서는 지질 및 지반 특성과 주변 상황 및 환경 그리고 시공성 및 경제성을 고려한 최적의 굴착공법이 검토되어야 한다. 본 책에는 도심지 터널에서의 이슈와 문제점, 기계굴착기술의 역사와 주요 특성, 로드헤더 장비의 특성과 운영, 터널설계 시의 굴착설계 프로세스 그리고 국내 터널프로젝트에서의 설계적용사례와 해외터널공사에서의 로드헤더 적용사례 등을 포함하고 있으며, 주요 내용은 다음과 같다.

- Part I 도심지 터널과 기계굴착
- Part II 기계굴착 가이드 – 실험 및 방법론
- Part III 기계굴착 장비 설계 및 운영
- Part IV 로드헤더를 이용한 터널 굴착설계
- Part V 도심지 터널에서 로드헤더 설계 및 적용사례

■ How 어떻게 만들어졌나?

터널공학은 다양한 분야의 전공이 서로 협업해야 하는 통합공학이다. 특히 로드헤더 기계굴착은 암석(암반)을 대상으로 기계를 이용하여 굴착하는 기술로 암반분야, 터널분야, 기계분야, 토목분야의 다양한 전문지식과 경험이 요구된다. 본 책은 대학 교수(암반 전공), 국책연구소 연구원(굴착+기계 전공), 설계 엔지니어(터널+지반 전공) 및 로드헤더 제작사 담당자(자원 전공) 등 7명이 모여 각각의 역할분담을 통하여 1년간의 노력 끝에 만들어졌다.

발 간 사

최근 건설업계의 급격한 변화 속에 이제는 새로운 건설패러다임을 준비해야 하는 중요한 귀로에 서 있습니다. 오늘날은 하나의 고유한 분야가 아닌 타 분야와의 적극적인 협력을 통하여 보다 적극적인 자세로 새로운 건설시장을 만들어가야 하는 퓨전 테크놀로지가 무엇보다 절실한 시대라 할 수 있습니다. 이러한 의미에서 우리 학회는 암반공학과 관련한 보다 다양하고 폭넓은 기술 분야의 활발한 참여와 기여를 더 활성화하고자 노력하고 있습니다. 특히 국토의 효율적 활용을 위하여 지하 교통인프라와 지하공간인프라에 대한 관심과 노력이 증가함에 따라 건설부문에서 암반공학의 중요 성은 꾸준히 증가하고 있습니다.

우리 학회에서는 이러한 추세에 맞추어 1983년 창립 이후 학회 내에 전문분야에 대한 기술위원회를 신설하고, 기술위원회를 중심으로 다양한 암반공학 분야에서의 기술 활동을 지속적으로 수행하여 터널 및 암반공학의 기술발전에 기여해왔습니다. 최근에는 보다 새로운 분야에 대한 기술위원회를 신설하고 그 활동을 적극적으로 지원하고 있습니다.

특히 암반 기계굴착 분야는 암반 기술자들이 해결해야 할 새로운 기술 분야로서 기계 및 장비기술자와 함께 공동의 작업을 통하여 효율적이고 실제적인 응용기술을 터널 현장에 제공할 수 있도록 다양한 연구개발과제를 능동적으로 수행하고 전문가들과 교류하고 있습니다.

우리 학회는 지난 37년 동안 여러 회장님들의 노력으로 기술포럼 및 특별 세미나 개최, 현장답사 및 현장견학 그리고 다양한 기술서적 발간 등을 꾸준히 진행해왔습니다. 또한 현안이 되는 기술 이슈와 기술적으로 고민이 되는 특별주제에 대한 학습과 교류의 장을 형성함으로써 지질, 암반, 터널 등의 기술자들이 함께할 수 있는 뜻깊은 자리를 활성화하는 등 학회 내 활동을 지속적으로 수행해왔습니다.

지금까지의 암반공학 분야에서의 기계굴착 등에 관한 연구내용을 수정·보완하고, 기술적 성과를 하나로 묶어 터널기술자들에게 기계굴착 분야를 소개하고 관련 업무에 활용할 수 있도록 로드헤더에 대한 기술도서로서『로드헤더 기계굴착 가이드 Roadheader Excavation Guide』를 발간하게 되었습니다. 본 책자는 우리 학회와 우리 학회 소속의 전문가들의 노력의 결과라고 할 수 있으며, 암반공학을 전문으로 하는 많은 기술자 및 우리 학회 회원들에게 매우 중요한 참고자료로서 활용될 수 있을 것입니다. 또한 앞으로 계속적인 활동과 노력을 통하여 제2, 제3의 책자가 발간되어 암반 및 터널에 대한 소중한 기술자료가 되었으면 하는 바람입니다.

끝으로 본 책자의 발간에 많은 노력을 기울여주신 대표저자인 김영근 박사를 비롯한 집필위원과 바쁘신 와중에도 자문을 해주신 자문위원들의 노고에 깊은 감사의 말씀을 드립니다. 그리고 학회 발간에 모든 협조를 아끼지 않으신 씨아이알 김성배 사장께도 고맙다는 말씀을 전합니다.

2021년 5월
(사)한국암반공학회
회장 최 성 웅

권두언

최근 지하(Underground)와 터널(Tunnel)이라는 이슈가 뜨겁습니다. 특히 영동 지하공간복합개발사업과 수도권 광역철도사업(GTX-A)과 같은 대형 지하공간프로젝트가 활발히 진행됨에 따라, 도심지 구간에서의 터널공사 중에 발생하는 각종 기술적 사항에 대한 관심도 더욱 증가하고 있으며 이는 상당한 정도의 민원으로 나타나고 있음을 볼 수 있습니다. 이러한 관점에서 기존의 지하터널공사에 대한 새로운 접근방식이 요구되는 시점이라고 생각합니다. 또한 도심지 대심도 지하터널공사로 인하여 발생하는 제반 문제는 매우 심각한 상황에 이르렀습니다. 특히 발파 굴착에 의한 진동소음 문제, 터널 굴착으로 인한 지반침하 및 도로함몰 문제 그리고 주변 건물 및 구조물에 대한 안전문제가 지속적으로 발생함에 따라 국가 차원에서 이에 대한 적극적인 관리를 수행하기 위하여 2018년 지하안전관리에 대한 특별법을 제정하고, 모든 도심지 터널공사에서의 지하안전영향평가를 반드시 수행하도록 하고 있습니다.

우리 학회에서는 도심지 터널공사에서의 안전 및 환경문제에 대한 기술적 대책을 마련하고자 다양한 노력을 진행하여왔습니다. 기존의 발파공법에 대한 새로운 대안과 공법을 마련하고 또 한편으로는 발파를 대신할 수 있는 기술적 대안에 대한 연구를 관련 기술위원회를 중심으로 수행한 바 있습니다. 특히 지난 1년 동안 암반굴착 분야에서의 로드헤더 기계굴착에 대한 기술연구를 관련 전문가그룹을 중심으로 체계적으로 수행하였습니다.

우리 학회는 이러한 연구성과를 바탕으로 작년 11월 [로드헤더 기계굴착]을 핵심이슈로 '도심지 터널에서의 로드헤더 기계굴착 적용방안 모색'이라는 주제의 정책포럼을 개최하여 '대심도 터널 기술개발'에 대한 초청강연과 더불어 도심지 터널에서의 기계굴착, 기계굴착 가이드—실험 및 방법론, 로드헤더 장비설계 및 운영, 로드헤더를 이용한 터널 굴착설계 및 사례, 해외 터널공사에서의 로드헤더 적용사례 등에 대한 전문가 발표와 발주기관, 연구기관, 학계, 민간을 대표하는 전문가 패널토론을 통해 도심지 터널에서의 기계굴착 적용방안에 대해 심도 있게 논의하였습니다.

이번 책자 발간은 도심지 대심도 터널에서의 주요 기술적 이슈에 대한 기술대책과 해결방안에 대한 우리 학회 차원의 전문적인 기술선도의 방안으로 계획되었으며, 본 책을 통해 도심지 대심도 터널 및 로드헤더 기계굴착과 관련한 다양한 정보가 공유될 수 있기를 기대합니다.

그동안 여러 연구진들의 노력의 결실로 한 권의 책이 만들어졌습니다. 열악한 환경 속에서도 열과 성을 다하여 집필을 도와주신 모든 분들께 진심으로 감사드리는 바입니다. 특히 본 책자의 발간에 많은 노력을 기울여주신 (주)건화 김영근 부사장과 연구비를 지원해주신 단우기술단 추석연 대표께 깊은 감사의 말씀을 드립니다.

2021년 5월
(사)한국암반공학회
전임회장 전 석 원

추 천 사

최근 지하교통인프라 계획과 터널 프로젝트가 급격이 증가함에 따라 지하(Underground)와 터널 (Tunnel)이라는 말이 주목을 받고 있습니다. 건설 분야가 어려운 상황 속에서도 터널과 지하공간 분야는 지속적으로 발전을 거듭하고 있으며, 바야흐로 터널과 지하공간이 건설 분야의 중심으로 자리 잡고 있습니다. 또한 터널기술에 대한 수요와 기술적 기대 속에서 터널기술자의 기술적 노력과 기술발전에 대한 관심이 필요한 때라고 생각됩니다.

한국터널지하공간학회는 터널과 지하공간에 대한 연구사업과 기술서비스를 수행하고 있는 명실 상부한 국내 최고의 학회로 자리하고 있습니다. 최근 도심지 굴착, TBM 기계화 시공, 대심도 터널 굴착 및 지하 안전문제에 대한 다양한 업무를 터널전문가를 중심으로 수행하고 있으며, 터널 설계기 준 및 시방서 등을 제정하고 중요한 터널 이슈에 대한 해결방안과 미래 비전을 제시하기 위하여 노력하고 있습니다.

터널공학은 지질, 암반, 지반, 구조 및 환기 및 방재 분야가 모여 코웍이 요구되는 통합공학입니 다. 아름답고 멋진 터널공간을 구축하기 위해서는 모든 분야의 전문기술자들의 협업과 소통이 무엇 보다 중요하다 할 수 있습니다. 특히 암반공학은 터널공학의 중요한 분야로서 많은 암반기술자들이 터널전문가로서 활동하고 있으며, 우리 학회의 중심적인 역할을 수행하고 있습니다. 최근에는 우리 학회 내에 발파기술위원회를 신설하여 암반공학 분야와의 기술교류를 확대하고 지하터널굴착문제 에 대하여 협력하여 대응하고 있습니다.

이번에 한국암반공학회에서 도심지 터널에서의 『로드헤더 기계굴착 가이드』라는 책을 발간하게 됨을 진심으로 축하드립니다. 이는 전석원 회장님을 중심으로 한국암반공학회에서 그동안 만들어온 연구 결과와 기술성과를 집대성하여 만들어낸 결과라고 생각합니다. 한국암반공학회는 암반공학 분야에 대한 국내 최고권위를 학회로서 자원 분야뿐만 아니라 건설 분야의 발전에 많은 기여를 해오고 있으며, 특히 한국터널지하공간학회와 긴밀한 협력관계를 유지해왔습니다.

본 책이 암반공학 분야의 발전뿐만 아니라 터널 및 지하공간 분야의 발전에도 도움이 될 것이며 특히 터널기술자들에게 꼭 필요한 실무도서로서 활용될 수 있을 것이라 생각합니다. 특히 터널 현장에서 터널 실무를 담당하는 터널기술자들의 니즈에 부응하여 로드헤더의 설계 및 시공상의 문제 해결에 많은 도움이 될 것으로 판단됩니다. 아울러, 기계굴착기술을 바탕으로 향후 기술적 문제를 해결하기 위하여 다양한 기술적 과제에 대한 토대가 되는 소중한 공간이 될 것입니다.

아름답고 멋진 도심지 터널공간을 창출하기 위하여 노력하고 있는 모든 기술자들에게 꼭 읽어 보기를 강력히 추천드리는 바입니다. 한국암반공학회 회원과 더불어 한국터널지하공간학회 회원 그리고 터널기술자들의 많은 관심과 성원 부탁드립니다. 끝으로 이번 책 발간을 위해 수고한 전석원 전임회장과 최성웅 회장을 비롯한 집필진 여러분 그리고 출판을 담당한 관계자 모두에게 수고했다는 말씀을 전하면서 많은 도움을 주신 여러분께 감사의 말씀을 드립니다.

2021년 5월
(사)한국터널지하공간학회
회장 이 석 원

들어가는 말

암반공학 분야에서 암반 굴착(Rock excavation)은 가장 중요한 분야로 오래전부터 단단한 암석(암반)을 효율적이고 경제적으로 굴착하고자 하는 노력은 지속적으로 계속되었습니다. 그 중요한 축이 바로 화약을 이용한 발파 굴착(Drill and blasting)으로서 굴착속도와 효율을 급격히 발전시키는 데 있어 가장 혁신적이며 핵심적인 기술이라고 할 수 있습니다. 또 하나의 축이 바로 기계를 이용한 기계굴착(Mechanical excavation)으로 전단면 커터헤더를 이용하는 TBM 공법과 로드헤더 장비를 이용하는 굴착공법으로 구분되어 발전되었습니다.

시대가 변화하고 발전함에 따라 건설 패러다임도 급격하게 변하고 있습니다. 암반 굴착의 핵심인 발파공법은 진동과 소음에 대한 민원과 안전문제로 인하여 특히 도심지 터널공사에서는 그 사용이 제한받고 있는 실정으로, 이에 대안으로서 TBM 공법이 검토되고 있습니다. 하지만 TBM 공법은 많은 장점이 있음에도 불구하고 발주처 예산과 도심지 공사에서의 제약성 그리고 기술적 경험의 부족으로 인하여 도심지 터널공사에 적용상에 어려움을 격고 있습니다.

이러한 이유로 해서 도심지 터널공사에서 발파민원을 최소화하고, 적정한 공사비를 감당할 수 있으며, 안전을 확보할 수 있는 굴착공법에 대한 기술적 검토와 고민이 시작되었으며, 호주, 캐나다 등과 같은 선진국에서의 적용사례와 기계공학의 발전에 따른 장비의 고성능화와 대형화가 진행됨에 따라 국내 터널공사에서의 로드헤더를 이용한 기계굴착의 적용성이 면밀하게 검토되었으며, 이는 도심지 지하철 및 고속철도 프로젝트의 터널설계에서 로드헤더 기계굴착이 주요한 대안공법으로 제시되고 있습니다.

하지만 경암반(Hard rock)이 우세한 국내 암석(암반)의 특성을 고려할 때, 로드헤더 기계굴착 적용에 대한 국내 터널기술자의 생각은 '과연 로드헤더가 성공할 수 있을까?' 하는 회의가 있는 것이 사실입니다. 국내에서 로드헤더에 대한 기술적 경험과 적용 실적이 없는 상황에서 적정한 로드헤더장비의 선정과 굴착설계 반영 그리고 시공상 장비운영에 대한 체계적인 검토와 연구가 반드시 요구된다 할 수 있습니다.

따라서 도심지 터널공사에서 기계굴착의 적용을 고민하는 설계나 시공을 담당하는 터널기술자들에게 실무적으로 도움이 될 만한 참고도서가 필요할 것으로 판단되어, 로드헤더 기계굴착에 대한 기술적 이해와 특성에 대해 종합적으로 정리하고자 관련 기술의 분야별 전문가를 중심으로 본 책을 집필하게 되었습니다. 집필진의 고생과 노력으로 한 권의 책이 드디어 만들어졌습니다.

끝으로 로드헤더 기계굴착에 대한 연구와 집필을 과감히 수용해주신 한국암반공학회 전임회장 전석원 교수와 회장 최성웅 교수께 진심으로 감사드립니다. 또한 지난 1년 동안 동고동락한 집필위원들과 바쁘신 와중에도 자문을 아끼지 않으신 자문위원들께도 감사드립니다. 그리고 항상 책 발간에 도움을 주신 씨아이알 관계자분들에게도 감사의 말씀을 전합니다.

여러 사람의 노력으로 한 권의 책이 만들어지게 되었습니다. 항상 우리 암반공학 분야가 자리매김하고 더욱 발전하기를 바라는 마음과 그러기 위해 모두가 노력하고 함께하는 모습을 그려봅니다. 또한 모든 기술자들에게 정말로 도움이 되는 좋은 책이 되기를 바랍니다.

2021년 5월
대표저자 김 영 근

차 례

로드헤더 기계굴착 가이드[요약]
Executive Summary

CHAPTER 01 도심지 터널과 기계굴착

■ 요약

도심지 과밀화로 인한 토지자원의 수급문제와 도시자원의 고갈 등의 문제에 대비하여 도시공간의 효율적인 이용과 개발을 위한 대체공간의 확보가 필요한 실정이며, 최근 대심도 지하공간을 이용하는 방안이 활발히 제시되고 있다. 또한 다양한 경험과 노력을 바탕으로 고도화된 설계 및 시공 기술을 토대로 이를 실현하고자 하는 기술적 노력이 증가하고 있으며, 이와 더불어 도심지 내 원활하고 신속한 물류이동을 위하여 도심지와 외곽을 연결하는 철도 등의 개발이 최근 활발히 진행 중이거나 계획되고 있으며, 도심지 터널은 교통인프라를 위한 공간으로도 그 중요성이 부각되고 있다.

본 장에서는 도심지 터널공사의 주요 특성과 현재 개발 중인 도심지 터널공사에서 나타난 주요 이슈 사항을 중심으로 도심지 터널공사의 문제점을 살펴보았다. 또한 기존의 발파 굴착공법의 문제점을 해결하기 위한 대안으로 제시되고 있는 TBM 공법과 로드헤더(Roadheader) 기계굴착 공법 대한 장단점을 분석하고 도심지 터널공사에 적용 가능성을 고찰하였다. 특히 국내 암반 특성과 도심지 터널 특성을 고려하여 향후 로드헤더 기계굴착공법의 공학적 특성을 검토하였다.

[그림 1.1] 도심지 터널사업의 개념

1. 도심지 터널 현황과 주요 이슈

최근 도심 교통문제를 해결하기 위하여 새로운 교통 인프라 개발사업이 활성화되고 있으며, 특히 기존 도심구간 및 지하철 하부를 통과하는 도심지 터널로 계획되고 있다. 대표적인 사업으로 수도권 광역철도사업(GTX-A, B, C), 신안산선 도시철도사업, 인덕원~동탄 도시철도사업, 월곶~판교 도시철도 사업 등과 같은 지하철도와 서부간선 도로 지하화 사업, 동부 간선 지하화 사업, 경인 고속도로 지하화 사업과 같은 지하도로 등이 있다. 이와 같은 대규모 도로 및 철도사업은 사업특성상 대부분의 구간이 지하 40m 이하의 대심도 터널로 계획됨에 따라 도심지 대심도 터널에 대한 다양한 기술적인 문제를 해결하여야 한다.

(a) 서부간선 지하도로 사업　　　　　　　(b) 신안산선 도시철도 사업

[그림 1.2] 현재 진행 중인 대표적인 도심지 터널 프로젝트

도심지 터널사업은 기존 도심지 하부를 통과하는 특성에 따라 안전에 대한 문제(싱크홀 및 지반침하)와 환경에 대한 문제(발파진동 및 소음) 등에 다양한 민원이 발생하고 있다. 이러한 경우 기존의 터널공법을 적용하는 계획으로는 민원을 해결하지 못하여 계획단계에서부터 상당한 어려움을 겪게 되므로 이에 대한 기술적 대책을 수립하여야만 한다.

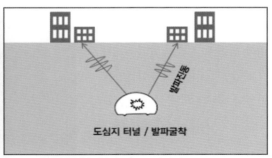

(a) 안전 이슈-지반침하(싱크홀)　　　　　(b) 환경 이슈-발파진동

[그림 1.3] 도심지 터널공사에서의 주요 이슈

2. 도심지 터널굴착공법과 문제점

도심지 터널은 도심지 구간을 통과하는 터널로서 상대적으로 안전성이 취약하고 환경성에 민감하며, 시공성 확보가 매우 어려운 특징을 가진다. 최근 도심지 터널프로젝트에서 안전 및 환경에 대한 다양한 민원이 급증함에 따라, 이를 고려한 최적의 터널공법과 굴착방법을 선정하는 것이 매우 중요하다. 다음 표에는 도심지 터널에 적용 가능한 터널공법으로서 발파굴착, 로드헤더 기계굴착, TBM 공법의 장단점을 비교분석하고, 각 공법의 주요 이슈에 대하여 정리하여 나타내었다.

[표 1.1] 도심지 터널에서의 터널굴착공법의 비교

터널공법	NATM		TBM
굴착공법	발파 굴착(Drill and Blast)	기계식 굴착(Mechanical Excavation)	
		Roadheader	Shield Machines/ Hard rock TBMs
개요	발파를 이용하여 막장면을 굴착한 후 숏크리트와 록볼트를 이용하여 지보를 설치하는 공법	로드헤더 등을 이용하여 막장면을 굴착한 후 숏크리트와 록볼트를 이용하여 지보를 설치하는 공법	TBM 장비를 이용하여 전단면(원형)으로 굴착하면서 세그먼트 또는 숏크리트 라이닝을 설치하는 공법
도심지 터널 — 특징	• 안정성 취약 : 빌딩 하부통과, 지장물과의 간섭, 기존 구조물과의 근접 시공 • 환경성 민감 : 주민과 생활 시설물에 진동, 소음, 먼지, 지하수위 등 • 시공성 불량 : 공사부지 협소, 자재 및 장비 운반의 한계 등		
도심지 터널 — 장점	• 시공성 우수(Multi face) • 기술경험 풍부 • 지질/지반 대응성 우수 • 상대적으로 공사비 저렴	• 진동 소음문제 적음 • 굴착면 양호 • 이완영역 최소 • 단면 적용성/이동성 우수	• 진동 소음문제 적음 • 굴착에 의한 주변영향 적음 • 터널 안정성 우수 • 굴진속도 빠름
도심지 터널 — 단점	• 발파진동 및 소음 문제 • 발파불가구간 공사비 증가 • 도심지구간 제한성 큼 • 대규모 민원 발생	• 시공성(굴진율) 검증 필요 • 국내 기술경험 부족 • 경암반에서 낮은 효율성 • 공사비 자료 부족	• 대규모 공사장 요구 • 국내 기술경험 부족 • 복합지반에서 낮은 적용성 • 상대적으로 공사비 고가
도심지 터널 — 이슈	• 발파민원 문제에 대한 기술적/사회환경적 대응 대책	• 국내 지질 및 암반특성에 대한 적합성/적용성 검증	• 공사비 문제해결을 위한 발주방법 및 시스템 개선
비고			

3. 도심지 터널에서의 기계굴착 적용

최근 도심지 터널공사에서 이슈가 되고 있는 발파진동에 대한 문제를 해결하기 위하여 여러 가지 기계굴착공법에 대한 적용이 검토되고 있다. 도심지 터널에 적정한 터널공법의 선정은 안전하고 합리적인 공사를 위한 가장 중요한 요소로서, 일반적으로 해당 구간의 지질 및 암반특성과 지하수위와 같은 지반 조건과 터널 단면, 연장 및 심도 등의 터널 특성을 종합적으로 고려하여야 한다.

다음 그림에는 도심지 터널에 적용 가능한 기계굴착공법으로서 부분단면 굴착이 가능한 로드헤더, 굴삭기와 전단면 굴착용인 오픈 TBM, 쉴드 TBM 공법을 구분하고, 암반 특성에 따른 굴착공법의 적용 가능한 범위를 개념적으로 도시하여 나타내었다.

굴착면 \ 암반	중/경 암반(Hard rock)	연약 지반(Soft ground)
부분단면 굴착 Part face excavation (다양한 단면)	 Roadheader 커팅헤드를 이용하여 굴착하는 모듈조합 완성차	 Excavator 굴삭기를 이용하여 토사/풍화토 등 굴착
전단면 굴착 Full face excavation (원형 단면)	 Hard rock TBMs 케터헤드 회전력과 그리퍼를 지지하여 추진 굴진	 Shield machines 커터헤드 회전력과 세그먼트를 지지하여 굴진
기계 굴착 선정 기준	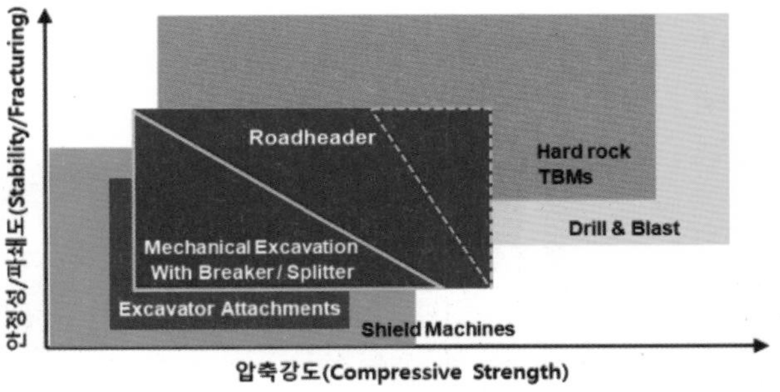	• 암석 특성(강도)과 암반 특성(절리발달 정도)에 따라 적용 가능한 굴착공법의 범위를 나타낸 것 • 암석에 대한 여러 가지 실험 결과와 현장에서 확인되는 암반분류 값 등을 참고하여 결정

[그림 1.4] 암반 조건과 굴착 단면에 따른 기계 굴착의 적용범위

CHAPTER 02 기계굴착 가이드 – 실험 및 방법론

■ **요약**

　로드헤더를 이용한 굴착공법은 기존 발파공법과 대비하여 소음, 진동 저감 등의 장점을 가지며, 굴착단면이 원형으로 제한되는 TBM 공법과 비교하여 다양한 터널형상 및 굴착단면에 대응할 수 있다. 이러한 장점을 기반으로 국내외에서 도심지 터널 및 지하공간개발 공사에서 로드헤더의 적용이 늘어날 것으로 전망되고 있다. 로드헤더를 이용한 암반굴착공법에서는 대상 암반의 역학적인 특성뿐만 아니라 로드헤더의 기계적인 특성을 모두 이해할 필요가 있다.

　따라서 본 고에서는 로드헤더의 정의, 종류, 발전 현황에 대해 소개하였고 최근 국내외 로드헤더 시장의 변화 및 연구개발 트렌드에 대해서 기술하였다. 또한 로드헤더의 부품 및 구성을 상세히 소개하고 로드헤더의 설계 시 고려할 점에 대해서 자세하게 수록하였으며, 로드헤더의 기계식굴착 공법에 의해 암반이 굴착되는 기본 원리, 로드헤더의 기계굴착에서 고려되는 설계변수, 로드헤더의 굴진성능 평가를 위한 각종 이론과 시험법, 예측모델 등을 자세히 소개하였다.

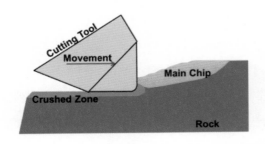

[그림 2.1] 암반 커팅 프로세스와 암석 마모시험(Pittino 등, 2015)

1. 로드헤더 소개

로드헤더는 암석과 광물을 굴착하기 위한 건설 및 광산용 장비로서 (1)전기유압 동력부 (Eelectro-hydraulic power train), (2)커팅헤드(Cutting head), (3)붐(Telescopic boom), (4)버력이송장치(Loading-conveyor system) (5)이동 하부체(Undercarriage), 5가지 모듈/기능을 갖추고 있는 완성차로 정의할 수 있다. 커팅헤드의 회전과 압입에 따라 암석을 굴착하는 로드헤더는 커팅헤드의 형상에 따라 두 가지로 분류할 수 있으며 회전축과 붐의 축이 일치하는 콘타입과 회전축과 붐의 축이 직교하는 드럼타입으로 나뉜다.

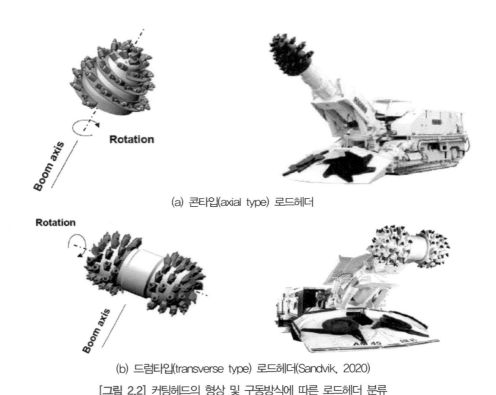

(a) 콘타입(axial type) 로드헤더

(b) 드럼타입(transverse type) 로드헤더(Sandvik, 2020)

[그림 2.2] 커팅헤드의 형상 및 구동방식에 따른 로드헤더 분류

로드헤더의 커팅헤드 형태에 따라 장단점을 가질 뿐만 아니라 암반을 굴착하는 썸핑(Sumping) 작업과 쉬어링(Shearing) 작업의 형태가 달라지기도 한다. 따라서 로드헤더에 의한 터널 공사 시에는 로드헤더를 구성하는 각 요소부품들에 대한 이해가 필수적이며, 대상 암반에 적합한 장비를 선정하는 것이 매우 중요하다. 따라서 로드헤더를 구성하는 구성요소들과 그것들의 기능에 대하여 이해하고, 로드헤더의 형식에 따른 장단점 그리고 시공상에서 유의할 점에 대하여 주의 깊게 살펴볼 필요가 있다.

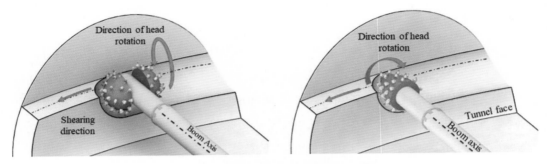

[그림 2.3] 드럼타입과 콘타입 로드헤더의 작동방법

　　로드헤더와 굴진성능 및 작업효율을 증대시키기 위하여 꾸준한 연구가 수행 중에 있다. 과거에 수행되었던 연구개발 주제로는 커팅헤드에 픽을 배열하고 사양을 설계하는 커팅헤드의 설계에서부터 픽의 수명과 관련한 금속재료의 내구성능, 픽의 암석절삭을 보조하기 위한 워터젯 공법, 토크를 절감하기 위한 실험적 접근방법을 포함하고 있다. 현재 활발하게 연구되고 있는 주제로는 분진제어 및 집진 이슈, 기존의 굴착공법의 대안으로 연구되고 있는 언더커팅, 4차 산업혁명과 맞물려 로드헤더의 지능화, 자동화와 밀접한 관련을 갖고 있는 자동제어 및 모니터링에 대한 기술이 대표적이다.

(a) 언더커팅

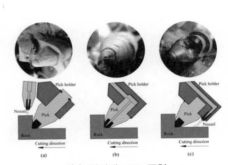

(b) 워터젯 보조 굴착

(c) 토크 절감

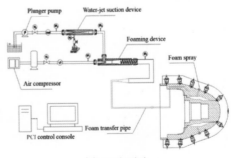

(d) 분진 저감

[그림 2.4] 과거 및 현재의 로드헤더 관련 연구 주제

2. 로드헤더 사양 및 성능

　로드헤더는 기계설계적인 관점에서 로드헤더는 커팅모듈(1~3), 배출모듈(4~5), 하부체(6~7), 동력모듈(8~9), 작업제어(10~11)로 분류할 수 있다. 커팅모듈은 커팅헤드와 픽커터, 커팅모터, 감속기로 구성되며, 버력배출모듈은 버력로더, 컨베이어벨트, 스테이지로더로 이루어져 있다. 또한 이동하부체, 동력시스템 또한 세부 부품으로 구성이 되어 있으며, 암반을 굴착하는 데 가장 중요한 부분 중 하나인 작업제어모듈은 텔레스코픽 붐의 회전 및 자세를 제어하는 역할을 한다.

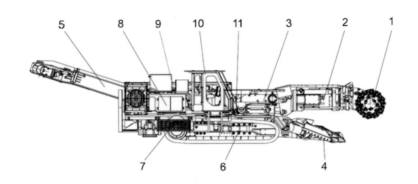

[그림 2.5] 로드헤더 구성요소의 기계적 분류

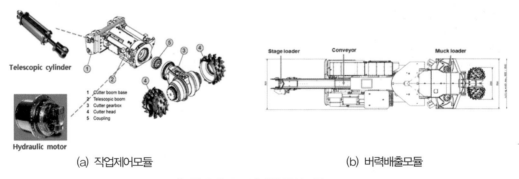

(a) 작업제어모듈　　　　　　　　　　　　(b) 버력배출모듈

[그림 2.6] 로드헤더의 구성모듈

　한편 로드헤더는 대상 암반의 강도에 따라 동력성능과 등급을 구분하는 것이 일반적이며, 로드헤더의 형태와 크기가 달라진다. 소형 로드헤더는 주로 풍화암과 연암을 대상으로 면고르기 용도로 사용되며, 중형장비는 주로 연암－보통암 굴착용과 석탄광 개발용으로 사용된다. 마지막으로 대형 로드헤더는 중경암－경암의 작업이 가능하다.

(a) 소형   (b) 중형   (c) 대형

[그림 2.7] 로드헤더의 등급에 따른 분류

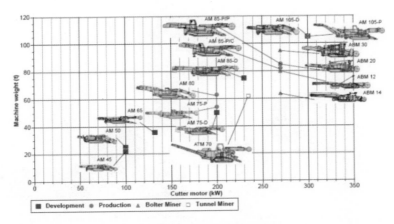

[그림 2.8] 로드헤더의 등급별 용도

또한 로드헤더 커팅헤드에 배열되어 암석을 절삭하는 픽커터는 적용되는 암석에 따라 그 형상과 크기가 달라진다. 경암용은 마모성능을 위해 팁과 보호하기 위한 헤드의 크기가 큰 것이 특징이며, 연암이나 풍화암을 굴착할 때에는 뾰족한 형태의 픽을 사용하는데, 공사비 측면에서 로드헤더뿐만 아니라 대상 암반의 조건에 적합한 픽커터의 선정이 매우 중요하다.

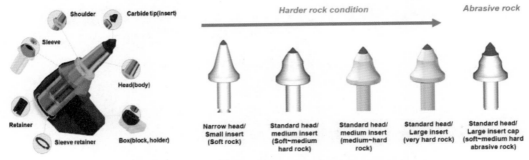

[그림 2.9] 픽의 구성부품 및 암석의 강도에 따른 픽의 형상 변화

3. 로드헤더 암반굴착 기초

로드헤더를 이용하여 터널 비롯한 다양한 지하공간을 굴착할 때, 터널 및 지반공학자들이 주어진 암반조건에 적합한 로드헤더를 설계하기 위해서는 주어진 암반조건에 필수적으로 이해하여야 하는 로드헤더에 의한 암반의 절삭원리, 로드헤더와 커팅헤드의 핵심설계변수들에 대하여 설명하였다.

로드헤더에서 가장 핵심적인 부분 중 하나는 실제로 암반에 맞닿아 굴착을 수행하는 커팅헤드이며 로드헤더가 주어진 암반을 성공적으로 굴착하는지에 대한 여부는 로드헤더의 주요 사양인 토크, 자중, 동력뿐만 아니라 주어진 암반조건에 적합한 커팅헤드의 설계에도 크게 영향을 받는다. 커팅헤드의 설계에는 설치되는 픽의 개수, 배열 형태, 픽의 설치 각도, 1회전당 압입깊이, 커터간격 등이 중요한 변수로 고려된다.

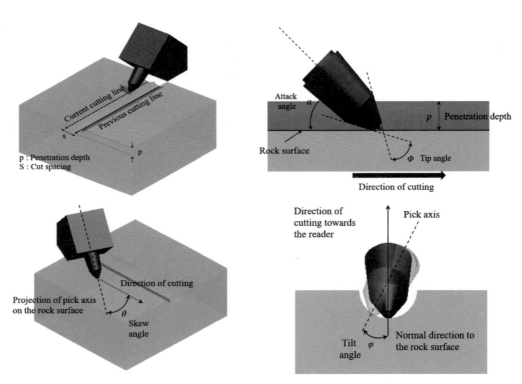

[그림 2.10] 픽커터와 암석 사이에 정의되는 변수

한편 굴착의 대상이 되는 암석은 대표적인 취성재료로서, 압축응력보다는 인장에 취약한 특성을 갖는다. 따라서 픽커터에 의한 암석의 절삭에서는 암석의 관입에 의해 발생된 암석의 압축응력으로부터 인장응력을 유도시켜 암석을 치핑하는 원리로 암석을 절삭하게 된다.

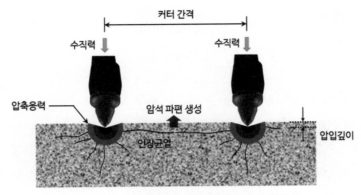

[그림 2.11] 픽커터에 의한 암석의 파쇄 원리

픽커터가 암석을 절삭할 때에는 세 방향의 직교하는 커터작용력이 암석을 파쇄하는 힘의 반력으로 작용한다. 이 커터작용력은 수직력(Normal force), 절삭력(Cutting/driving/drag force), 측력(Side/lateral force)으로 구분할 수 있다. 로드헤더의 암석 굴착효율을 나타내는 지표로는 비에너지가 일반적으로 사용된다. 비에너지는 단위 부피의 암석을 파쇄시키는 데 소요되는 일로써 정의되는 값이며, 비에너지가 최소로 되는 조건에서 운용조건을 결정하여야 높은 굴착효율을 기대할 수 있다.

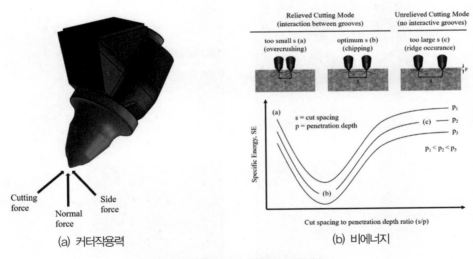

(a) 커터작용력

(b) 비에너지

[그림 2.12] 로드헤더의 핵심설계변수

이러한 로드헤더의 설계를 위한 핵심변수들은 암반 및 암석의 물성에 의존적인 특성을 갖기 때문에 로드헤더에 의한 터널공사에서 커팅헤드를 설계하고 로드헤더의 굴진성능을 예측하기 위해서는 암석과 로드헤더 사이에 정의되는 설계변수들을 주어진 암반조건에 최적화시키는 것이 필수적이다.

4. 로드헤더 굴진성능 평가

로드헤더의 굴진성능에는 대상 암반조건과 커팅헤드의 절삭조건, 로드헤더의 운용조건 등이 복합적으로 영향을 미친다. 로드헤더의 굴진성능을 예측하기 위한 방법으로 다양한 스케일의 암석절삭시험, 경험적인 예측방법, 현장시험 등을 고려할 수 있다. 암석절삭시험은 그 방식에 따라 선형절삭시험, 회전식절삭시험, 실규모 현장시험으로 구분할 수 있다. 먼저 선형절삭시험은 암석블록을 대상으로 실험실에서 절삭시험을 수행하여 다양한 설계변수 조합에 따른 절삭성능을 평가하는 데 유용한 방법이다. 회전식 절삭시험은 선형절삭시험보다 더 넓은 범위의 커팅헤드에 대한 실험을 수행할 수 있다. 이 실험은 커터의 배열, 커팅헤드의 회전속도, 절삭 깊이에 따른 성능을 검증할 수 있으며, 실험 중 발생하는 진동 및 장비의 밸런스 등과 같은 커팅헤드의 거동을 평가할 수 있다. 현장시험은 로드헤더 전체를 제작하여 현장에서 굴진시험을 수행하는 방법으로 장비의 중량, 토크, 동력과 같은 장비 전체적인 측면에서의 설계요소를 검토할 수 있으며, 설계된 커팅헤드의 성능을 전반적으로 검증할 수 있다.

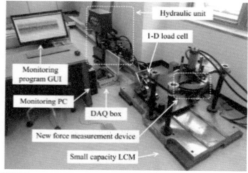

(a) 선형절삭시험

(b) 회전식 절삭시험

[그림 2.13] 로드헤더의 설계변수 획득을 위한 암석절삭시험

로드헤더의 설계에는 장비의 운용 및 굴착 측면에서 커터간격, 압입깊이 등의 절삭조건을 절삭시험을 통하여 도출하는 것도 중요하지만, 암석의 마모도와 픽커터의 수명을 예측하는 것도 매우 중요하다. 픽의 수명을 예측하는 방법으로 암석 마모시험이 대표적으로 활용된다. 통상 암석의 기계굴착에는 세르샤 마모시험, NTNU 시험, LCPC 시험, Gouging 시험, Taber 합경도 마모시험 등이 활용되고 있으며, 현장데이터와 마모시험으로부터 얻어진 상관관계를 통해 픽의 수명을 추정하는 것이 가장 합리적인 방법으로 고려되고 있다.

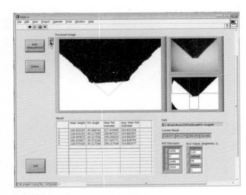

[그림 2.14] 픽커터의 마모성능 측정을 위한 세르샤 마모시험

로드헤더의 굴진성능에는 암석의 역학적 물성, 지질구조학적 특성, 로드헤더의 기계적 특성, 장비의 운용조건이 복합적으로 영향을 미치며, 현재까지 다양한 인자들로부터 로드헤더의 굴진성능 및 커터의 소모개수를 추정하기 위한 다양한 예측식이 고안되어 실무에서 활용되고 있으나 핵심적인 정보에 접근하는 것은 어려운 것이 현실이다. 국내에서도 지속적으로 현장데이터를 수집·분석하여 국내 암반조건에 적합한 예측모델을 개발하기 위한 노력이 필요할 것으로 판단된다.

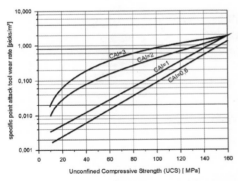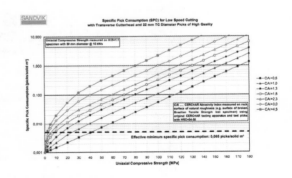

[그림 2.15] 로드헤더의 굴진성능 예측을 위한 경험적 예측모델

기계굴착 장비 설계 및 운영

CHAPTER 03

■ **요약**

본 장은 로드헤더 장비설계 및 운영에 관해 설명하는 장으로서 주로 기계공학의 관점에서 로드헤더의 굴착성능에 대해 서술하고 있다. 1절에서 로드헤더와 픽커터를 이용한 기계굴착의 기초이론과 메커니즘을 간략히 언급하고, 2절에서 커팅헤드의 설계방법을 연구사례와 함께 설명하였다. 3절에서 로드헤더 장비운영에 대한 기초적인 매뉴얼을 소개하고, 암석강도에 따른 필요토크를 해석하였다. 이후 장비 사양에 따른 굴착가능 강도에 대해 분석하였다.

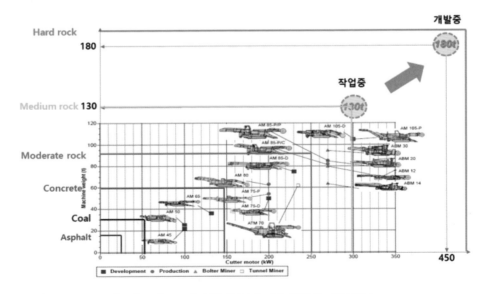

[그림 3.1] 로드헤더 장비사양에 따른 굴착가능 암반등급

1. 기계굴착 기초

로드헤더는 픽커터는 암반을 압입하는 동시에 회전하여 암반표면을 긁어내거나 칩을 떼어내는 방식으로 암반표면을 절삭한다. 최적 절삭조건을 규명하기 위해서 먼저 2가지 주요 설계인자를 알아야 한다. 첫 번째가 최적 절삭간격이고, 두 번째가 임계압입깊이이다. 커터간격을 증가시키면서 선형절삭시험을 수행하면 비에너지의 값이 점차 감소하다가 다시 증가하기 시작하는 최소점이 발생하는데, 이때의 커터간격을 최적 절삭간격 혹은 최적 s/p 비라고 한다.

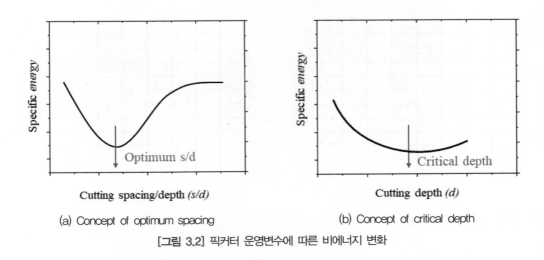

(a) Concept of optimum spacing   (b) Concept of critical depth

[그림 3.2] 픽커터 운영변수에 따른 비에너지 변화

기본절삭 메커니즘은 전통적인 픽의 배열설계 방법에 따른 것이다. 많은 경우 픽은 한 개의 라인에 일렬로 2~3개의 픽이 일렬로 배열되어 있다. 그래서 기존 절삭 경로(①번 경로)의 사이로 다음 차례의 절삭 경로(②번 경로)를 위치시켜 절삭간격(s)을 유지한다. 개별 픽에 비슷한 절삭력이 인가되고, 칩의 크기도 비교적 일정하게 생산되는 장점이 있다. 하지만 일렬로 배열되어 있어 동시절삭이 발생하므로 회전저항의 최대, 최솟값의 편차가 커져 작업조건에 따라 회전속도가 달라지거나, 순간적으로 멈췄다가 출발하는 맥동현상을 보일 수 있다.

순차절삭 방식은 가상의 수평선에 1개의 픽만 배열하게 되어 먼저 절삭경로를 형성한 후, 이후 수평선의 픽이 바로 옆의 경로를 순차적으로 절삭하여 절삭작업이 보다 부드럽게 연결되도록 유도한다. 다시 말해, 픽의 동시타격을 방지하게끔 설계되어 절삭력의 최솟값과 최댓값의 편차를 감소시켜 모터에 비교적 일정한 회전저항이 발생하게 해준다. 이를 통해 숙련도와 관계없이 절삭작업이 안정적으로 진행되도록 도와줄 수 있다.

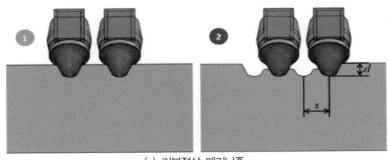

(a) 기본절삭 메커니즘

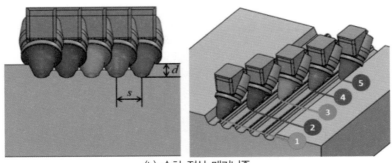

(b) 순차 절삭 메커니즘

[그림 3.3] 픽커터 절삭 메커니즘

2. 커팅헤드 설계기술

픽의 받음각(Attack angle), 비틀림각(Skew angle), 기울임각(Tilt angle)은 커팅헤드 어태치먼트에 배열 될 경우에 설계되는 자세(Orientation)로서 보다 효율적인 비에너지를 가지기 위한 설계변수이다. 특히 받음각과 비틀림각은 절삭 효율을 선형절삭시험을 통해 암반의 경도에 따라 정해진다. 기울임각은 커팅헤드 어태치먼트의 배열될 경우 간섭을 피하기 위해, 특수한 영역에서 효율적인 배열을 위해 설계에 활용되는 변수이다.

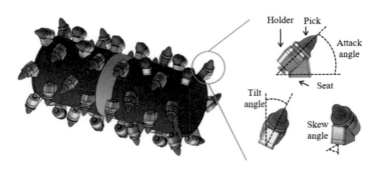

[그림 3.4] 픽의 배열각 변수(Orientation)

(a) 픽의 절삭 궤적

(b) 배열설계

[그림 3.5] 최적설계기법을 이용한 픽커터 배열설계

3. 로드헤더 운영 기초

로드헤더 작동방법은 썸핑(Sumping) 작업과 쉬어링(Shearing) 작업의 2가지 공정으로 나뉜다. 썸핑은 암반면에 커팅헤드를 밀어 넣는 헤드 압입공정을 의미한다. 드럼타입의 경우 커팅헤드의 반경에 도달할 때까지 압입하고, 콘타입의 경우 커팅헤드 길이의 90~100%를 압입한다. 이후 쉬어링 작업에서 통해 붐을 좌우, 상하로 회전하며 암반면을 설정된 썸핑깊이만큼 절삭하여 막장 전체를 굴착한다.

쉬어링 작업 1단계 작업이 2단계 이후 쉬어링 작업에 비해 절삭면의 높이 (혹은 쉬어링 단차= y_shear) 값이 고정되어 있다. 썸핑이 완료되면 커팅헤드의 절반에 해당하는 부피만큼만 암반면이 오목하게 형성되는데, 여기서 수평방향 어느 방향으로 절삭을 진행하든 쉬어링 접촉면이 반드시 커팅드럼의 직경만큼 접촉하게 된다. 1단계 이후부터는 작업자의 선택에 따라 상하 절삭높이를 선택할 수 있다. 즉, 1단계 쉬어링작업 이후 수직으로 붐을 상향으로 올리면서 절삭할 막장의 수직 단차를 결정해야 한다. 전통적으로 쉬어링 단차는 커팅헤드 반경의 절반 정도 수치(즉, 1/4D)를 선택하는데, 높이를 작게 조정하면서 굴착속도를 높이도록 작업 매뉴얼이 조정되고 있다.

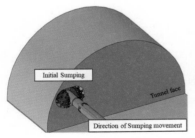
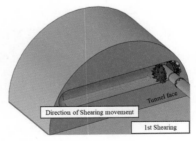

[그림 3.6] 썸핑 작업과 쉬어링 작업 개념도

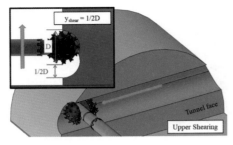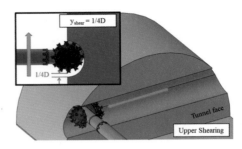

[그림 3.7] 쉬어링 작업 1단계 이후 수직단차 개념도

로드헤더 암반굴착 시 커팅헤드에 작용하는 작업부하, 즉 회전절삭에 필요한 토크 값을 예측하는 방법을 소개하였다. 장비와 암반에 대한 많은 경우의 수를 고려할 수는 없으므로 특정 로드헤더 모델과 작업 대상 암반터널의 강도를 설정한 후 모델링을 진행하였다. 아래 그림과 같이 썸핑 1가지, 쉬어링 3가지에 대해 커팅헤드와 접촉면을 모델링하였다.

 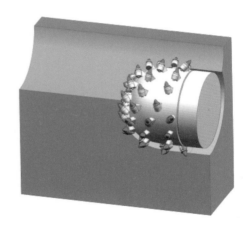

(a) 썸핑 (b) 쉬어링

[그림 3.8] 로드헤더 굴착공정에 따른 모델링

그래프 상단의 상수함수(녹색선)로 MT720모델의 최대 가용 토크 수준(140kN-m)을 표현하여 (SANDVIK, 2006), 암석강도에 따른 작업가능 범위를 비교, 조사하였다. 중경암 작업 시 썸핑의 최대토크는 130~180kN-m까지 상승하여 썸핑작업 마지막 구간에서 토크가 부족할 수 있음을 보여준다.

따라서 썸핑작업의 썸핑 깊이를 커팅드럼의 반경보다 20% 정도 작게 설정해서 필요토크를 최대출력(140kN-m)보다 낮게 유지하는 것이 터널굴착 시 유리할 수 있다. 마지막 경암작업 시 커팅드럼의 필요토크는 350kN-m를 상회하였고, 1차 쉬어링에서도 200kN-m까지 상승하여 1회전당 압입깊이를 4mm로 설정하면, 당초 설정된 썸핑 깊이에 도달할 수 없을 것으로 분석되었다.

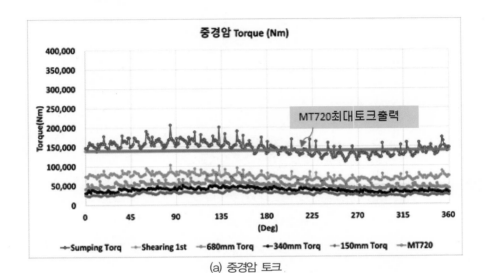

(a) 중경암 토크

(d) 경암 토크

[그림 3.9] 암석강도별 필요토크 예상치

CHAPTER 04 로드헤더를 이용한 터널 굴착설계

■ 요약

고성능 대형기계 굴착장비인 로드헤더(Roadheader)는 최근 터널굴착에 활용빈도가 크게 증가하면서 관심도가 매우 높아졌다. 특히, 로드헤더를 이용한 굴착공법은 기존의 발파공법에 비하여 여러 가지 장점이 많아 도심지 굴착에 새로운 트렌드로 자리매김하였으며 선진국에서는 이미 도심지 터널현장에 투입하여 안전성 및 시공성 등을 입증한 바 있다.

특히, 로드헤더를 이용한 터널굴착은 기존의 발파굴착 공법에 비해 진동과 소음이 매우 적고, 주야간 작업이 가능하기 때문에 공기단축에도 유리한 것으로 알려져 있어 향후 국내 터널굴착 공사에 적용 가능성과 시장확대 전망은 매우 밝다고 할 수 있다.

최근 철도와 지하철의 기술형 입찰에도 적용한 사례가 지속적으로 늘고 있어 전반적인 굴착설계 과정 및 절차 등의 정립필요성이 점점 높아지고 있다. 따라서 본 고에서는 암반특성에 따른 로드헤더의 굴착성능과 각종 지표들의 산출방법 등을 자세히 소개하고, 로드헤더 장비운영에서 유의할 점과 각종 리스크 대처방안 등에 대해 상세히 수록하였다.

[그림 4.1] 고성능 로드헤더(MT720, SANDVIK)

1. 로드헤더 적합 암반특성

화성암과 변성암은 한반도 지표면 가운데 2/3를 덮고 있는 대표 암종이다. 지질도상의 북동방향 구조선을 따라 많은 화성암이 분포하며 오랜 세월 침식을 받아 지표 밖으로 드러나면서 편마암으로 변성되었다. 이러한 편마암과 화강암은 국토의 70%를 넘을 정도로 광역적으로 넓게 발달되어 있는데, 석영함유량에 따라 강도의 차이를 나타내게 되며 이는 기계굴착의 난이도를 결정짓는 중요 인자이다.

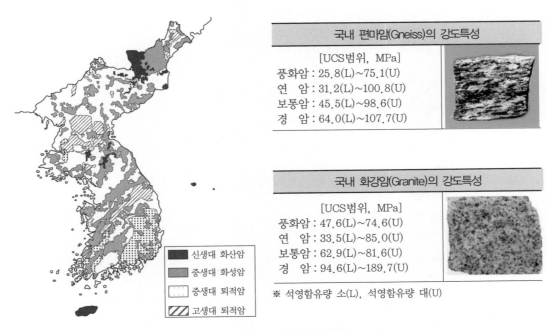

국내 편마암(Gneiss)의 강도특성

[UCS범위, MPa]
풍화암 : 25.8(L)~75.1(U)
연   암 : 31.2(L)~100.8(U)
보통암 : 45.5(L)~98.6(U)
경   암 : 64.0(L)~107.7(U)

국내 화강암(Granite)의 강도특성

[UCS범위, MPa]
풍화암 : 47.6(L)~74.6(U)
연   암 : 33.5(L)~85.0(U)
보통암 : 62.9(L)~81.6(U)
경   암 : 94.6(L)~189.7(U)

※ 석영함유량 소(L), 석영함유량 대(U)

신생대 화산암
중생대 화성암
중생대 퇴적암
고생대 퇴적암

[그림 4.2] 국내 주요 암종과 강도특성(서용석 등, 2016)

일반적으로, 기계굴착에 유리한 암종은 이암, 셰일, 사암, 석회암 등과 같이 일축압축강도(UCS)가 크지 않은 퇴적암 계열의 암석으로 알려져 있다. 퇴적암도 석영의 함량, 장석의 함량에 따라 공학적 특성이 달라지듯이 주된 성분이 무엇인지에 따라 터널 굴착공사의 난이도가 좌우되기도 한다. 로드헤더 역시 일축압축강도가 작고 석영함유량이 적은 암석일수록 굴착작업성이 유리해진다.

특히 로드헤더의 국가별 시공사례와 각종 문헌자료를 분석한 결과, 대부분의 암석과 강도에서 굴착이 가능하나 원활한 작업성능을 확보하고 경제적인 굴착을 위해서 100MPa 이하의 일축압축강도에서 적합하다는 주장(Copur and Rostami, 1998)이 설득력을 얻고 있다. 이는 국내 분포하는 화강암의 계통의 경암(100MPa 이상)을 제외하고 모든 암종에 대해 로드헤더의 적용을 검토해볼 수 있다는 의미로 해석할 수 있다.

2. 로드헤더 굴착설계(공법설계)

  로드헤더 설계는 핵심 부품과 관련된 '장비설계'와 이를 운용하는 '굴착설계' 파트로 나뉘며, 굴착설계에 앞서 로드헤더에 장착되는 각종 부품들에 대한 정보를 수집하고 실험·검증해야 하는 절차가 선행되어야 한다. 굴착설계(공법설계)는 완성형 로드헤더로 이용하는 방향으로 초점을 맞추면 전반적인 굴착설계(공법설계)의 흐름은 아래와 같이 단순화할 수 있다.

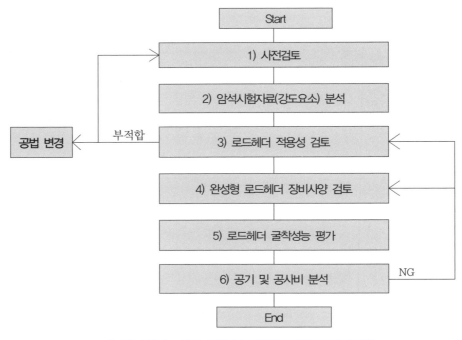

[그림 4.3] 로드헤더 굴착설계 절차(한국암반공학회, 2020)

  첫째, 사전검토라 함은 계획을 위한 조사성과에 기초하여, 입지조건 및 선형조건 등을 검토하는 것을 말하며 터널의 기능 및 굴착공사의 안전을 확보함과 동시에 건설비뿐만 아니라 장래의 유지관리를 포함한 경제성 있는 구조물을 계획하기 위함이다. 둘째, 로드헤더를 적용하기 위해서는 각종 암석시험자료가 필요한데, 이 중 중요하게 사용되는 것은 암석의 일축압축강도와 석영함유량 및 세르샤 마모지수 등이다. 터널이 통과하는 심도의 일축압축강도를 파악하면 굴착난이도를 평가하는 데 도움이 되며 석영함유량은 픽(Pick) 커터의 소모량을 알아내는 데 필요하다. 그리고 셋째, 로드헤더의 적용성 검토는 지반조건을 토대로 기계화굴착 가능성 여부를 사전에 검토하는 내용으로서 굴착난이도 평가와 각종지표를 활용한 평점을 산출해 로드헤더의 적용성을 판단하는 절차이다.

  넷째, 완성형 로드헤더 장비사양 검토는 커팅헤드 절삭방식에 따른 장비의 특징은 무엇인지, 그리고 장비중량과 모터의 용량은 어느 정도까지 필요한지, 암석강도에 따라 커터헤드의 모델은 어떤 종류가 유리한지 등을 검토하는 절차이다. 로드헤더는 국내에서 개조, 양산하기 어려운 대형장비이고 국내 도입초기라는 특수성을 감안하면 완성형 로드헤더의 스펙과 제원을 바탕으로 굴착설계를 수행하는 것이 합리적일 수 있다.

[표 4.1] 로드헤더 장비제원 비교(SANDVIK사)

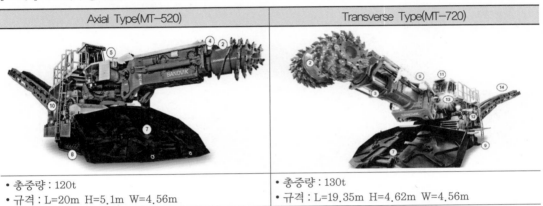

Axial Type(MT-520)	Transverse Type(MT-720)
• 총중량 : 120t • 규격 : L=20m H=5.1m W=4.56m	• 총중량 : 130t • 규격 : L=19.35m H=4.62m W=4.56m

다섯째, 로드헤더의 굴착성능을 평가하기 위한 지표는 순굴착효율(NCR, Net Cutting Rate)이 대표적이며 대부분의 경험적 예측방법들은 암석의 일축압축강도(Uniaxial Compressive Strength)를 가장 중요하게 활용하고 있다. 픽커터 소모량(SPC, Specific Pick Consumption)의 추정 역시 중요한 부분이며 암석의 일축압축강도와 석영함유량을 고려하여 산정하는 것이 합리적이며, 이를 바탕으로 싸이클 타임 및 단가분석 등을 수행하여 공기와 공사비 등을 예측할 수 있다.

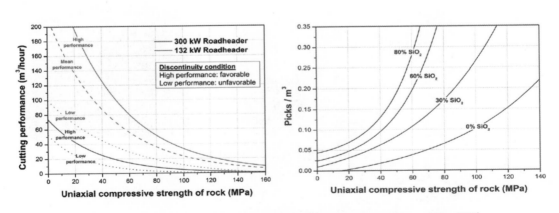

[그림 4.4] 로드헤더의 순굴착효율 및 픽소모량 예측(Thuro and Plinninger, 1998; 1999)

3. 장비반입, 환기 및 진동

로드헤더는 중형 굴삭기보다 4~5배 정도 규모가 크기 때문에 터널 내에 쉽게 진입할 수 없다. 터널의 단면크기를 고려하여 장비분할과 현장반입계획을 검토해야 하며, 상황에 따라 장비 투입을 위한 수직구 계획도 수립해야 한다.

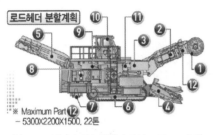

(a) 로드헤더 분할계획(검단선 1공구 사례)

(b) 수직구를 통한 진입계획(월곶~판교 사례)

[그림 4.5] 로드헤더 장비 현장반입 방법

로드헤더는 암석을 고속의 Pick 커터로 분쇄하기 때문에 분진과 먼지가 많이 발생하며 이를 터널 작업장 내에서 적절히 환기시키지 못하면 근로자의 건강을 위협하게 된다. 따라서 분진이나 먼지를 인위적으로 흡입하여 배출하는 시설을 설치하여야 하며 로드헤더의 운영 특성상 이동식 집진설비 등이 유용하게 활용된다.

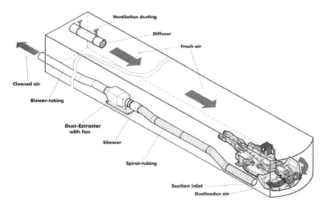

[그림 4.6] 로드헤더 집진설비(SANDVIK, 2014)

아울러, 로드헤더 굴착으로 인한 진동치의 크기는 발파공법보다 작다는 사실은 익히 잘 알려져 있으나 그 크기를 알아내기 위해서는 계측을 통한 다양한 사례축적과 데이터의 회기분석 등이 필요하다.

4. 로드헤더 주요 리스크 및 대처방안

로드헤더를 이용해 터널을 굴착하면서 마주치는 리스크는 매우 다양하다. 장비고장, 픽의 과도한 소모, 예상보다 높은 강도의 암석출현 등 시공 전 예측했던 분석내용과 다를 경우에 나타난다.

실제로 각국의 시공사례들을 들여다보면 시공 중에 나타난 각종 문제점과 리스크 등을 확인할 수 있다. 이러한 리스크는 지반리스크, 환경리스크, 시공리스크 등 3개의 범주로 분류할 수 있는데, 각각의 리스크에 대해 발생빈도, 중요도에 따라 대응 가능한 대책을 수립하고 발생 시 즉시 조치할 수 있도록 하여야 한다.

주요 Risk Register		Risk 분석 및 평가 (국제 터널협회 ITA 기준)					
		Frequency	Consequence				
			Disastrous	Severe	Serious	Considerable	Insignificant
지반 Risk (G)	G1 극경암 조우	Very Likely	Unacceptable	Unacceptable	Unacceptable	Unwanted	Unacceptable
	G2 복합지반 출현	Likely	Unacceptable	Unacceptable	Unwanted	Unwanted	Negligible E1
	G3 취약지반 통과						
환경 Risk (E)	E1 분진과다 발생	Occasional	Unacceptable	Unwanted	Unwanted	Acceptable G3	Negligible E2
	E2 유출수 혼탁	Unlikely	Unwanted	Unwanted	Acceptable	Acceptable G1, G2, C1, C2	Negligible E3, C3
	E3 장비 소음진동						
시공 Risk (C)	C1 피크과다 손상	Very Unlikely	Unwanted	Acceptable	Acceptable	Negligible	Negligible
	C2 로드헤더 고장						
	C3 부분 과다굴착	• E1~E3, C3는 경미한 수준의 대책필요, G1~G3, C1~C2는 적극적 대책방안 수립으로 대응가능					

[그림 4.7] 주요 리스크 항목 및 정성적 평가(ITA, 2006)

이러한 리스크 중 가장 적극적인 대책이 필요한 수준은 G1~G2 및 C1~C2 등이며, 단계별 대응책에 따라 현장에서 유연하게 대처하는 것이 중요하다.

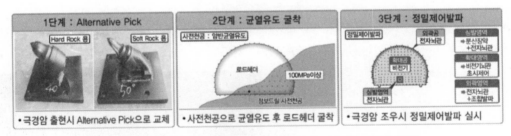

[그림 4.8] 지반리스크(G1) 단계별 대처방안(동탄~인덕원 ○공구 사례)

환경리스크는 살수장치와 이동식 집진기를 이용하면 상당 부분 감소시킬 수 있는 것으로 알려져 있다. 또한 시공리스크는 오토컷(Auto cut) 시스템을 이용할 경우 여굴량에 대한 위험을 최소화할 수 있다. 이 밖에 고장에 대비한 예비부품 확보 및 신속한 교체가 가능한 정비센터망 확충에도 노력을 기울여야 할 것으로 판단된다.

CHAPTER 05

도심지 터널에서의 로드헤더 기계굴착 적용사례

■ 요약

지속적인 기계적 발달로 기존에 효율성이 낮았던 암반에서도 시공이 가능한 고성능 로드헤더가 개발되었으며 2010년대 후반에는 도심지 터널에서 국내 굴착설계 적용사례가 증가하고 있다. 특히, 도심지 터널 경쟁설계(T/K, 기술제안 및 민자경쟁)에서는 경제성과 안정성, 민원 최소화 효과 등 발파 굴착과의 비교우위가 집중적으로 부각되면서 반영이 증가하고 있는 추세이며, 최근 로드헤더를 적용한 국내 로드헤더 설계적용사례를 중심으로 현황, 지반조건, 로드헤더의 선정사유와 현장 장비 운영을 위한 고려사항 등의 내용을 정리하여 수록하였다.

국내 설계사례에서 적용된 일축압축강도 위주의 장비 적용성 평가에서 벗어나 비교적 굴착 효율이 높은 퇴적암 계열 이외의 화성암이나 변성암 조건에서도 적용 가능한 장비 적용성 평가방식을 소개하여 실제 현장에서 보다 합리적으로 적용을 검토할 수 있도록 하였다.

해외 적용사례에서는 호주 시드니와 멜버른, 캐나다 오타와, 미국 뉴욕 등과 같은 도심지 지하터널 프로젝트에서 적용된 로드헤더 기계굴착공법의 내용과 특징을 고찰함으로써, 실제 적용사례로부터 도심지 지하터널공사에서의 로드헤더 기계굴착의 적용성과 문제점 등을 분석하였다. 이를 통하여 향후 국내 터널공사에서의 로드헤더 적용 가능성을 전망하였다.

[그림 5.1] 호주 WestConnex 지하도로 – 로드헤더 적용

1. 국내 터널프로젝트에서의 로드헤더 설계사례

아직까지 국내 로드헤더 시공 사례가 없는 점을 고려하여 설계사례를 중심으로 사업의 특성, 현장의 여건을 고려한 적용 사유와 그에 따른 개선사항 등을 정리하였다. 앞에서 언급한 바와 같이 설계사례는 모두 경쟁설계에 해당한다.

[표 5.1] 국내 고성능 로드헤더 설계사례

구분	발주처	굴착 단면적	비고
서울~세종 고속도로 O공구	한국도로공사	$116.88m^2$	NATM 공법 선정
동탄~인덕원 O공구	한국철도시설공단	$69.82m^2$	2020년 8월 현재 실시 설계 중
검단 연장선 O공구	인천지하철공사	$69.86m^2$	2020년 8월 현재 시공 준비 중
월곶~판교 O공구	한국철도시설공단	$90.42m^2$	2020년 8월 현재 실시 설계 중
위례신사선	서울시	$47.65m^2$	2020년 8월 현재 실시 설계 중

국내 설계사례의 특징으로는 모두 도심지를 통과하여 발파 굴착 적용 시 민원의 우려가 높다는 점이다. 따라서 시공성을 확보하면서도 민원을 최소화하기 위한 굴착공법 선정이 불가피하였으며 각 사업 대부분이 여러 제어발파 공법과 무진동 암파쇄 공법에 비해 고가의 장비임에도 경제성을 확보할 수 있는 충분한 연장에서 로드헤더를 적용한 것으로 나타났다.

로드헤더 적용성은 모두 터널 통과구간의 일축압축강도를 기준으로 평가하였다. 일축압축강도의 분포는 100MPa 이하 구간이 대부분이었으나 100MPa을 초과하는 구간도 일부 분포하여 시공성 저하를 예상하였다. 다만 리스크 관리를 위해 1단계 암반균열 후 굴착과 2단계 제어발파 및 필요시 무진동 굴착을 반영하였다.

[그림 5.2] 인덕원~동탄 O공구 평면도

[표 5.2] 일축압축강도 분포 및 Risk 대처방안

서울~세종 고속도로 O공구 도심구간 일축압축강도			검단 연장선 O공구 굴진율 저하 시 대책
RMR		q$_u$(MPa)	
I등급	≥80	≥ 114	
II등급	61~80	86~113	
III등급	41~60	58~84	
IV등급	21~40	30~56	
V등급	≤20	≤ 28	
II등급에서 최대 113MPa			암반강도 100MPa 초과 시 단계별 굴진율 저하대책

암반 굴착 시 불가피하게 발생하는 갱내 분진 및 미세먼지는 작업효율 저하는 물론 민원의 원인이 되므로 적극적인 저감 대책을 수립하였다. 굴착 단계 분진 저감을 위한 커터헤드 노즐에서의 연속적 살수(스프레이) 시스템, 막장 후방에서의 미분무 살수차, 이후 이동식 집진기 설치의 단계별 처리대책이 적용되었다. 장비 고장에 따른 공기 지연 최소화를 위해 주요 부품 현장 보관, 공사 초기 장비사의 Supervisor 상주, 주기적인 장비사 점검, 장비사와 Hot-Line 구축 등의 대책을 반영하고 있다.

[표 5.3] 공사 중 분진 저감 대책

1단계 : 스프레이시스템	2단계 : 미분무 살수차	3단계 : 이동식 집진기

로드헤더는 초기에는 퇴적암 계열의 암반조건에서 주로 적용되었으나 최근 장비의 발전과 함께 적용범위가 보다 강한 암반과 다양한 암종으로 확대되고 있다. 이러한 발전 과정에서 퇴적암 계열 이외의 화성암이나 변성암 조건에서도 적용할 수 있는 장비 적용성 평가방식이 장비업체에 의해 제안되고 있어 기존의 국내 설계사례에서 적용된 일반적인 일축압축강도 위주의 장비 적용성 평가에서 벗어나 실제 현장에서 보다 유용하게 사용할 수 있도록 이를 간략하게 소개하였다.

일축압축강도(UCS)는 암석에 대한 평가로 암반을 대상으로 하는 터널 굴착에서 장비 적용성 평가에 한계가 있어 암반 굴착에 영향을 미치는 중요 매개변수를 분류하여 현장 암반을 대상으로 장비 적용성 재평가를 위한 지수(RMCR, Rock Mass Cuttability Rating)를 산정하고 이전의 현장 자료 분석에서 도출한 상관성 그래프를 활용하여 NCR(Net Cutting Rate)를 재산정하고 있다. RMCR 산정에 사용되는 4개 매개변수와 장비 적용성과의 연관성은 다음의 표와 같다.

[표 5.4] 매개변수별 장비 적용성과의 연관성

매개변수	관련 평가 항목		장비 적용성과의 연관성
Strength of intact rock	일축압축강도	UCS	암석 굴착 효율(피크 소모 정도)
Intensity of discontinuities	블록 크기	BS	굴착 중 암반의 Scale effect
Conditions of discontinuities	절리 상태	JC	절리 조건에 따른 굴착 저항성
Orientation of discontinuities	주절리 방향	JO	주절리 방향에 따른 굴착 용이성

RMCR(Rock Mass Cuttability Rating)은 각 매개변수의 합으로 구하며 세계 여러 나라 현장에서 평가된 실제 굴착 효율을 근거로 도출된 결과와 비교하여 NCR(Net Cutting Rate)를 재산정한다. RMCR 30 이상에서는 UCS를 기반으로 한 이론적 굴착 효율과 의미 있는 차이를 보이지 않지만 30 미만에서는 상당한 차이를 보이며 특히 낮은 굴착속도에서 효율이 크게 증가한다.

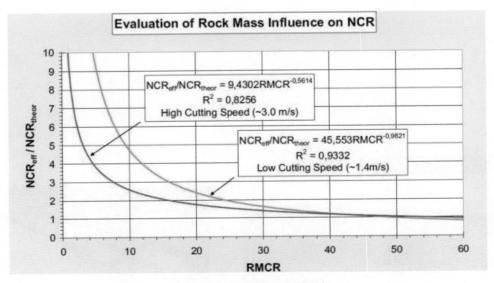

[그림 5.3] RMCR과 NCR 상관성

2. 해외 터널프로젝트에서의 로드헤더 적용사례

국내에서의 로드헤더 기계굴착의 적용성을 검토하기 위하여 먼저 해외 터널프로젝트에서 로드헤더를 이용하여 굴착시공에 적용된 사례를 정리하였다. 표에서 보는 바와 같이 하여 많은 국가에서 로드헤더를 적영하고 있음을 확인하였으며, 다양한 암종과 암석 강도 조건에서 굴착율과 굴진율을 나타내고 있으며, 일반적으로 암석강도가 100MPa 이하인 경우가 많음을 볼 수 있다.

[표 5.5] 해외 터널프로젝트에서의 로드헤더 적용 조건

터널명	국가	일축압축강도(MPa)	암종	굴착율(㎥/hr)
Premadio II	이탈리아	27~129	편마암	83.8
Airport Link Brisbane	호주	30~99	응회암	34~90
Markovec Tunnel	슬로베니아	55~126	이암/사암 교호	35~45
Durango	멕시코	20~100	–	50
Anei-Kawa Tunnel	일본	<143	화강암	–
Bibao Metro Line 3	스페인	50~70	석회암/사암	36-38
WestConnex Tunnel	호주	20~50	시드니 사암	–
NorthConnex Tunne	호주	20~50	시드니 사암	–
East side Access	미국	80~95(평균 74)	편암/Pegmatite	17.39(최대 52.17)
Pozzano	이탈리아	90~100		
St.Lucia Tunnel	이탈리아	90~200	흑운모 편암/편마암	4m/day
Montreal Metro Line 2	캐나다	<90	석회암/셰일	39
Bileca Water Tunnel	보스니아	최대 173(평균 84)		10.53(최대 26.32)

현재 해외에서는 도심지 구간에서의 터널굴착은 기계화 시공을 점차적으로 확대 적용하고 있으며, 굴착방법으로서 TBM 터널과 로드헤더 기계굴착을 조합하여 운영하고 있음을 확인하였다. 특히 호주의 경우 시드니 메트로, 멜버른 메트로와 같은 도시철도 프로젝트와 WestConnex 및 NorthConnex 지하도로 프로젝트에 로드헤더 기계굴착을 광범위하게 적용하고 있음을 볼 수 있다.

[그림 5.4] Melbourne Metro 로드헤더 적용

[그림 5.5] WestConnex 지하도로 로드헤더 적용

해외 도심지 터널프로젝트에서의 로드헤더 기계굴착 적용사례를 정리하여 다음 표에 나타내었다. 지하도로 및 도심지 지하철에 고성능의 로드헤더가 적극적으로 도입 운용되고 있으며, 지하도로 터널의 경우 공기단축과 진동문제에 대한 대책으로서, 도심지 메트로의 경우 본선터널은 TBM 공법을 적용하고, 단면이 크고 복잡한 지하 정거장 구간에 로드헤더 기계굴착공법을 적용함을 알 수 있다. 또한 굴착효율과 굴진율 등은 암반 조건과 시공여건에 따라 차이가 큼을 볼 수 있다.

[표 5.6] 해외 도심지 터널 프로젝트에서의 로드헤더 적용사례

터널 개요 및 특징	로드헤더 적용 특성	현장 전경
WestConnex Tunnel/호주 시드니 • 지하도로(3차선/4차선) 터널 • 평평한 아치형 단면 • 암종 – 시드니 사암	• 총 35대 로드헤더 운용 • 공기단축을 위한 멀티막장 운영 • 대단면으로 TBM 적용 불가 • 정밀시공 – VMT System 적용	
NortheConnex Tunnel/호주 시드니 • 고속도로(2/3차선) 병렬터널 • 연장 9km(시드니 최장터널) • 단면 : 폭 14m×높이 8m	• 총 19대 로드헤더 도입 운용 • 굴착공기 32개월 • 25~30m/주(시드니 사암) • 심도 90m(시드니 최장심도)	
Melbourn Metro/호주 멜버른 • 단선 병렬터널 – 도시철도 • 본선터널 9km • 총 5개 정거장	• 총 7대 로드헤더 도입 운용 • 지하정거장 구간에 로드헤더 적용 • 본선터널구간 TBM 6대 적용 • 심도 30~40m	
Sydney Metro/호주 시드니 • 호주 최대 공공인프라 공사 • 단선 병렬터널 – 도시철도 • 13개 역/36km	• 총 10대 로드헤더 도입 운용 • 지하정거장 터널 – 130t 로드헤더 • 24시간/일 – 7일/주 작업 • 복잡한 지하공동 단면 굴착	
Metro Bilbao Line 3/스페인 빌바오 • 단선 병렬터널 – 도시철도 • 굴착단면적 62m^2 • 7개 정거장/40.61km	• 로드헤더 MT520 도입 운용 • 암석강도 60MPa • 3638m^3/hour • 암종 – Marls/석회암/사암	
Montreal Metro Lune 2/몬트리올 • Line 2 연장선/단선병렬 터널 • 본선터널(5.2km) • 암종 – 석회암/셰일	• 로드헤더 ATM 105-IC 도입 운용 • Lot C04 구간(상하반 분할굴착) • 굴진율 평균 8.6m/일(10시간/일) • 39m3/hour-Overbreak 8cm	
Ottawa LRT/캐나다 오타와 • Confederation 라인/단선 병렬 • 본선터널(2.5km) • 3개의 지하정거장	• 3대의 로드헤더 MT720-135tone • 지하정거장 터널 – SEM 공법 • 24시간 운영 • 암종 – 석회암	

3. 도심지 터널에서의 로드헤더 적용과 전망

지금까지 국내에서의 로드헤더 기계굴착 설계사례와 해외에서의 로드헤더 기계굴착 적용사례를 살펴본 바와 같이, 도심지 터널공사에서의 안전문제와 환경 이슈에 효율적으로 대처하기 위해서는 로드헤더 기계굴착의 도입과 운영이 반드시 필요하다 할 수 있다. 특히 로드헤더 기계굴착은 기존의 발파 굴착에 비하여 많은 장점을 가지고 있으며, TBM 공법이 가지고 있는 기술적 한계를 해결할 수 있다는 점에서 도심지 터널에서의 로드헤더 기계굴착은 적용성이 매우 높다고 할 수 있다.

[표 5.7] 도심지 터널에서의 로드헤더 기계굴착의 적용성 평가

구분		굴착공법별 적용성		
		기계 굴착	발파 굴착	TBM
단면 적용성	Flexibility in shape and size	높음	높음	매우 낮음
굴착 적용성	Possibility of multiple step	높음	높음	매우 낮음
장비 이동성	Mobilization of excavation equipment	빠름	보통	낮음
여굴 과굴착	Excavation profile and Overbreak	낮음	높음	매우 낮음
암반 안정성	Impact on stability of rock	거의 없음	상당함	거의 없음
진동 영향	Vibration problem	거의 없음	매우 심각	거의 없음

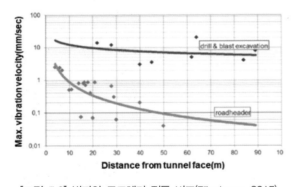 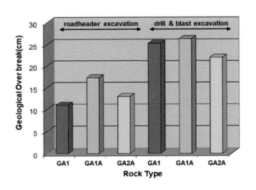

[그림 5.6] 발파와 로드헤더 진동 비교(Plinninger, 2015)　　[그림 5.7] 발파와 로드헤더 과굴착 비교(Lenze, 2006)

향후 도심지 지하개발과 지하 인프라구축은 계속적으로 증가할 것으로 예상됨에 따라, 도심지 대심도 터널공사에서 보다 강화된 안전기준과 보다 민감한 환경이슈에 효율적으로 대처하기 위해서는 기존의 터널굴착공법을 적극적으로 개선하고, 새로운 터널굴착기술을 선제적으로 도입하여야 한다. 이러한 관점에서 도심지 터널공사에서의 로드헤더 기계굴착은 안전문제와 환경이슈를 해결할 수 있는 하나의 솔루션으로서 그리고 하나의 기술적 대안으로서 제시할 수 있을 것이다.

CHAPTER 01 도심지 터널 현황과 주요 이슈

■ 도심지에서의 터널 및 지하공간 개발

도심지 과밀화로 인한 토지자원의 수급 문제와 도시자원의 고갈 등의 문제에 대비하여 도시공간의 효율적인 이용과 개발을 위한 대체공간의 확보가 필요한 실정으로, 최근 대심도 지하공간을 이용하는 방안이 활발히 제시되고 있다. 또한 다양한 경험과 노력을 바탕으로 고도화된 설계 및 시공 기술을 토대로 이를 실현하고자 하는 기술적 노력이 증가하고 있고, 이와 더불어 도심지 내 원활하고 신속한 물류 이동을 위하여 도심지와 외곽을 연결하는 철도 등의 개발이 최근 활발히 진행 중이거나 계획되고 있으며, 도심지 터널은 교통인프라를 위한 공간으로도 그 중요성이 부각되고 있다.

주로 런던, 싱가포르와 같은 선진국에서는 이미 1900년대 중반부터 개발을 시작하여 다양한 분야에서 대심도 도심지 개발을 위한 다수의 프로젝트를 추진하고 있다. 그리고 계획적이고 효율적인 개발을 위하여 대심도 지하공간 개발에 관한 법률을 제정하여 이에 적합한 지침을 마련하고 있으며, 지하공간의 개발 여건을 조성하고 있다. 대심도 지하공간의 경우 토지보상 불필요로 인허가상의 민원이나 개발 지연에 대한 위험성이 줄어들어 다방면으로 그 활용도가 높아지고 있으며, 대심도 지하공간 개발을 위한 관심 증대와 기술개발 투자 확대 등으로 자연스럽게 이어지도록 유도하고 있다. 이제 대심도 도심지 대형 교통인프라 개발은 선택이 아니라 필수사항이며, 이러한 변화에 발맞추어 건설업계는 대심도 지하공간 개발을 위한 구체적인 마스터플랜을 수립하고, 이와 관련된 원천기술 확보 및 기술 발전을 위해 주력해야 할 것이다. 본 장에서는 도심지 터널에 대한 개념을 간략히 살펴보고 국내외 대표적 도심지 터널 개발사례로부터 주요 이슈와 문제점을 분석함으로써 도심지 터널개발에서의 요구되는 기술 방향과 전망에 대하여 살펴보고자 하였다.

1. 도심지 터널 현황과 특징

터널은 도로, 철도, 수로 등을 연결하기 위해 땅속을 뚫은 통로를 말하며 용도에 따라 철도, 도로, 수로 터널로 나뉘고 터널 장소에 따라 산악, 도심, 수저터널로 나뉜다. 최근 지하 매설물(전력구, 지역난방관, 상하수관로 등) 공사에 비개착식 터널공법을 적용하여 굴착하는 사례가 늘어나고 있다.

터널 용도에 따라 터널단면, 굴착면적, 터널 심도가 각각 상이하며, 굴착에 따른 인접지반 및 구조물에 미치는 영향도 상이하므로 이를 고려하여 평가하여야 한다. 터널의 용도와 굴착공법(시공법)에 따른 분류는 다음과 같으며, 최근 계획되고 있는 다양한 형태의 지하공간(터널)은 용도, 지반조건, 시공성 등에 따라서 발파, 기계굴착 또는 두 가지 이상의 굴착공법을 혼용해서 사용하는 경우가 있다.

최근 도심지에서의 터널프로젝트가 활발히 진행되고 있다. 도로터널의 경우 다른 용도의 터널에 비해 굴착 면적이 상대적으로 크며, 서울시 지하도로망 구축계획(U-Smartway), 서울~광명 고속도로, 서부간선도로 지하화, 제물포 터널 등의 터널이 시공되거나 추진 중에 있다. 특히 지하철(철도) 터널은 도심지 터널의 대부분을 차지하며, 수도권광역급행철도(GTX), 신안산선, 동북선, 검단선, 위례신사 등 많은 신규 사업이 진행 중에 있다.

지하관로 터널은 노후된 상·하수도 관로의 보수 공사나 신규 지역난방관, 가스관, 전력구 등의 공사가 계획되어 지속적으로 시행되고 있으며, 이 외에도 각종 비축기지, 저장고 등의 저장시설 터널과 영동대로 지하화 복합개발 등의 대규모의 지하 생활공간 터널도 추진 중에 있다. 도심지 터널의 일반적인 용도별 단면 개요는 표 1.1과 같다.

[표 1.1] 도심지 터널의 분류와 특성

구분	도로 터널	지하철(철도) 터널	전력구 등 관로
단면규모 (폭×높이)	• 약 13.4×7.8m(2차로, 기계환기) • 약 12.4×7.4m(2차로, 자연환기)	• 약 10.0×8.0m(NATM, 복선) • 직경 : 약 7.9m(쉴드터널)	• 직경 : 약 1.4~2.6m
굴착면적	• 82.0~90.0m^2	• 71m^2	• 2.0m^2 이상

1.1 도심지 터널의 특징

산악터널과 구별되는 도심지 터널의 특징은 낮은 심도와 근접 시설물로 인한 문제를 들 수 있다. 낮은 심도는 터널이 불량 지반 또는 복합 지반에 위치하는 원인이 되고 근접 시설물은 지반 침하와 발파 진동을 감소시켜야 하는 문제를 초래한다. 표 1.2는 산악터널과도 도심 터널의 입지조건에 따른 시공 시 고려 사항을 정리한 것으로 도심지 터널은 산악터널에 비해 제한받는 요인이 많음을 알 수 있다.

[표 1.2] 도심지 터널의 일반적 입지 조건과 시공 시 고려사항

구분		터널 입지 조건			시공 시 고려사항		
		낮은 심도	지반 조건	근접 시설	안정 수준	지반 침하	발파 진동
산악터널	갱구부	○	불량	×	높음	×	△
	일반부	×	양호	×	보통	×	×
도심지 터널		○	불량–양호	○	높음	○	○

1.1.1 터널 안정성

저토피 터널은 터널 주변의 과다 여굴이나 소규모 붕락과 같은 국부적파괴(Local Failure)가 경우에 따라서는 지표와 연결된 총체적 붕락을 초래할 수 있다. 또한 터널 변형은 지표 침하와 직접적으로 관련되기 때문에 터널 자체 안정성뿐만 아니라 변형 억제를 위한 충분한 대책이 요구된다. 따라서 토피가 충분한 산악터널에 비해 도심지 저토피 터널은 터널 붕락과 지표 침하에 대한 가능성이 높기 때문에 일반 산악터널보다 높은 수준의 터널 안정성이 필요하다.

그림 1.1은 풍화대에 위치한 저토피 터널의 파괴양상을 수치해석으로 구현한 것으로 천정부 파괴가 지표까지 확장된 전형적인 형태를 보여주고 있다. 또한 천정부의 작은 공동을 통한 토사 유실로 지표 함몰이 발생한 사례를 보여주고 있다. 특히 이 사고 사례는 막장이 충분히 자립하고 있음에도 불구하고 굴착공사 시 무지보 구간의 천정부 여굴이 점차 확장되면서 지표함몰을 초래한 사례이다. 토피가 충분하였다면 국부적 여굴에 불과했을 가능성이 높았을 것으로 판단된다.

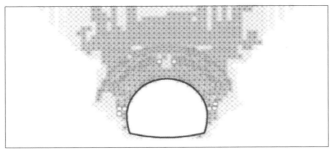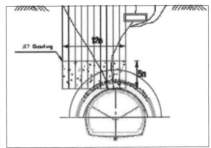

[그림 1.1] 저토피 터널의 파괴 양상과 붕락사례

1.1.2 불량 지반

1) 지반특성

도심지 지반은 대부분 표토층 풍화대층 및 기반암층으로 구성되며 각 지층의 심도 및 두께는 지역에 따라 매우 다양하다. 도심지 터널은 심도가 낮아 원지반 하중이 크지 않기 때문에 기반암에 위치하는 경우에는 발파 진동문제를 제외하면 일반적으로 안정성에는 큰문제가 없다. 그러나 표토층과 풍화대층은 자립성이 낮고 지하수 영향을 많이 받기 때문에 터널공사를 하기에는 매우 불량한 지반이다.

지형 및 지질에 따라 차이가 있지만 표토층과 풍화대층의 심도는 낮게는 수십 센티미터에서 깊게는 수십 미터까지 이른다. 도심지 터널은 보통 20m 내외 정도의 깊이에 계획되기 때문에 표토층 및 풍화대 층의 영향을 많이 받는 것이 일반적이다.

표토층은 성인에 따라 충적토와 붕적토로 분류할 수 있으며 충적토는 하천 인접지에 분포하고 붕적토는 산악지대에 분포한다. 우리나라의 대도시는 하천을 끼고 발달하기 때문에 충적토는 도심지 터널에서 조우하는 경우가 많으나 붕적토는 흔치 않다. 특히 충적토는 입도분포가 모래에서 자갈까지 다양하고 투수성이 크기 때문에 터널공사에서 가장 어려운 지반 중 하나이다.

풍화대는 지중의 지하수에 의해 기반암이 풍화의 영향을 받아 형성된 것으로 풍화의 정도에 따라 풍화토와 풍화암으로 분류된다. 풍화토와 풍화암의 경계는 쉽지 않으나 표준관입시험에 의해 10/50 또는 15/50 정도를 분류기준으로 삼는 경우가 많다. 풍화의 정도는 얕은 곳에서 깊은 곳으로 변화되는 것이 일반적이나 단층 절리 등의 발달 상태와 모암의 광물조성 입도조직 등에 따라 차이가 크다.

2) 지반침하

도심지 불량 지반에서 터널 시공 중 발생하는 지반침하의 원인은 굴착에 의한 지반손실(Ground Loss)과 지하수위 저하이다. 굴착에 의한 지반 손실은 막장면의 밀림량과 터널 변형량에 비례하며 전형적인 침하 양상은 그림 1.2와 같다. 지표 침하형상은 침하 트라프(Trough)라고 하고 시공 중 지표면은 종방향 및 횡방향으로 침하 트라프를 보인다. 종방향 트라프는 터널 막장이 통과하면 없어지나 횡방향 트라프는 막장이 통과하여 충분히 멀어진 후 터널 변위가 수렴될 때까지 증가하여 영구적으로 남는다. 그림 1.2에서 i는 각변위량이 가장 큰 변곡점 지점으로 터널 중심에서 터널폭(D)의 약 1.5배 정도에 위치한다.

터널 굴착 시 터널은 전면 배수 터널과 같은 상황에 위치하기 때문에 별도의 차수대책이 적용되어도 어느 정도의 지하수위 저하는 불가피하다. 특히 지표 부근의 토사층은 지하수위 저하에 의한 압밀 침하를 유발한다. 지하수위 저하에 의한 지반 침하는 굴착에 의한 침하에 비해 침하폭이 매우 넓은 특징이 있고 침하량은 지하수위 변화정도와 공극 입도특성 등의 지반 특성에 따라 결정된다. 일반적으로 사질토의 경우 지하수위 저하에 의한 침하량은 점성토에 비해 작으나 느슨한 경우에는 적지 않은 즉시 침하량이 발생한다.

터널 시공에 의한 지표 침하는 터널 굴착과 지하수위 변동에 영향을 동시에 받기 때문에 실제로 시공 중 각각의 영향을 독립적으로 분석하기는 쉽지 않다. 다만 지반 침하 양상을 통해 어느 요인이 크게 작용했는지 판단은 가능하다.

그림 1.2는 어느 한 요인이 우세하게 작용하는 경우에 나타날 수 있는 지표 침하 양상을 보이고 있다. 지하수위 저하에 의한 침하량이 우세할수록 침하 범위는 광범위하게 나타나지만 부등침하량은 주로 굴착에 의한 침하량에 의해 결정된다. 지표 침하량을 각 계측지점의 절대치를 관리하지 않고 계측 지점 간의 상대적 차이를 관리하는 경우에는 지하수위 저하에 의한 침하량이 계측되지 않을 수도 있다.

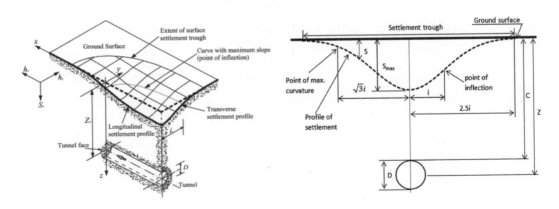

[그림 1.2] 터널 굴착에 의한 지표 침하

3) 발파 진동

도심지 터널은 양호한 암반에 터널이 위치하는 경우에도 산악터널과 구별되는 두드러진 특성으로써 발파진동을 고려하여야 한다. 도심지 터널의 낮은 심도는 지상의 기존 시설물과의 이격거리가 충분치 않아 가장 빈번한 민원의 원인이 되고 있다.

도심지 터널은 암반 조건이 양호하여 무지보 굴진장이 충분히 여유가 있는 경우에도 발파 진동의 억제를 위하여 1회 굴진장이 제한되는 경우가 많다. 식 (1)은 발파 진동 예측식을 지발당 최대장약량 W)으로 정리한 것이다.

$$W = D^3 \times (V/K)^{(3/N)}$$

D : 발파공으로부터 이격거리, V : 허용진동치, K와 N : 발파진동 및 감쇄상수

W는 D^3에 비례하기 때문에 이격거리가 1/2로 감소하면 허용 진동치를 만족하기 위한 지발당 장약량은 1/8로 크게 감소되어야 한다. 근래에는 비전기뇌관 다단발파기 등의 사용으로 지발당 장약량을 감소시키고 있기 때문에 굴진장의 제한은 많이 완화되었다. 그러나 진동과 더불어 소음 또한 민원의 원인이 되는 경우가 많기 때문에 장약량 자체를 감소시키기 위하여 굴진장을 짧게 하는 것이 효과적인 경우가 많다.

4) 복합 지반

천층 터널은 지표로부터 풍화의 영향을 받는 심도에 위치하기 때문에 심도에 따른 풍화 정도에 따라 토사에서 경암까지 다양한 지층에 위치한다. 2차선 도로터널의 높이가 약 10m 정도이고 터널 안정성과 관련된 천정부 지반의 범위를 높이의 0.5배 정도로 가정하는 경우 터널은 연직 방향으로 약 15m 정도의 지반 조건에 영향을 받는다. 토사층 및 풍화암의 발달 심도는 수 미터에서 수십 미터에 이르기 때문에 저토피 터널은 다양한 지반특성으로 구성된 복합 지반에 위치하는 경우가 많다.

복합 지반 터널에서 굴착 중 안정성과 관련된 대표적 사례는 그림 1.3과 같이 양호한 막장임에도 불구하고 천정부 지반이 불량하여 붕락사고가 발생하는 경우이다. 갱내막장 관찰만으로는 노출되지 않은 천정부 불량 지반을 감지하기 매우 어렵다. 이로 인해 천정부 사전보강이 적용되지 않고 굴진장 또한 과다하게 적용되어 막장 붕락이 발생하는 경우가 있다. 저토피 터널의 경우에는 산악터널과 달리 갱내 막장 관찰 및 수평 시추조사뿐만 아니라 연직 시추조사 결과에 따른 수직적 지반 변화에

각별한 주의를 하여야 한다. 도심지 터널의 경우 시추심도가 깊지 않고 지반 변화가 심한 점을 고려하여 산악터널에 비해 시추조사 수량이 많이 계획되므로 이러한 조사 결과를 충분히 활용할 필요가 있다.

복합 지반의 굴착 및 지보는 일반 터널에 비해 복잡하고 정교하게 계획되어야 한다. 그림 1.3은 불량 지반과 기반암의 터널 굴착 및 지보방식이 복합 지반으로 구성되는 터널의 경우에는 어떻게 반영되는지를 개념적으로 보여주고 있다.

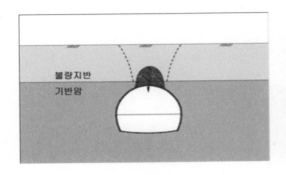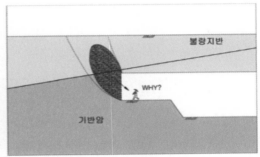

[그림 1.3] 복합 지반에 위치한 천층 터널의 붕락 예

5) 장래 근접시공

도심 지역의 대형 건물 공사는 체계적 도시 개발 계획에 의한 것이 아니라 토지 또는 건물주의 개인적 판단에 의해 이루어지므로 도심지 터널의 계획 단계에서 이를 구체적으로 고려하기는 매우 어렵다. 따라서 운영 중 불확실한 근접 시공에 대비하여 콘크리트 라이닝에 철근 보강을 하는 경우가 많다.

근접 시공은 크게 터파기 단계와 건물 하중재하 단계로 구분할 수 있다. 터널 구조체와 주변 지반은 완공 후 추가되는 압축력에는 강하나 인장력에는 약한 구조적 특징을 가지고 있다. 그림 1.4는 도심지 터널에서 빈번하게 발생하는 한 예를 보여주는 것으로 대형 빌딩의 지하실 터파기공사는 지반을 이완시켜 터널 구조물에는 추가 인장력을 발생시킨다. 반면에 건물이 축조되면 건물 자중에 의하여 지반에 압축력이 전달되며 이것은 터널에 압축력을 발생시킨다. 건물과 터널의 위치에 따라 다소 차이는 있지만 터널은 터파기 공사단계에서 인장력이 발생하기 때문에 주의가 필요하다.

(a) 터파기   (b) 신축 건물

[그림 1.4] 도심지 터널 주변의 건물 공사 예

2. 국내 도심지 터널 프로젝트 현황

　대심도 지하도로란 고밀도화된 도시에서 도시 재정비 및 교통량 제어를 목적으로 도심지 하부를 통과하도록 계획된 지하도로로 정의할 수 있으며, 도심지의 과밀화, 용지보상 및 민원 문제 해결, 환경과 도시미관의 가치 중시 강화 등의 이유로 최근 그 필요성이 증대되고 있다.

　대심도는 지하철 건설이 일반적으로 이루어지지 않는 심도인 지하 40m 이상, 또는 건축물의 기초 설치를 위한 이용이 일반적으로 이루어지지 않는 심도로 기초 하부에서 10m 이상으로 정의된다. 국내에서 계획 중인 도심지 지하도로는 대부분 심도 40m 이상의 대심도를 활용하는 방안이 검토되고 있다. 대심도 지하공간을 교통시설로 활용하는 일반적인 장점과 교통시설의 지하화를 추진하기 위해 선행되어야 할 과제는 그림 1.5와 같다.

사업성
• 대심도 지하의 사업비 절감 가능
• 사업기간 단축
• 합리적인 선형으로 비용 절감 도모
안정성
• 터널 심도 확보로 지상에 미치는 영향 적음
• 양호한 암반구간의 터널 안정성 확보
• 대심도 지하에서의 지진 피해가 거의 없음
환경성
• 충분한 거리확보로 소음·진동 감소
• 지상 경관유지 및 도시환경보전
• 혼잡한 지상에서의 대규모 도심지 토목공사 지양

[그림 1.5] 도심지 대심도 터널 프로젝트의 장점

2.1 U-Smartway 지하도로

서울시에서는 2006년 지하공간 종합기본계획 수립 내용을 토대로 수년간의 기술적 검토를 거쳐 2009년 서울시의 심각한 교통문제를 해결하기 위한 대안으로 남북축과 동서축 각 3개 노선의 3×3 격자형에 연장 149km의 U-Smartway 지하도로 계획을 발표하였다.

U-Smartway는 지하 40~60m의 대심도 지하공간에서 운전자들이 첨단통신·정보시스템을 통하여 각종 정보를 주고받으며, 운전자뿐만 아니라 시스템에 의해 차량의 제어가 가능하여 지상공간보다 안전하고 쾌적한 새로운 개념의 지하도로이다. 해당 사업의 총연장은 149km이며, 추정 사업비는 11조 2천여억 원이다.

U-Smartway의 노선망 구성은 그림 1.6과 같이 권역별 특성을 반영하여 항만과 공항 등 경인간 접근성을 향상시킬 수 있도록 계획되었다. 또한 도심과 부도심 및 주요 거점지역을 격자체계로 연결함과 동시에 도심 순환 기능도 부여하여 도심지의 통과 교통을 우회 처리할 수 있게 하였다. 특히 지하에 구축될 2개의 순환망을 지상의 내부순환 및 강남순환과 연계함으로써 도심을 통과하는 교통량을 획기적으로 저감할 수 있도록 하였다. 도심으로 유입되는 차량의 억제를 위한 추가적인 방안으로 도심에 진출로를 건설하지 않는 대신 신속하게 외각으로 빠져나갈 수 있도록 4개소의 진입구를 도심에 설치하도록 하였다.

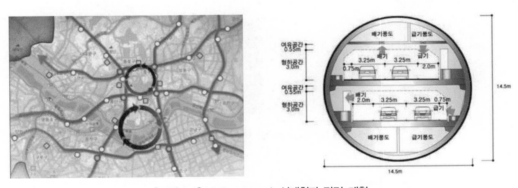

[그림 1.6] U-Smartway 노선계획과 단면 계획

U-Smartway에서 가장 중요하게 고려되는 방재계획은 단순 화재·소방 분야에만 한정된 것이 아니라 지하도로를 구축하는 전 시스템, 즉 교통처리계획, 환기계획, 중앙통제센터 등 모든 분야와 연계하여 계획되고 운영되도록 하였다. 교통측면에서 U-Smartway에는 주행차로 이외에 전 구간에 2.0m의 비상차로를 설치하여 안전구역을 확보하고, 물분무설비와 화재자동감응설비 등을 설치하여 화재의 확산 성장 지연을 유도하도록 하였다. 또한 지하도로와 연결되는 지상도로의 모든 교통

상황을 중앙관제센터에서 라디오, VMS, CCTV 등을 통해 상시적으로 관리하도록 하였다.

지하도로의 단면 형태를 살펴보면, 남북 3축을 제외한 나머지 5개 축은 경제성 및 순환망 구축의 용이성을 고려하여 그림 1.7과 같이 소형차 전용 복층구조로 계획되었다. 또한 도심·부도심 구간에는 남북축과 동서축이 교차하는 구간에 대하여 JCT를 설치하여 지상공간으로 진출하지 않고도 방향을 전환할 수 있도록 하였다. 환기계획은 방재계획과 유기적으로 연계되며, 한 개 축이 20km가 넘는 초장대 터널임을 고려하여 안정적인 배연성능을 실현하기 위해 전 구간을 대상으로 급배기 덕트에 의한 횡류식 환기계획을 포함하고 있다. 또한 지하도로 내로 배출되는 오염물질을 정화시키기 위해 전기집진기, 탈초설비 등의 다양한 시스템을 도입하여, 깨끗한 공기를 지상공간과 대기 중으로 배출하도록 계획하였다.

지하도로의 건설 효과를 예측해보면, 교통 측면에서 서울 전역을 30분대에 이동이 가능하게 되고, 도시공간 측면에서는 도로다이어트를 통해 492km 이상의 자전거 전용도로 및 615km의 가로녹지 확보가 가능하여 친환경 대중교통 공간이 조성되며, 경제적인 측면에서도 교통혼잡비용과 환경오염 비용 절감으로 연간 2조 4,400억 원의 사회적 비용 절감효과를 얻을 수 있을 것으로 기대된다.

 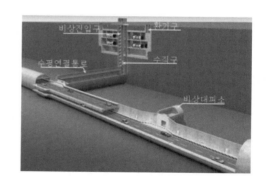

[그림 1.7] U-Smartway 환기방식 및 비상대피시설

2.2 수도권 광역 급행철도(GTX) 사업

최근 수도권의 급속한 성장 및 신도시 개발로 전체 통행량 및 장거리 통행수요가 꾸준히 증가하고 있으며, 수도권 주요 간선도로 및 서울 시계 진출입도로의 통행량 역시 꾸준히 증가하고 있다. 또한 경부축을 중심으로 포도송이식 신도시 개발과 경기 북부지역의 지역적 난개발로 인한 교통인프라 구축 부족과 도로교통 중심의 시설투자로 새로운 교통 혼잡 야기, 단시간대 대량수송이 제한되어 시설투자에 비해 효과가 크지 않은 상태이다. 특히 도로를 넓히거나 신설하는 도로 중심의 교통정책은 자동차 의존형이며, 화석에너지 의존도가 97%인 수송부분에서 총체적 개편이 필요한 시점이다.

이에 경기도에서는 수도권 외곽 60km 범위에서 서울 도심까지 30분 이내에 진입할 수 있는 지하 50m 심도의 철도를 건설하기 위한 기본계획을 수립하였다. 해당 사업은 2020년 착공되어 2026년 이후에 개통 예정이며, 3개 노선의 총길이는 145.5km로 건설비용은 약 12조 원이다.

노선은 경기 서북부에서 동남부를 연결해 경부축과 경의축의 만성적인 교통난 해결을 위한 킨텍스~수서(동탄) 노선, 수도권 방사축 중 통행량이 가장 많은 인천, 부천축을 서울 도심과 연결하는 청량리~송도 노선, 그리고 서울을 중심으로 남북축으로 가로지르는 의정부~금정 노선 등으로 계획되어 있으며, 현재 GTX-A 노선은 시공 중에 있다.

[표 1.3] 제2차 국가철도망 구축계획의 GTX 사업

구분	사업구간	사업내용	연장	사업비	진행현황
A 노선	일산~수서(동탄)	복선전철	46.2km	46,031억 원	시공중
B 노선	송도~청량리	복선전철	48.7km	46,337억 원	사업자 선정중
C 노선	의정부~금정	복선전철	45.8km	38,270억 원	사업자 선정중

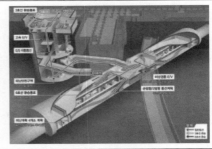

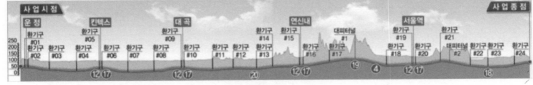

[그림 1.8] 수도권 광역급행철도 GTX-A 노선 및 단선형

2.3 서부 간선 지하도로 프로젝트

서울의 대표적인 지·정체 구간 중의 하나인 서부간선도로는 성산대교~서해안고속도로를 잇는 총연장 10.3km이며 평소 30km/h대의 주행속도로 간선기능을 상실한 지 오래이며 이러한 문제를 해소코자 서울시는 1994년 타당성조사 및 기본계획을 시행한 이후 민간투자사업으로 추진하는 것으로 결정되어 2007년 12월 현대건설 등 6개 사에 의해 최초 제안되었으며 제3자 제안, 실시설계 및 실시계획승인을 거쳐 2015년 8월 공사착공을 시작한 서울시의 대표적인 지하 도로이다.

사업의 개요는 다음과 같다.

• 사업명 : 서부간선도로 지하도로 민간투자사업
• 사업구간 : 서울시 영등포구 양평동(성산대교 남단)~금천구 독산동(금천 IC)
• 연장 : L = 10.33km, 터널(7.90km, 소형차 전용)
• 시설현황 : 차로 수(4차로), 영업소 1개소
• 도로구분 및 설계속도 : 도시지역 주간선도로, V=80km/hr

건설 효과로는 서부간선도로의 효율적인 교통개선을 가져와 장단거리 교통수요 분리운영하고, 주요 간선도로의 고속기능 강화하게 된다. 또한 서부간선도로 지상부 도시재생은 상시 교통지·정체 및 지역 단절에 따른 지역주민 삶의 질 저하를 개선하고 친환경 도시 공간조성, 문화 체육시설, 복지시설 설치 공간 확보를 위한 부대사업을 통하여 주변지역 접근성 개선, 친환경 공간조성으로 지역주민 생활환경을 대폭 개선하게 된다.

[그림 1.9] 서부간선 지하도로 사업 개요도

2.4 대곡~소사 철도 프로젝트

대곡~소사 복선전철 사업은 임대형 민자사업(BTL) 방식으로 활발하게 추진되고 있으며, 국토교통부는 대곡~소사 복선전철 사업시행자 지정 및 실시협약을 지난 2015년 12월 기획재정부 민간투자사업심의위원회 심의를 통과함에 따라 서부광역철도주식회사와 실시협약을 체결했다.

대곡~소사 복선전철 민간투자시설사업은 총 사업비 약 1조 5,700억 원으로 경기도 고양시 대곡에서 부천시 소사까지 총 18.359km에 달하는 구간을 복선전철로 잇는 민간투자사업이다. 현재 공정률은 약 70% 이상으로 계획대로 진행 중이다. 지난 2016년 6월에 착공해 2021년 이후를 목표로 하고 있는 이번 사업은 대부분은 터널공사로 연장은 14.7km, 역은 기존역 2개, 신설역 3개 모두 5개소로 계획되었다.

[표 1.4] 대곡~소사 철도 프로젝트의 시설 규모(노반)

구분		내용	비고
노선 연장		18km 319.91	–
노반 형식	토공	2km 918.00	–
	터널	15km 401.91	개착＋쉴드＋NATM
환기구		15개소	
정거장		5개소 (대곡, 능곡, DS01, DS02, DS03)	

[그림 1.10] 대곡~소사 복선전철 노선

3. 도심지 터널공사에서의 주요 이슈

3.1 도심지 터널건설에 따른 영향 분석

도심지 터널은 건설 목적, 위치 및 기능 등을 고려할 때 일반적인 터널과는 다른 특성을 갖는다. 즉, 도심지 터널은 중·장거리 이상의 연장이 필요하고 경제성을 고려하여 한계심도 이하(대심도)에 건설될 수 있으므로 안전성이 중요하다. 이는 터널 구조물 자체의 안정성뿐만 아니라 터널 굴착으로 인한 주변 지반의 침하 및 지하수위 변화를 포함하는 것으로 40~50m 정도의 대심도 구간에서의 지질 및 지반특성으로 인한 지반 리스크가 크기 때문에 더욱 중요하다. 또한 기존의 철도, 전기, 가스, 전기통신, 상하수도 등 지하구조물 또는 매설물 등에 대한 조사 및 영향검토가 필수적이며, 지상에 존재하는 건물과 주요 구조물에 대한 손상평가가 반드시 수행되어야 한다.

그림 1.11에는 도심지 터널에서 발생 가능한 여러 가지 위험요소를 나타내었다. 그림에서 보는 바와 같이 위험요소는 터널변형뿐만 아니라 지표침하, 지하수위 저하, 도로 함몰, 건물 및 지장물 손상 그리고 주변공사 영향 등이 있다. 또한 도심지 대심도 터널건설 영향평가를 위하여 특성을 터널 거동, 지반 거동 및 주변 영향으로 구분하여 발생 가능한 위험요소와 이에 따른 영향 결과를 정리하여 표 1.5에 나타내었다.

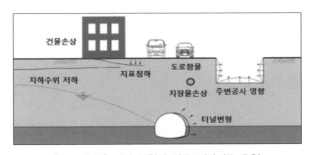

[그림 1.11] 터널 굴착에 따른 지반거동 유형

[표 1.5] 도심지 대심도 터널 건설에 따른 영향

특성		주요 위험 내용	영향 결과
터널 거동	터널 안정성	터널굴착에 따른 안정성 문제	• 터널 낙반/붕괴/붕락
	터널 변형/손상	터널굴착에 따른 변형 및 손상 발생	• 지반함몰(싱크홀)
지반 거동	지표 침하	터널굴착에 따른 지표침하 발생	• 도로 함몰/지표 침하
	지중 변위	터널굴착에 따른 지중변위 발생	• 건물 손상/지장물 손상
지하수 거동	지하수위 변화	터널굴착에 따른 지하수위 변화	• 주변 지하수위 저하
	지하수 유입	터널굴착에 따른 지하수 유입	• 주변 지하수 고갈
주변 영향	진동 소음	터널 굴착 및 운영 중 진동소음 발생	• 사람/인체에 영향
	비산먼지	터널 굴착 중 비산먼지 발생	• 주변 환경오염
	대기오염	터널 운영 중 대기오염 발생	• 구조물 손상(균열 등)

3.2 도심지 터널건설에 따른 영향요소 평가

터널을 굴착함에 따라 시공 및 운영 중에는 지반침하, 지하수위 저하, 주변 건물 및 지장물의 손상 그리고 발파진동소음, 대기오염 등 주변에 다양한 영향(Impact)을 미치게 되며, 도심지 터널공사의 경우, 영향에 따른 피해로 인하여 상당한 수준의 민원이 발생할 가능성이 매우 높다.

도심지 터널공사에서 발생 가능한 영향요소를 그림 1.12에서 보는 바와 같이 안전에 위해가 되는 안전성 영향(Safety Impact)과 환경에 위해가 되는 환경성 영향(Environment Impact)으로 구분하였다. 또한 도심지 대심도 터널 건설에 따른 안전성 및 환경성에 미치는 제반 영향을 합리적으로 평가함으로써 주변 민원을 최소화하여 안전한 터널공사를 수행하도록 하여야 한다.

그리고 표 1.6에 나타난 바와 같이 도심지 대심도 터널에서 건설에 따른 안전성 영향요소 및 환경성 영향요소에 대하여 주요 위험요소에 대한 리스크를 평가하였다. 이를 바탕으로 도심지 대심도 터널에서 가장 중점적으로 평가하여 할 영향요소를 안전성 요소에서는 지반침하(지반 안전성), 환경성 요소에서는 발파진동영향을 선정하여 제시하였다.

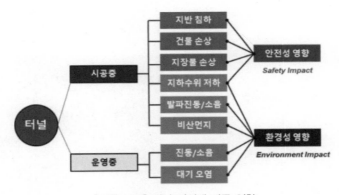

[그림 1.12] 터널 건설에 따른 영향

[표 1.6] 터널 건설에 따른 안전성 및 환경성 영향 요소

영향 요소(Impact Factor)		주요 위험 내용(Hazard)	리스크(Risk)		
안전성 영향	지반 침하	• 터널 시공 중 주변 지반침하	H	M	L
	건물 손상	• 터널 변형과 지반침하로 인한 주변 건물 손상	H	M	L
	지장물 손상	• 터널 변형과 지반침하로 인한 주변 지장물 손상	H	M	L
	지하수위 저하	• 터널 시공 중 주변 지하수위 저하	H	M	L
환경성 영향	발파진동 및 소음	• 시공 중 발파에 의한 진동 및 소음 발생	H	M	L
	비산먼지	• 시공 중 굴착에 의한 비산먼지 발생	H	M	L
	운영 중 진동소음	• 운영 중 진동 및 소음 발생	H	M	L
	대기오염	• 운영 중 대기오염 발생	H	M	L

3.3 도심지 터널건설에 따른 안전 이슈

3.3.1 지반함몰(싱크홀) – 서울지하철 9호선

서울지하철 9호선 919공구 석촌지하차도 밑에서 7개의 공동(싱크홀)이 확인되었다. 발견된 공동은 석촌지하차도 종점부 램프 구간에 폭 5.5m, 길이 5.5m, 깊이 3.4m와 석촌지하차도 박스 시작구간의 집수정 부근에 폭 4.3m, 길이 13m, 깊이 2.3m 등으로 조사되었으며, 지하차도 하부에 여러개의 공동이 존재하는 것으로 나타났다.

발견된 여러 개의 크고 작은 공동은 지하철 919공구 쉴드터널 공사에 따른 도로함몰 때문으로 추정되었다. 함몰 지역은 모래·자갈의 연약한 지층이 형성돼 있으나 쉴드 TBM 시공 중 충분한 지반보강을 하지 않고 공사를 진행한 것으로 나타났으며, 당초 예측한 굴착량 2만 3,842m³보다 14% 많은 2만 7,159m³의 토사를 굴착하는 것으로 확인되었다. 이후 석촌지하차도 일대를 특별관리 구역으로 지정하고 쉴드터널 공사가 진행 중인 9호선 현장에 계측기 추가로 설치해 모니터링하고, 주변 건물과 지하차도 구조물에도 다양한 계측기를 추가로 설치하여 확실한 안전대책을 수립한 후 공사를 수행하여 안전성을 확보하도록 하였다.

[그림 1.13] 도심지 터널에서의 지반함몰(싱크홀) 사례

3.3.2 주변 건물 손상

국내 최장 해저터널인 북항터널의 지상 부분으로 인천광역시 동구 송현동 소재의 삼두아파트의 경우, 지상 도로와 주차장에 다수의 균열이 나타났고 추가적으로 아파트 건물에 여러 개의 균열이 확인되었다. 이러한 균열의 발생이 아파트 하부를 통과하는 터널공사가 직접적인 원인으로 작용하였는지에 대한 기술적인 조사가 진행되었으며, 특히 터널발파공사시 발생하는 발파진동에 의한 영향평가를 분석하여 이에 대한 상관관계를 규명하도록 하였다.

서울 강남구 삼성동 지하철 9호선 OO공구의 반경 100m, 15개 건물에 여러 개의 균열이 발생해

이에 대한 원인조사가 수행되었다. 서울시와 시공사는 지하철 공사에 의해 의한 주변 건물 손상여부를 면밀히 조사하여 그 결과를 바탕으로 이에 대한 대책을 수립하였다. 특히 지하철 터널굴착공사에 의한 지표침하 발생정도 및 주변 건물의 경사도 변화 등에 대한 계측 결과를 검토하였다.

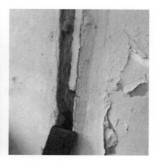

[그림 1.14] 도심지 터널에서에서 건물 손상사례

3.4 도심지 터널건설에 따른 환경 이슈

3.4.1 환경 민원 – 서부간선도로 지하화 사업과 제물포 터널

서부간선도로 지하화 사업은 영등포구 양평동에 위치한 성산대교 남단에서부터 금천구 독산동의 서해안고속도로 금천 IC까지 총 10.33km 구간을 터널로 연결하는 사업으로, 공사중에 신도림동과 구로1동의 환기구 2개소 설치를 놓고 인근 주민들과 갈등을 빚어 공사를 일시 중단한 바 있다. 또한 양천구 신월동(신월 IC)에서 영등포구 여의도동(여의대로) 7.53km 구간을 연결하는 제물포터널 사업 역시 양평유수지 생태공원 쪽과 목동운동장 쪽에 위치해 있는 환기구의 이전을 요구하는 인근 주민들의 환경문제에 대한 민원이 발생한 바 있다. 제물포 터널은 환기구 설치를 백지화하고 바이패스 방식을 도입키로 결정하고, 기존의 계획에 따라 설치된 환기구는 위급상황 발생 시 비상탈출구나 배연구로 활용하고, 평상시에는 외부와 차단되도록 덮인 상태로 관리되도록 계획을 변경하였다.

[그림 1.15] 도심지 터널에서에서 환경 민원사례

3.4.2 안전/환경 민원문제 – GTX-A 사업

경기도 파주 운정에서 화성 동탄을 잇는 총구간 83.1km인 수도권 광역급행철도(GTX)-A노선을 계획하면서 대심도 지하터널이 지나가는 지역 주민들의 상당한 규모의 민원이 발생한 바 있다. 특히 지하 급행철도의 안정성을 설명하기 위해 마련된 기술토론회에서 수도권 급행철도 사업을 반대하는 주민들의 적극적인 의견이 개진되었으며, 최종적으로 노선변경을 요구하기도 하였는데 이는 대심도 지하터널이 아파트 하부를 관통하게 되면 주민들의 안전과 아파트 건물의 안전이 문제가 된다는 게 것이 주된 이유였다.

GTX와 같은 대심도 지하터널이 주거밀집지역 하부 40m를 통과하다 보면 지반 침하, 건물 손상, 소음·진동 등 안전과 주거 환경 침해 문제가 발생하는 것에 대한 민원이 발생하기 때문에 도심지 대심도 터널공사서의 안전 및 환경 민원에 대한 보다 적극적인 대책과 기술적인 해결방안 마련이 요구된다 할 수 있다.

[그림 1.16] 도심지 터널에서에서 안전 민원 사례

3.4.3 안전 기준 강화–대심도 지하안전관리 특별법

수도권광역급행철도(GTX)와 대심도 고속도로 등 지하 40~50m에 건설하는 철도 및 도로 건설사업을 지원하는 특별법이 제정되었다. 본 특별법은 공사입찰 단계부터 안전과 소음, 진동 기준을 강화하고 재개발·재건축 등 지상부 주민의 토지 이용과 재산권 행사 제약문제도 해소하는 것을 목적으로 계획되었으며, 대심도 교통시설사업의 원활한 추진을 위한 대심도 지하 활용개선방안을 수립하고 특별법 제정 등 후속조치를 조속히 추진할 예정이다.

대심도 교통인프라에서 발생하는 다양한 문제들을 해결하기 위하여 대심도 교통시설 안전관리 등에 관한 특별법이 만들어진 주요 이유이다. 관련 법에서는 먼저 대심도에 대한 기준을 법률로 규정하고, 시설 및 사업별 용어 사용을 명확히 규정하고 한계심도 (약 40m)를 설정해 관련 법 적용기준도 구체화하고자 하였다. 또한 각종 민원과 분쟁으로 이어질 수 있는 안전 및 환경기준을 대폭 강화함으로서 공사입찰에서부터 시공사가 안전을 최우선할 수 있도록 입찰참가기준 개정을 추진하도록 하였다. 시공 중에는 매달 지하안전영향평가 이행 상황을 보고하도록 의무화하고 정기·불시점검 확대 및 소음·진동치 실시간 공개 규정도 마련되었다. 또한 준공 후 관리도 강화하도록 하였다. 대심도 상부 건물에 피해가 없도록 사업자에게 관리의무를 부여하는 한편, 피해가 발생하면 신속한 구제가 가능하도록 피해조사지원기구를 설치하고 보험 가입 등의 장치도 신설하였다.

착공 단계에 이른 GTX를 비롯해 대규모 지하공사와 관련한 최대 이슈는 장래 토지이용 제약이나 주민 재산권 행사 제한이다. 공사 때문에 집값이 떨어질 것이라는 불안감이 상존하고 있기 때문이다. 이에 따라 대심도 지하에 대해서는 구분지상권을 설정하지 않는 방향으로 제도를 개선하기로 했다. 구분지상권이란 다른 사람의 토지 지하를 사용할 수 있는 권리를 뜻하는데, 이를 설정하지 않고 부동산 등의 매매거래를 제약하지 않는다는 방침이다.

또한 대심도 교통시설로 인해 재개발·재건축 등 장래 토지이용에도 불이익이 발생하지 않도록 하는 장치를 제도화하도록 하였다. 그리고 특별법 제정과 더불어 행정절차를 통해 추진 가능한 안전기준 강화 조치에 대해서는 사업자 협의 및 입찰기준 개정 등을 통해 현장에 즉시 적용하도록 하였다. 대심도 교통시설 안전관리 등에 관한 특별법 주요 내용은 다음과 같다.

- 대심도에 대한 기준(한계심도)을 법률로 규정
- 대심도 교통시설에 대폭 강화된 안전, 소음·진동 등 기준 적용
- 주민의 재산권 행사 제약 가능성 차단

[그림 1.17] 도심지 터널에서에서 안전 이슈와 대책 마련

CHAPTER 02 도심지 터널굴착공법과 문제점

■ 도심지 터널과 굴착공법

굴착방법에는 기본적으로 인력굴착, 기계굴착, 발파굴착, 파쇄굴착 등이 있으며, 2가지 이상의 방법을 혼용하는 경우도 있다. 굴착방법 선정 시에는 기본적으로 지반조건을 우선 고려하고 터널단면 및 연장에 따라 경제성을 검토한 후 주변 시설물과 환경영향을 고려하여 선정하는 것을 원칙으로 한다.

발파굴착은 화약류 등의 폭발력을 이용하여 암반을 굴착하는 방법으로 소음 및 지반진동을 억제하여야 할 경우에는 조절발파를 적용할 수 있다. 최근에는 발파공법 적용 시 발파진동이 건물이나 시설물에 피해를 끼치지 않더라도 인체 감응정도에 따라 민원을 제기하여 적극적인 보상 등을 요구하고 있는 경우가 있으며 민원인의 강력한 저항으로 사업수행에 막대한 차질을 초래하기도 하는 실정이다.

기계굴착은 브레이커, 로드헤더와 같은 굴착기계, TBM 등을 이용하여 굴착하는 방법으로 모암 손상방지, 여굴 방지, 소음 및 지반진동을 억제하는 경우에 주로 적용하나, 경암반 구간에서의 적용성과 경제성 등을 종합적으로 고려하여야 한다.

파쇄굴착은 발파굴착 구간 중 조절발파로 진동저감 효과가 부족한 경우에 적용되고 있으며 유압장비, 가스, 팽창성 모르타르, 특수 저폭속화약 등을 이용하여 암반을 파쇄할 때 적용하며 필요한 경우에는 브레이커를 이용한 기계굴착을 적용하기도 한다. 최근에는 주거지 주변에서는 민원발생을 최소화하고 굴착공사를 원활하게 수행할 수 있도록 일반발파보다 소음진동을 억제할 수 있는 미진동 및 무진동 굴착공법을 적용하는 공사현장이 점차 증가하고 있는 추세이다.

1. 터널굴착공법

터널굴착공법은 지형 및 지질특성과 주변현황을 고려하여 굴착공법을 선정하며, 굴착공법의 종류는 발파굴착(Drill and Blasting), 기계굴착, 파쇄굴착 등으로 구분할 수 있으며, 안전성, 경제성 및 시공성 등을 고려한 최적의 굴착방법을 선정한다. 특히 문화재, 관공서, 민가 등이 밀집해 있는 도심지 구간은 발파굴착에 따른 위험요인을 배제하고 안전성, 시공성 및 민원 최소화를 위해 기계굴착 공법을 적용할 수 있다. 발파굴착과 기계굴착 공법을 비교하면 다음과 같다.

[표 2.1] 발파굴착과 기계굴착 비교

구분	발파굴착	기계굴착
개요도		
공법개요	• 가장 일반적인 굴착방법으로 암반에 구멍을 뚫고 화약 장전 후 발파시켜 터널을 굴진해나가는 방식	• 터널굴착(TBM) 장비로 암반을 압쇄 또는 절삭하여 전단면으로 터널을 굴진해나가는 방식
적용지반	• 토사~경암	• 풍화암~경암
장점	• 적용실적 다수 • 복합지반 대응성 유리 • 평면 및 종단선형 변화에 대한 대응 용이 • 시공장비 간단	• 암질이 양호한 경우 시공성 유리 • 원지반 손상 및 여굴 최소화로 인접구조물 안정성 확보 • 작업환경 양호 • 저진동, 저소음 기계굴착으로 민원 최소화
단점	• 공정이 다소 복잡 • 여굴발생이 많음 • 이완영역 발생이 많음 • 소음 및 진동에 의한 민원 발생 • 발파 후 가스 및 분진에 의해 갱내환경 불량 • 철저한 막장관리 및 계측필요	• 복합지반 대응성 불리 • 대규모 작업장 및 대용량 동력설치 필요 • 터널연장이 짧을 경우 경제성 저하 • 파쇄대 및 용출수구간 조우 시 별도의 대책 필요

터널의 설계 및 시공 시 굴착공법의 결정은 터널의 안정성, 경제성, 공기 등을 결정하는 중요한 요소이므로 터널단면의 크기, 막장의 자립성, 원지반의 지보능력, 지표면 침하의 허용값 등 제반여건을 고려하여 결정하여야 한다.

일반적인 굴착공법의 분류는 지질여건에 따라 전단면 굴착, 반단면 굴착(부분단면 굴착 및 선진도갱 굴착, 중벽분할굴착, 핵 남기기) 등으로 분류할 수 있으며, 이 중 반단면 굴착에 대해서는 벤치의 형식에 따라 세부적으로 구분할 수 있고 이러한 굴착공법의 선정은 지반에 대한 제반여건을 충분히 검토한 후에 시공성과 경제성을 고려하여 선정하여야 하며, 주요 고려사항은 다음과 같다.

| • 지형, 지질, 토피고, 터널 형상, 평면선형, 터널연장, 지상지장물, 용수, 파쇄대 유무, 공사기간 및 버력처리 기간 | ➡ | • 막장 자립시간(무지보 자립시간) • 싸이클 타임 (천공, 발파, 버력처리, 지보공) • 대형 장비 시공성 | ➡ | • 전단면 굴착 • 분할 굴착(롱 or 숏 벤치, 인버트, 중벽굴착, 핵 남기기 등) |

[그림 2.1] 발파 굴착

1.1 전단면 및 분할 굴착공법 비교

중단면 터널에서 가장 일반적으로 사용되는 전단면 굴착공법과 상·하반 분할 굴착공법에 대해서 비교하면 다음과 같다.

[표 2.2] 로드헤더-암반에서 신뢰성이 높고 비용 절감이 가능한 굴착을 제공

구분	전단면 굴착공법	상하반 분할 굴착공법
개념도	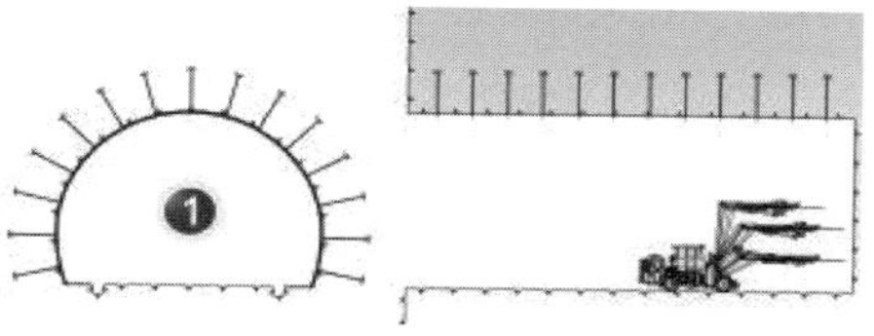 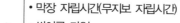	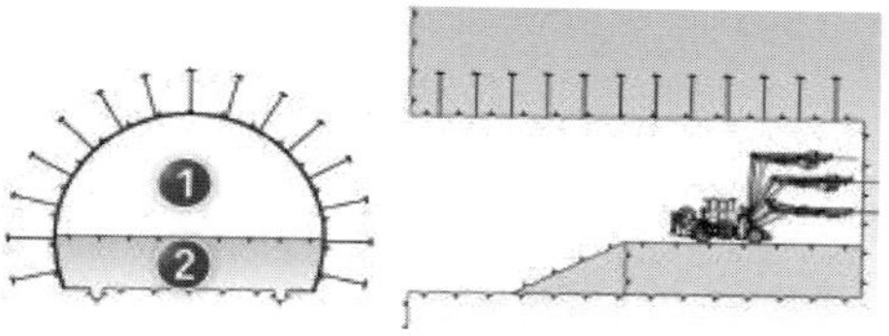
적용지반 및 공법특성	• 암질이 양호하여 막장의 자립시간이 긴 경우에 주로 사용 • 굴착에 따른 응력의 재배치가 한 공정(사이클)에 완료되므로 조기에 터널을 안정화시킬 수 있는 공법 • 일시에 전단면을 보강하므로 이음부의 시공 불량을 방지 • 기계화에 따른 고속 시공이 유리 • 버력처리 작업이 용이 • 막장이 단일하므로 작업이 단순	• 암질이 비교적 불량하여 막장의 자립시간이 비교적 짧은 경우에 굴착단면 축소로 안정성 확보가 용이 • 하반굴착 시 상반 1차 보강의 파손 우려가 있음 • 상하반보강 이음부의 시공불량을 유발할 수 있음 • 버력처리 작업이 용이하지 않음 • 굴착공법이 복잡하여 공기가 길어짐

1.2 굴착공법별 특성 비교

1.2.1 전단면 굴착

- 원칙적으로 단면 전체를 1회에 굴착하는 방법으로서 지반의 자립성과 지보능력이 충분한 경우에 적용할 수 있으며, 주로 지반 상태가 양호한 중소단면의 터널에서 적용할 수 있는 공법으로 그 주된 특징은 아래와 같다.
  - 굴착에 따른 응력의 재배치가 한 공정(Cycle)에 완료되므로 조기에 터널을 안정시킬 수 있다.
  - 막장이 균일하므로 작업이 단순하고, 기계화에 따른 급속 시공에 유리하다.
  - 굴착 부분이 크기 때문에 지반 조건변화에 대한 대응성이 떨어진다.
  - 단면이 큰 경우 숏크리트 및 록볼트 작업이 늦어지고 큰 작업대 등이 필요하다.

1.2.2 수평분할 굴착

일명 벤치컷(벤치 cut) 공법이라고도 하며, 단면을 여러 단계 분할하여 굴착하는 공법으로서 벤치의 단수나 길이는 굴착단면의 크기, 지반조건에 따른 설계상 인버트의 폐합시기, 투입되는 기계설비 등에 의하여 결정된다.

이 공법은 주로 지반상태가 양호하고 단면적이 큰 경우에 시공성을 높이기 위하여 적용하거나, 지반상태가 다소 불량한 경우에 막장의 자립성을 높이기 위하여 적용한다.

1.2.3 롱벤치 굴착

통상 벤치의 길이가 3D 이상으로 지반이 비교적 양호하고 시공단계에 있어서 인버트 폐합을 필요로 하지 않는 경우에 채택되며 넓은 의미로는 상반 선진도갱 굴착공법도 포함된다.
  - 상하반 병행작업이 가능하며, 일반적인 장비의 운용이 용이하다.
  - 경사로를 만들지 않으면 버력이 두 번 적재된다.

1.2.4 숏벤치 굴착

벤치 길이는 보통 1D~3D 정도로 공법의 적용범위가 넓고 NATM 개념의 터널공법에 있어서 주류를 이루는 공법이라고 할 수 있다. 지반에 있어서는 토사에서 경암에 이르기까지 거의 모든 지반에서 적용 가능하며 크기에 있어서는 중단면 이상에서 일반적인 공법이다.
  - 굴진 도중 지반의 변화에 대처하기가 용이하고, 일반적인 장비의 운용이 용이하다.
  - 상반 작업공간의 여유가 적어질 가능성이 있다.

- 경사로를 만들지 않으면 버력이 두 번 적재된다.
- 상하반 중 한 부분만 작업이 가능하므로 작업 공정의 균형을 맞추기 어렵다.

1.2.5 마이크로벤치 굴착

팽창성 지반이나 토사지반에서 인버트의 조기 폐합을 할 필요가 있는 경우 주로 채택되며 벤치의 길이는 2~3m 이내가 보통이다.
- 인버트의 조기폐합으로 지반침하 최소화 가능, 상하반 동시 굴착효과로 굴착속도 향상된다.
- 상하반 분할 동시 굴착으로 작업공정이 복잡하다.

1.2.6 가인버트 굴착

통상 중단면 이상에서 지반의 변형을 적극 억제하면서 시공성을 높이기 위하여 벤치의 길이를 길게 할 필요가 있을 경우에 벤치 상부에 숏크리트를 타설하여 가인버트를 형성시키면서 굴진하는 공법이다.
- 상반 벤치의 길이를 크게 할 수 있으므로 상반작업공간을 넓힐 수 있다.
- 상반 관통 후 하반을 시공하면 경사로가 필요 없다.
- 상반시공 속도가 크게 저하될 가능성이 크다. 즉, 가인버트의 타설시간, 숏크리트가 일정한 강도에 달하는 데 소요되는 시간, 굴착장비의 통행으로부터 인버트를 보호하기 위해 버력 메우기 시간 등 시간상실이 많다.
- 별도의 숏크리트가 필요하므로 경제성이 떨어진다.

1.2.7 링컷 굴착

막장면에 지지 코아(Supporting Core)를 남기고 굴착하는 공법, 막장면의 안정이 위협되는 지반 조건에 적용하며 지반조건이 매우 나쁜 경우에는 지지 코어 주위를 분할 굴착한다.
- 막장면 안정성 확보 시 용이하고, 연약한 지반조건의 대단면 굴착이 가능하며 지반변화에 대처하기 쉽다.
- 작업공간 확보에 제한적이며, 작업 공종이 많아서 작업 사이클 조정이 어렵다.

1.2.8 중벽분할 굴착

하반의 지반조건은 양호하나 상반의 지반조건이 불량하여 지반의 침하량을 최대로 억제할 필요가 있는 경우나 비교적 대단면으로 막장의 지지력이 부족한 경우에 적용되는 공법이며, 안전성 측면에서 임시 지보재를 설치할 수 있음. 막장간의 이격거리는 1D~2D(D : 터널폭)를 유지하는 것이 바람직하다.

- 지반침하를 억제시키는 것이 가능하고, 막장의 안정성을 유지하는 데 유리한 공법이다.
- 중벽으로 분할하기 위해서는 어느 정도의 단면 확보가 필요하고, 시공속도가 다소 저하된다.
- 작업공간의 제약으로 시공성이 저하될 우려가 있다.

1.3 대단면 터널의 굴착공법 특성

최근 도심지 터널단면은 그 규모가 커지는 추세에 있으며, 용도별로 단선터널, 복선터널, 확폭터널, 유치선 터널 및 정거장 터널 등으로 구분할 수 있고 주로 확폭터널과 대단면 터널(유치선 및 정거장 터널)은 복선터널 이상의 큰 단면을 갖는 터널이다.

1.3.1 대단면 터널 계획 시 고려하여야 할 사항

교란지반의 규모와 거동평가	시공 접근성 평가
• 터널단면의 크기가 증가함에 따라 교란되는 지반 범위도 증가 • 지보재 설치시간이 소단면에 비해 증가 • 동일 심도인 경우 소단면에 비해 지반조건상 기하학적으로 불리 • 터널 막장면에 다층지반 출현 가능성 증가	• 작업원이 시공면에 접근할 수 없는 위치에는 별도의 장비 필요 • 분할굴착의 경우 벤치높이를 결정할 때 장비 작업반경에 대한 고려 • 방수, 철근조립 및 콘크리트라이닝 타설 등의 후속공정에 대한 대형 작업차가 요구
지보재 평가	작업싸이클 평가
• 터널직경이 2배가 되면 이완하중은 4~8배까지 증가(Terzaghi 이완하중) • 지보재의 곡률반경이 증가하여 지보재의 지지능력 감소	• 굴진장이 동일한 조건에서 굴착단면이 커지면 굴착 및 버력처리시간 증가 • 기계화 시공으로 인한 시공성 개선방안 검토
복합지층 존재에 대한 평가	낙반에 대한 평가
• 대단면 터널막장은 상하반 지층이 상이할 가능성이 크며 이에 따른 굴착공법의 차등 적용에 따른 검토 요구 • 지층경계부 출현 가능성 증가	• 터널 높이 증가에 따른 낙석의 추락에너지 증가로 작업원의 안전성 위협 증대 • 작업도구의 낙하에 따른 작업원의 안전성 확보 필요

1.3.2 대단면 터널의 단면 구분

• 대단면 터널 단면의 구분은 다음과 같다.

구분	내용
단선터널	단선 철도가 운행 가능한 터널단면
복선터널	복선 철도가 운행 가능한 터널단면(일반적으로 궤도 중심선간 간격 4.0~4.4m)
확폭 터널	단선병렬로 분기되는 구간과 같이 궤도 중심선간 간격이 4.4m 이상 확대된 구간의 터널단면
유치선 터널	복선터널 단면에 차량의 입·출고 및 회차 또는 주박목적의 유치선이 추가된 3선 이상 터널단면
정거장 터널	승강장 또는 정거장 구조물 설치공간을 확보한 정거장 내 대단면 터널단면

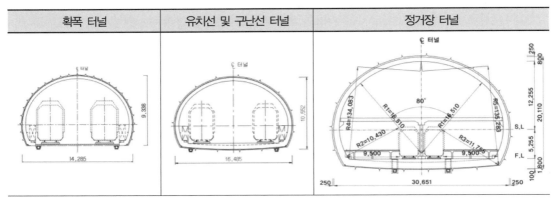

[그림 2.2] 발파 굴착

1.3.3 대단면 터널의 특징

터널단면의 크기가 증가함에 따라 지반의 교란영향 범위가 증가하여 터널 주변지반의 응력-변형 거동 양상이 달라질 수 있다. 또한 동일한 지반조건일지라도 터널단면이 증가하면 지보재 설치 시간이 지연되어 터널의 초기 안정성이 불리하다.

터널단면의 증가는 토피와 천장부의 양호한 지층두께를 감소시켜, 터널막장에 다층지반이 출현할 가능성이 커진다. 따라서 터널막장의 상·하반 지층이 상이할 가능성이 크며, 이에 따라 발파나 기계굴착과 같은 일관된 굴착공법 적용이 어려워 시공성이 저하되기 쉽다. 또한, 지층경계부에서 다량의 지하수가 유입되기 쉽고, 이러한 유입수로 인하여 막장자립성과 시공성이 저하될 수 있다.

터널의 안정성 확보에 필요한 지보재의 지내력은 굴착면적, 아칭작용의 정도, 연직하중의 증가에 비례하지만 터널 크기에 대해서 선형적으로 증가하지는 않는다. Terzaghi 이완하중에 의하면 터널 직경이 2배로 증가되면 이완하중은 4~8배까지 증가하게 되고, 곡률이 증가하기 때문에 터널지보재의 아칭효과가 저하되어 지보재의 지내력이 감소한다.

대단면 터널은 단면이 커짐에 따라 작업원의 접근성이 떨어지므로 작업원이 접근할 수 있는 장비가 제공되어야 한다. 경우에 따라서는 터널 내 장비의 작업반경을 초과할 수 있으므로, 벤치의 높이를 결정할 때는 굴착장비의 제원도 함께 고려해야 한다. 또한 방수, 철근조립 및 콘크리트라이닝 타설 등의 작업 시에도 별도의 대형 작업대차가 필요하다.

굴진장이 동일한 조건에서 굴착단면적이 증가하면, 굴착 및 버력 처리량이 증가하여 지보재 설치가 지연되게 되고 터널 주변 지반의 이완 또는 크게 된다. 따라서 막장의 안정성이 저하되므로 대단면 터널의 경우 굴착 시 지반보강을 통하여 굴착단면의 규모를 늘리거나 소단면으로 분할 굴착하여 터널의 안정성을 확보한다.

대단면 터널에서는 소규모 낙석도 작업원의 안전을 크게 위협하게 되며, 작업대차의 사용으로 작업원의 추락가능성 및 작업도구의 낙하는 작업원의 안전을 위협하는 요소가 될 수 있다.

1.3.4 대단면 터널굴착공법

굴착공법은 발파진동 및 소음, 지반조건, 버력처리시간, 시공성 등을 고려하여 계획한다. 산악지와 같이 발파 굴착 시 진동 및 소음에 따른 민원발생의 우려가 적을 때는 상하반 분할 굴착도 가능하나 도심지 하부의 경우에는 여건상 굴진장을 축소하거나 분할 굴착(소단면 발파)을 통하여 발파진동을 적극적으로 억제하는 것이 필요하다. 따라서 확폭터널은 상하분할굴착, 대단면 터널정거장은 상·중·하 3단 또는 4단 벤치컷으로 하고, 시공성 및 안정성을 고려하여 추가적인 단면분할을 계획해야 한다. 대단면 터널의 굴착공법 적용사례는 다음과 같다.

[표 2.3] 도심지 대단면 터널 사례

구분		오라~수원선	신분당선	녹사평 정거장
단면개요 및 시공순서				
단면조건	폭(m)	13.9	15.7	24.0
	높이(m)	10.0	10.8	16.0
굴착공법		3분할(측벽선진도갱)	상반3분할	10분할(측벽선진도갱)

2. 발파굴착공법

2.1 발파공법 개요

터널 발파공법은 주변 암반에 대한 손상을 최소로 하고 암반과 화약의 성질을 조화시켜 최적의 발파 효과를 얻을 수 있으며, 발파계획을 수립하는 데는 사전에 조사된 지반조건과 자립시간 등을 기초로 하여 미리 정해진 굴착공법과 지보형식 및 간격 등을 고려하여 발파굴진장, 심발공의 형태, 발파공의 배치, 기폭방법, 장약량 등의 발파패턴을 계획하게 된다. 발파설계에는 가장 적합한 심발공법, 굴착면 주변공 배치 및 장약량, 지발당 최대 장약량 등이 제시되어야 하며 실제 시공 시 시험발파를 실시하여 보완하여야 할 사항을 명확히 제시하여야 한다. 또한 발파로 인한 소음, 진동 등 주변 환경에 미치는 영향을 고려하여 필요한 경우에는 그 대책을 강구하여야 하며 발파결과가 당초 계획과 상이할 경우에는 그 원인을 규명하여 후속 발파작업에 반영하여야 한다.

2.2 암반 굴착공바법별 분류 및 발파설계

국내에서는 일반적으로 도로공사 노천발파시공 지침에 따른 암반굴착공법을 제시하고 있으며 용어에 따른 공법개요 및 특성은 표 2.4와 같다.

[표 2.4] 암반 굴착공법별 분류 기준

구분	일반발파	진동제어발파	정밀진동 제어발파	미진동 굴착공법
공법개요	1공당 최대장약량이 발파규제기준을 충족시킬 수 있을 만큼 보안물건과 이격된 영역에 대해 적용하는 공법	발파영향권 내에 보안물건이 존재하는 경우 '시험발파' 결과에 의해 발파설계를 실시하여 규제기준을 준수함	소량의 폭약으로 암반에 균열을 발생시킨 후 대형 브레이커에 의한 2차 파쇄를 실시하는 공법	보안물건 주변에서 정밀진동 제어발파 이내 수준으로 진동을 저감시킬 수 있는 공법으로서 대형 브레이커로 2차 파쇄를 실시하는 공법
주 사용폭약 또는 화공품	에멀젼 계열 폭약	에멀젼 계열 폭약	에멀젼 계약 폭약	최소 잔위 미만 폭약 미진동 파쇄기 미진동 파쇄약 등
지발당장약량 (kg)	5.0~15.0	0.5~5.0	0.125~0.5	폭약기준 0.125 미만

※ 천공깊이, 최소저항선, 천공간격 치수 등은 평균적으로 제시한 수치이며, 공사시행 전에는 시험발파에 따라 현장별로 검토·적용하여야 함.

발파설계는 터널이 굴착되는 암반 및 지질의 특성, 지장물의 위치 및 종류, 환경에 대한 영향 등 현장여건에 따라 제한조건이 발생하며, 터널의 발파패턴은 심발공, 확대공, 외곽공, 바닥공으로 구분하여 공의 배치, 경사, 길이 장약량 및 기폭순서의 조정을 통해 설계되며, 이 중 심발발파는 가장 먼저 기폭되어 자유면을 형성하는 역할을 하는 것으로 굴진효율과 발파진동·소음 발생에 중요한 영향을 미치며 발파설계개요는 그림 2.3과 같다.

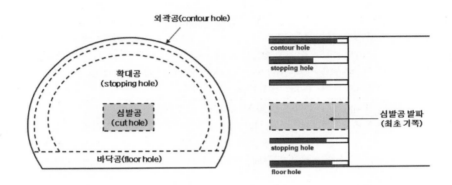

- 심발공(Cut hole) : 터널막장을 1자유면에서 2자유면으로 확대시키는 발파공
- 확대공(Stopping hole) : 터널에 벤치발파 개념을 도입한 2자유면 발파공
- 외곽공(Counter hole) : 매끄럽고 평활한 굴착면 확보를 위해 공과 공 사이를 절단하는 발파공
- 바닥공(Floor hole) : 발파암이 쌓여 구속력이 매우 큼으로 화약량을 증가시킨 발파공

[그림 2.3] 터널 발파 설계 개요

국내에서 많이 적용되는 심발공법은 V-cut(경사 심발), Burn-cut, Cylinder-cut(평행 심발)이 있으며 대표적인 제어발파는 스므스 블라스팅(Smooth blasting)과 라인드릴링(Line drilling) 등의 공법이 있다.

2.3 제어발파 및 발파 진동 경감공법

국내에서 많이 적용되고 있는 제어발파 공법은 스므스 블라스팅(Smooth blasting)과 프리 스플리팅(Pre-splitting) 공법이 있다(표 2.5 참조).

시험발파나 발파진동 측정결과로부터 발파진동의 피해가 예측되는 경우 다음에 열거된 진동경감 방법 중 발파효과 및 경제성 등을 검토하여 최적의 방법을 선택하여야 하며 경감방법은 진동의 발파원에서의 억제방법과 진동전파의 방지로 대별할 수 있다.

[표 2.5] 제어발파의 종류

구분	Smoothing	Wing hole blast	Line drilling	Pre-splitting
개요도				
개요	• 외곽공을 최후에 기폭 • 외곽공을 평행 접근 배치 • 공경보다 훨씬 적은 직경 폭약 사용(DI≥2.0) • 저항선(B)과 공간격(S)의 비⇒S/B≤0.8	• SB공법의 일종 • 여굴 감소, 이완영역 축소 목적 • 폭발력 방향성 부여 • 특수 rod 및 bit 사용 (일본 특허기술)	굴착예정선에 다수의 무장약공을 근접 천공하여 발파 시 진동차단과 굴착선을 따라 파단이 이루어지도록 하는 공법	• 외곽공을 먼저 기폭하여 미리 파단면을 생성한 후에 굴착면을 굴착 • 천공경은 대략 30~64mm이고 대부분의 천공공에 폭약을 장전
특징	• 천공 효율성 우수 • 신뢰성 우수 • 전용폭약 생산(정밀폭약) • 천공수 증가로 시간이 많이 소요됨	• 천공 완료 후 Wing hole 형성(천공시간 증대) • 연암 이하 효과 저하 • 현장적용사례 빈약	굴착예정선에 다수의 무장약공을 근접 천공하여 진동차단과 굴착선을 따라 파단이 이루어지도록 하는 방법	• 터널의 경우에 파단면에 수직으로 작용하는 편토압 구간에 적용 • 천공의 정밀도 및 천공 간격의 영향이 큼
용도	• 노천 절취비탈면, 채석장 • 터널 등 진동제어	• 노천 절취비탈면 • 터널	• 노천 절취비탈면 • 터널	노천 절취비탈면

시험발파나 발파진동 측정결과로부터 발파진동의 피해가 예측되는 경우 다음에 열거된 진동경감 방법 중 발파효과 및 경제성 등을 검토하여 최적의 방법을 선택하여야 하며, 경감 방법은 진동의 발파원에서의 억제방법과 진동전파의 방지로 대별할 수 있다.

2.4 미진동 무진동 굴착공법

2.4.1 미진동, 무진동 굴착공법의 분류

소음과 진동 억제를 고려한 미진동 굴착공법은 크게 약액주입에 의한 화학적 파쇄공법을 의미하며 기계장비를 이용한 물리적 파쇄공법은 무진동 굴착공법으로 분류할 수 있다. 본 장에서는 발파진동 억제를 위한 미진동, 무진동 암파쇄공법의 적정성 검토를 위해 적용 가능한 공법들에 대한 비교·검토를 정리하면 다음 표와 같다.

2.4.2 약액주입공법(화학적) 종류 및 특징

약액주입공법은 크게 미진동 파쇄기, 플라즈마, 팽창성 파쇄재 CARDOX로 구분할 수 있으며 그 원리와 특징은 다음 표와 같다.

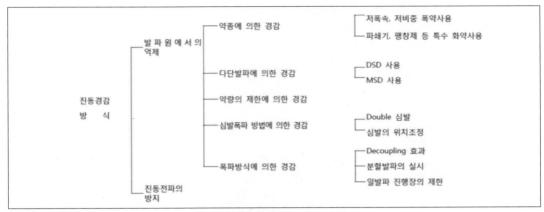

[그림 2.4] 발파진동 경감 방식

[표 2.6] 미진동, 무진동 굴착공법의 종류

약액주입 공법(화학적)	기계식 공법(물리적)
1. 미진동 파쇄기(CCR)	1. 분착 균열파쇄 공법
2. 플라즈마 공법(PLAZMA)	2. 유압절개 공법(HRS, GNR, PRS, DARDA)
3. 팽창성 파쇄재	3. 슈퍼웨지 공법
4. CARDOX 공법	4. 대형 브레이커/다공천공＋대형브레이커 공법

[표 2.7] 약액주입공법(화학적) 특징

구분	미진동 파쇄기(CCR)	플라즈마 공법	팽창성 파쇄재	CARDOX
개요도				
개요	고열을 이용한 가스팽창으로 암반에 균열을 발생시키는 화공품으로 압축응력에 의해 파쇄하는 방법	암반 내 금속산화물의 전력충격셀, 전기에너지로 플라즈마의 팽창에 의해 발생하는 충격파와 고열로 암반을 파쇄하는 방법	생석회(산화칼슘, CaO)의 수화반응에 의한 고온고압의 팽창력을 이용하여 균열방생 후 파쇄하는 방법	탄산가스를 기화시키는 과정에서 순간적으로 발생되는 에너지를 활용하여 암을 파쇄방법
특징	도심지 현장에서 널리 사용되고 있으나 압축강도 $1,200kg/cm^2$ 이상의 경암에서는 적용효과가 떨어지는 단점	• 저항선이 적절치 못할 경우에는 비산 및 철포현상이 발생되어 방호대책이 필요 • 단일공만 작업이 가능하여 작업표율이 떨어지고 공사비가 고가	• 주입에서 양생까지 최소 6시간 정도가 소요되고 재료비 및 파쇄비가 비교적 고가 • 시공 경험이 풍부한 전문 기술자 확보가 어려움	• 단발파쇄만 가능하고 보통암 이상의 암반에서는 굴착효율이 저하 • 불가피하게 발생하는 유독성 가스로 인하여 사용이 기피

2.4.3 기계식 공법(물리적) 종류 및 특징

기계식 방법에는 절개하는 이용하는 압력 방법에 따라 크게 분착균열파쇄공법과 유압절개 공법, 슈퍼웨지 공법, 대형 브레이커를 이용하는 방법이 있으며, 그중에서 유압절개공법은 유압을 적용하는 방식에 따라 HRS, GNR, PRS, DARDA 등으로 분류된다(표 2.8 참조).

[표 2.8] 기계식 공법 (물리적) 특징

구분	분착 균열파쇄	슈퍼웨지	대형 브레이커
개요도			
개요	일반 천공 공 사이에 30~40% 짧은 분착공을 추가 천공하여 압축집중 응력을 완화하고 전단 및 인장응력만으로 암반을 파쇄하는 공법	슈퍼웨지(SUPER WEDGE)공법은 기존 인력으로 운용하던 유압할암방식을 탈피하여 무진동 암반파쇄기를 굴삭기에 장착한 기계화 공법	굴착기 선단에 대형브레이커를 설치하여 암반에 균열을 발생시키는 방법
특징	• 일반 화약발파와 작업방법이 유사하여 전용장비가 불필요 • 굴착 싸이클이 짧은 장점이 있어 근래에도 노천 암파쇄현장에서 주로 적용	• 백호에 장착하여 파쇄작업을 하기 때문에 이동 및 파쇄작업 속도가 빨라 공사기간이 짧음. • 장비특성상 천공을 길게 해야 하므로 천공비가 증가	• 현장에서 굴착기를 활용하여 손쉽고 빠르게 굴착이 가능 • 강도가 높은 연·경암에서는 시공이 떨어짐

구분	유압절개공법			
	HRS	GNR	PRS	DARDA
시공장비				
개요	천공 Hole에 원형 할암봉을 삽입한 후 고무튜브에 유압을 발생시켜 할암봉 팽창으로 암반을 파쇄	자동제어 작동으로 암반강도에 제한받지 않고, 적은 구경의 암반 천공혼을 무진동으로 암반을 파쇄하는 공법	천공된 구멍에 유압을 작동되는 소형 피스톤이 박힌 혈암봉을 넣은 후 유압을 작동시켜 암을 강제로 파쇄하는 공법	유압으로 두 개의 날개 wedge에 가압하여 파쇄 대상물을 양쪽으로 벌려서 파쇄하는 공법
특징	• 안정성 및 시공성이 우수하고, 계절에 관계없이 시공이 가능하며 분진피해가 없음 • 보통암 이상의 암반에서는 작업효율이 떨어짐	• 유압제어로 작업자 안전 확보가 용이하며, 절개깊이 및 할암폭이 적음, 소음, 비석, 분진 피해가 없음 • 화약발과 대비 시공성이 떨어지고 단가가 높음	• 균등한 팽창력 발생으로 절취선이 정확함 • 보통암 이상의 암질에서 효율이 저하되고, 부속장비 소모가 많으며, 자유면의 형성이 필요	• 소량 및 소규모 현장 파쇄에 유리하고, 절개 방향이 정확하고 자유롭게 조절 가능 • 자유면이 필요하고, 1일 작업량이 소량이며, 작업속도가 늦은 편임

3. 기계굴착공법의 특징과 문제점

3.1 Gripper TBM

Gripper TBM 공법은 TBM 장비를 이용한 전단면 굴착공법으로 여굴이 거의 발생하지 않으나 지반조건 및 현장여건에 따라 소요내공단면이 확보되지 못할 경우 추가굴착이 어려우므로 이를 고려한 시공여유를 적용한다.

국내에서는 직경 ∅10m 이상의 대단면 Gripper TBM 적용사례가 없어 시공 리스크 최소화 방안으로 Gripper TBM 굴진 시 지반조건 등에 의해 발생하는 사행오차와 내공 변형량을 고려하여 시공여유를 적용한 단면계획을 수립한다.

3.1.1 장비형식 검토

국내의 기계화 터널공법(Mechanized Tunnelling Method)의 분류기준은 다음과 같다.

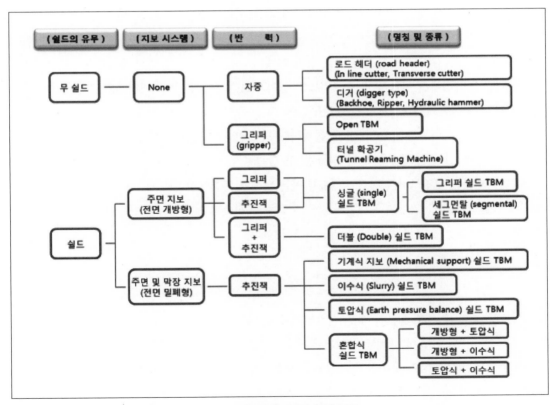

[그림 2.5] 터널 기계화 공법 분류

TBM 장비별 특징을 검토하면 다음과 같으며, 사업구간의 터널 굴착심도 및 지반특성을 고려하여 가장 적절한 형식으로 결정한다.

[표 2.9] TBM 공법 분류와 특징

구분	Gripper TBM	개방형 쉴드 TBM	밀폐형 쉴드 TBM
추진방식	그리퍼	그리퍼/추진잭	추진잭
특징	• 양호한 암반구간 적용 • 콘크리트라이닝 별도 타설로 굴진속도 향상	• 암질 불량구간 적용 • 세그먼트 동시 설치로 굴진속도 낮음 • 싱글쉴드, 더블쉴드	• 고수압 및 연약지반 적용 • 세그먼트 동시 설치로 굴진속도 낮음 • 토압식(EPB), 이수식(Slurry)

TBM 장비의 구성은 크게 TBM 본체, TBM 본체를 가동하기 위한 동력 및 유압 설비 등 각종 설비시설을 적재하고 있는 후속설비(Back-up 시스템)로 구성된다.

커터헤드의 구동은 전동모터에 의해 이루어지고 그 외의 모든 장치들은 유압에 의해 작동되며, 그리퍼 패드는 양측에 설치하여 안정적인 터널 벽면지지를 통한 터널굴착이 가능하도록 한다.

TBM L1 구간은 강지보재 설치를 위한 링빔 이렉터, 록볼트 설치를 위한 루프드릴, 와이어매쉬 설치를 위한 와이어매쉬 이렉터 및 숏크리트 타설이 가능한 시스템 등을 커터헤드 후방에서 설치하여 무지보 자립시간이 짧은 불량한 암반구간에 대해 즉시지보가 가능하도록 한다.

또한 프로브 드릴도 TBM L1 구간에 설치하여 막장전방 지질의 직접적인 확인 및 단층파쇄대 등 연약대 통과 시 전방보강을 위한 훠폴링 및 강관보강그라우팅이 가능하도록 계획한다.

TBM L2 구간은 무지보 자립시간이 충분하여 커터헤드 후방에서 지보가 가능한 양호한 암반구간에 대해 록볼트 설치를 위한 루프드릴과 숏크리트 로봇 시스템을 설치하여 자동화 타설로 신속하고 효율적인 고품질의 숏크리트 타설이 가능하도록 한다.

3.2 쉴드 TBM

기계굴착 공법 중 지반조건이 매우 취약하거나 하·해저터널과 같이 수압에 대한 대응이 절대적으로 필요할 경우는 Shield TBM 공법을 적용한다. Shield TBM 공법은 전방구조가 밀폐형으로 전방지반에 대한 대응성이 우수하고 세그먼트 사용으로 고수압 대응성이 우수하며, 유입수로 인한 터널막장 대응이 우수한 장점이 있다.

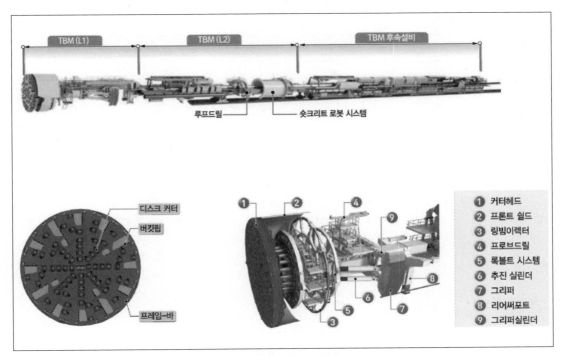

[그림 2.6] Gripper TBM 장비

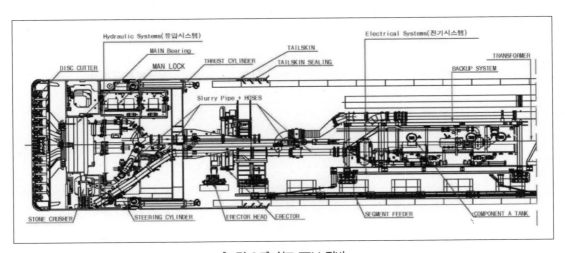

[그림 2.7] 쉴드 TBM 장비

3.2.1 장비형식 검토

Shield TBM 장비는 지반조건, 장비의 내구성, 고수압 대응성, 경제성, 시공성, 환경성 등을 고려하여 최적의 장비를 선정한다. 장비형식 비교와 주요설비에 대한 내용은 다음과 같다.

[표 2.10] 쉴드 TBM 공법 비교

구분		이토압식 쉴드 TBM(EPB)	이수가압식 쉴드 TBM(Slurry)
지반조건 적용성		• 디스크 커터의 마모는 과잉추력에 의한 굴진 불능상태 발생 우려 • 챔버 안에서 디스크 커터나 비트를 탈·부착할 수 있도록 설계 필요 • 암편이 스크류 컨베이어에서 막히는 것을 방지하기 위해 면판의 Opening Ratio 조정 및 크러셔 필요	• 이수가 윤활작용으로 디시크 커터는 상대적으로 마모율이 낮아 유리함 • 챔버 안에서 디스크 커터나 비트를 탈부착할 수 있도록 설계 필요 • 암편이 배니관에서 막히는 것을 방지하기 위해 면판의 Opening Ratio 조정 및 크러셔가 필요
쉴드TBM 내구성		• 챔버 내에 굴착버력을 충만시켜 굴진하기 때문에 디스크 커터의 마모가 Slurry보다 약 20% 이상 발생, 커터교체가 빈번하여 공사비와 공기가 증가	• 이수가 윤활재의 역할을 하기 때문에 비트, 디스크 커터의 마모가 적으며 토압식 쉴드에 비해 낮은 Torque가 요구됨 • 배관, Pump의 수리가 많음
고수압 대응성		• 스크류 컨베이어 2단 설치로 수압 대한 대응력은 향상되나 현실적인 압력구배는 3bar 정도로 고수압 대응성에 불리 • 사업구간 지반은 실트나 점토가 거의 없어 플러그존 형성이 곤란, 고수압 대응에 불리	• 이수배관으로 지상까지 밀폐회로를 형성하기 때문에 수압에 대한 대응이 확실하고 물이 터널 내로 분출할 가능성이 적음
경제성		• Slurry에 비해 경제적 • Slurry 플랜트는 필요 없으나, 버력처리 적재부지 면적필요(Slurry 대비 70~80%)	• 토압식 대비 110~120%, 초기비용 증가 • 이수처리를 위한 플랜트 면적 및 초기 유지관리비 증가
시공성	굴진 관리	• 스크류 컨베이어에서 나오는 굴착토사(암석)를 직접 확인 가능하고 토사량의 증감을 조속히 알 수 있으나 정확한 토사량 측정과 여굴에 대한 대응이 곤란	• 굴착토(암석)를 직접 확인할 수 없으나 센서에 의한 토압/수압, 이수량 및 농도, 건사량을 측정, 지상중앙제어실에서 굴진관리를 하여 지반 변화 및 여굴에 대응이 양호
	배토 관리	• 갱내에서 버력차로 반출하고 수직구에서 크레인으로 트럭에 상차하므로 시공성 불리 • 스크류 컨베이어 및 벨트의 고장 등 Down Time 발생	• 지상시설에서 윤활재와 토사를 분리하고 윤활재는 재수송되어 시공성 우수 • Pipe로 유체수송하므로 펌프 및 Pipe의 마모에 의한 Down Time 발생
환경성	갱내 환경	• 갱내에서는 버력차로 수직구까지 반출하고 수직구에서는 백호우, 크레인, 트럭으로 현장 외로 반출 작업공간 제약과 사고의 위험성 및 환경성도 불리	• 유체수송과 이수 처리설비에 의해 연속적으로 처리되어 환경성이 양호
	지장물의 영향	• Slurry에 비해 구조물의 근접시공에 불리 • 대수층, 모래, 자갈층의 높은 투수성 지반은 스크류를 통해 순간적으로 물이 유입될 수 있어 불리	• 굴진 및 배토관리가 확실하게 행해지고 이토압식에 비해 정확한 압력 조절을 할 수 있어 구조물의 근접시공에 유리 • 특히 높은 수압의 관리 매우 우수
	소음 진동	• 별도의 소음진동 대책 필요 없음	• 지상 플랜트시설 부지가 필요하고 별도의 소음 • 진동 대책이 필요할 수 있음

3.3 파쇄굴착

암반 천공 후 천공구멍에 화학약품, 고무튜브, 금속쐐기 등을 삽입하고 팽창시켜 암반에 균열을 발생시켜 파쇄하는 굴착공법으로 충격이나 진동이 적어 안정성이 높고 이에 대한 민원발생이 최소화 가능하며, 굴착 계획선에 따른 정밀굴착이 가능하다(과굴착 방지).

비교적 소규모의 시공장비 적용으로 공사 효율성 저하, 공사비 고가 및 공사기간이 과다 소요되는 문제점이 있다. 또한 1차 파쇄 후 2차 파쇄장비가 필요하며, 2차 파쇄를 위하여 대형 브레이커를 사용하여야 하므로 연속적인 기계소음 발생이 우려된다. 파쇄굴착 방법에 따른 공법특성은 다음과 같다.

[표 2.11] 암파쇄공법 비교

구분	무진동 암파쇄공법	약액파쇄공법(팽창성 파쇄제)	플라즈마 파암공법
개요도			
굴착방식	선대구경 수평시추에 의해 2자유면을 형성, 유압식 무진동파쇄기로 암반을 파쇄, 브레이커로 암반을 분리	천공 후 팽창성 파쇄제를 충전하여 24h 경과 후 파쇄	천공 후 전력 충격 셀 발파
특징	무진동으로 인접구조물에 대한 영향 거의 없음	약액충전 후 24h 이상 대기 암반은 브레이커로 2차 파쇄	•미진동으로 굴착 시 제발파쇄 공수에 제한 있음

4. 터널 굴착에 따른 소음진동

터널공사를 시행할 때 암반 굴착이 필수적이며 일반적으로 암반구간 터널 굴착 시에는 발파에 의한 굴착이 주로 적용되고 있다. 최근 들어 터널공사는 도심지의 교통해결을 위해 지하도로계획(만덕~센텀 지하도로,동부간선도로, 제물포터널 등)과 지하철(하남선, 별내선 등) 설계 및 시공 많이 이뤄지고 있으며, 도심지 특성상 근접되어 있는 주변 민가, 상가 및 지하 지장물(상수도, 하수도,기존 지하철) 등 보안물건에 대한 발파진동 및 소음이 허용기준을 만족하는 경우에도 관련 민원이 발생하고 증가하는 추세이다. 따라서 설계단계와 시공 중에 도심지 터널굴착을 위한 발파 시에는 주변 보안물건에 대해 안전할 뿐만 아니라 환경분쟁조정위원회에서 중재하고 있는 분쟁해소 사례 등 조건을 만족하며 굴착할 수 있는 공법의 적용이 필요하다.

터널 굴착 시 발파로 인한 민원 및 주변 지장물의 피해발생이 예상되는 경우에는 발파진동을 억제할 수 있는 대안공법을 적용하여야 하며, 발파진동 억제방법은 발파공법 변경, 제어발파 등 보조적인 방법을 병용하여 발파를 수행하는 방법과 폭약을 사용하지 않는 미진동 또는 무진동 굴착 공법 등과 같은 비발파공법이 적용될 수 있다. 공법 결정 시에는 굴착효율이 좋으며 안전시공이 가능한 공법의 적용이 바람직하다. 본 장에서는 터널굴착 시 반영되는 소음진동 기준치에 대한 기준을 소개하고 현장에서 적용할 수 있는 발파공법과 비발파공법에 대하여 소개하고자 한다.

4.1 국내 진동 및 소음기준

허용진동치는 진동에 의하여 구조물에 피해가 발생되지 않도록 규제하는 범위의 진동치를 말하며, 일반적으로 엄밀한 의미의 허용진동치는 구조물의 크기(층수 등), 설계구조(내진설계 유무), 재질(철근 콘크리트, 블록조, 석조, 목조 등)과 건전성(결함 유무, 노후화 정도 등) 등에 따라서 구조물별로 서로 상이하게 된다. 도심지 발파공법 적용 시 , 주변에 민가, 상가 및 지하 지장물 등 보호하여야 할 시설물이나 구조물이 있는 경우의 발파진동(지반진동) 허용치는 최대입자속도 측정치를 기준으로 결정하지만 공사 여건에 따라 공사 발주 시 별도의 특별시방을 작성하여 조정할 수 있도록 하고 있다(터널표준시방서, 2015). 발파지점 주변의 주민에 대한 피해 방지를 위한 기준으로 적용하는 발파진동 허용치는 환경부 제정 '진동과 소음에 관한 규정'을 준용하며 특수한 조건에서 필요한 경우에는 해당 분야 전문가의 자문을 얻어 정하여야 한다.

국내 발파진동 및 소음 관련 기준은 터널설계기준 및 터널표준시방서 등 관련 기준에서 규정하고 있으며, 이를 기본으로 해당 공사발주 기관에서도 별도 기준으로 규정하고 있는 경우도 있으므로 해당조건을 면밀히 검토하여 적용기준을 정할 필요가 있다.

4.1.1 발파진동 및 소음기준

소음·진동 규제법에는 건설소음 규제방법으로 건설 소음·진동 규제기준의 적용과 특정 공사의 신고의무를 규정하고 있어 건설 소음·진동 규제지역에서 특정 공사를 하고자 하는 자는 규제기준을 준수하여야 한다. 구조물의 경우에는 발파진동에 대한 허용치가 법규로 명시되지 않기 때문에 관련 기관의 고시기준에 의존하여 사용되고 있다. 일반적으로 발파진동 허용치는 관련기관 고시기준 외에 법원의 판례기준 및 중앙환경분쟁조정위원회의 조정사례를 기초로 하여 설정하며 인체에 대한 발파진동 및 발파소음 허용기준은 환경부에서 제정 소음진동관리법 기준치를 적용하되, 발파작업의 특수성을 고려하여 보정값을 반영하여 허용치를 설정한다.

1) 발파진동 기준

국내에서 제시된 발파진동 기준을 살펴보면 발주처별로 기준을 제시하고 있다.

■ 터널설계기준(2016)과 터널 표준시방서(2015)

구분	문화재 및 진동예민 구조물	조적식(벽돌, 석제 등) 벽체와 목재로 된 천장을 가진 구조물	지하기초와 콘크리트 슬래브를 갖는 조적식 건물	철근콘크리트 골조 및 슬래브를 갖는 중소형 건축물	철근콘크리트 또는 철골조 및 슬래브를 갖는 대형 건물
최대입자속도 (cm/sec)	0.2~0.3	1.0	2.0	3.0	5.0

■ 철도설계기준(노반편) (2013)

| 구분 | 구조물 형식 | 문화재 및 지반진동 예민 구조물 | 조직적 벽체(벽돌, 석재)와 목재로 된 천장을 가진 구조물 | 지하기초와 콘크리트 슬래브를 갖는 조적식 건물 | 철근콘크리트 골조 및 슬래브를 갖는 중소형 건물 | 철근콘크리트, 철골골조 및 슬래브를 갖는 대형 건물 |
	구조물 종류	문화재 등	재래가옥, 저층일반가옥 등	저층양옥, 연립주택 등	중·저층아파트, 중소상가 및 공장	내진구조물, 고층아파트, 대형건물 등
주파수 대역별 허용치 (cm/sec)	50Hz 이상	0.75	1.5	2.5	4.0	5.0
	50Hz 미만	0.3	1.0	2.0	3.0	5.0

■ 도로공사 전문시방서(2012) 및 노천발파 설계·시공 지침(2006)

| 구분 | 가축 | 문화재 | 주택 | 공업용 건물 | | 철골 구조 |
				조적	RC	
진동속도 (cm/sec)	0.1	0.2	0.3	0.5	1.0	5.0

■ 고속도로 환경영향평가 작성 가이드라인(2008) 및 고속도로 환경관리 매뉴얼(2009)

| 구분 | 가축 (소, 돼지, 개, 닭, 염소) | 건축 및 구조물 | | | | |
		문화재	조적	RC	공업용 건물	철골 구조
진동속도 (cm/sec)	0.09, 70dB(V)	0.2	0.2~0.3	0.5	1.0	5.0

■ 서울지하철 및 부산지하철

구분	I	II	III	IV
건물기초에서의 허용진동치 (cm/sec)	유적, 문화재, 컴퓨터 시설물	주택, 아파트 (실금이 있는 정도)	상가 (Crack이 없는 상태)	철근콘크리트 빌딩 및 공장
	0.2	0.5	1.0	1.0~5.0

2) 발파소음 기준

발파소음 기준은 환경부에서 생활과 관련된 법령을 적용하고 있다.

[표 2.12] 생활진동 규제기준(소음진동관리법, 2011)

대상지역	소음원	시간대별	조석 (05~07, 18~22)	주간 (07~18)	야간 (22~05)
주거지역, 녹지지역, 학교, 병원 및 공공도서관 등	확성기	옥외 설치	70 이하	80 이하	60 이하
		옥내⇒옥외	50 이하	55 이하	45 이하
		공장	50 이하	55 이하	45 이하
	사업장	동일 건물	45 이하	50 이하	40 이하
		기타	50 이하	55 이하	45 이하
	공사장		60 이하	65 이하	50 이하
그 밖의 지역	확성기	옥외 설치	70 이하	80 이하	60 이하
		옥내⇒옥외	60 이하	65 이하	55 이하
		공장	60 이하	65 이하	55 이하
	사업장	동일 건물	50 이하	65 이하	45 이하
		기타	60 이하	65 이하	55 이하
	공사장		65 이하	70 이하	50 이하

주) 1. 소음의 측정방법과 평가단위는 소음·진동공정시험방법에서 정하는 바에 따른다.
2. 대상지역의 구분은 「국토의 계획 및 이용에 관한 법률」에 의한다.
3. 규제기준치는 생활소음의 영향이 미치는 대상지역을 기준으로 하여 적용한다.
4. 옥외에 설치한 확성기의 사용은 1회 2분 이내로 하여야 하고, 15분 이상의 간격을 두어야 한다.
5. 공사장의 소음규제기준은 주간의 경우 특정 공사의 사전신고대상 기계·장비를 사용하는 작업시간이 1일 2시간 이하일 때는 +10dB을, 2시간 초과 4시간 이하일 때는 +5dB을 규제기준치에 보정한다.
6. 발파소음의 경우 주간에 한하여 규제기준치(광산의 경우 사업장 규제기준)에 +10dB을 보정한다.
7. 공사장의 규제기준 중 다음 지역은 공휴일에 한하여 -5dB을 규제기준치에 보정한다.
   가. 주거지역
   나. 「의료법」에 따른 종합병원, 「초·중등교육법」 및 「고등교육법」에 따른 학교 및 「도서관 및 독서진흥법」에 따른 공공 도서관 부지경계로부터 직선거리 50m 이내의 지역

CHAPTER 03 도심지 터널에서의 기계굴착 적용

■ 도심지 터널에서의 이슈

최근 도심지 터널공사에서 로드헤더를 이용한 기계굴착이 중요한 이슈가 되고 있다. 이는 도심지 터널구간에서의 NATM 발파공법에서의 진동소음에 의한 민원문제, TBM 공법 적용에서 기술과 공사비 제한 등으로 인하여 로드헤더와 같은 기계 굴착의 적용은 도심지 터널공사의 대안으로 제시되고 있다. 불과 몇 년 전만 해도 기계굴착은 풍화토/풍화암에나 적용되는 것으로 암반구간에 적용하는 것은 굴착효율로 인해 무리한 것으로 생각되어온 것이 사실이다. 그러나 최근 다양한 분야의 기술이 발전함에 따라 로드헤더라고 불리는 고성능의 대형 굴착장비가 개발되어왔고, 세계 각국의 여러 터널현장의 암반구간에서 그 적용성을 검증하여왔다. 이제 로드헤더는 토목용 터널공사에서 흔히 볼 수 있는 굴착장비가 되었다. 이 기술은 실제로 1949년 헝가리에서 Ajtay 박사에 의해 처음으로 로드헤더 특허가 개발되어 탄광에서 탄층들을 개발하기 위해 비싼 광산장비로 개발되었으며, 현재는 세계적으로 다양한 사양과 종류의 로드헤더가 개발되어 운영되고 있다.

본 장에서는 고성능 대형 기계굴착장비인 로더헤더에 대한 주요 특징과 장비의 특성을 개략적으로 살펴보고자 하였다. 또한 로드헤더를 이용한 기계굴착공법에 대한 장단점을 기술함으로써 기계굴착에 관심이 있는 터널기술자들에게 기술적으로 도움이 되고자 하였으며, 향후 도심지 터널공사에서 기계굴착의 적용성에 대한 방향을 고민해보고자 하였다.

[그림 3.1] 도심지 터널공사에서의 로드헤더

1. 로드헤더를 이용한 암반 기계굴착

로드헤더를 이용한 터널 굴착은 장비 이동에 따른 높은 정밀도와 상대적 비용 효과, 특히 연암반(Soft rock)에서 보통암반(Medium rock)에서, 주변 암반과 구조물의 영향을 최소화하면서 굴착이 가능한 장비로서 널리 보급되고 있다. 현재 TBM 공법의 경우 높은 운영비용으로 인해, 그리고 도심지나 건물 하부 또는 발파진동으로 인한 손상의 위험이 발생하는 곳에서 발파공법이 제한되는 프로젝트에서는 로드헤더를 사용하는 것을 선호하고 있다.

터널굴착공법 선정 시 비용은 중요한 요소로서, 특히 100MPa 미만의 암반에서 로드헤더를 이용하면 발파공법과 비교했을 때 비용 절감을 제공할 수 있다. 로드헤더의 또 다른 중요한 장점은 그 사용이 연속적(Continuous)이라는 것이다. 암반이 커팅되어 막장면에 떨어지며, 적재 메커니즘에 의해 암버력이 모아져, 장비에서 바로 운반된다. 이에 비해 발파공법은 비연속적으로, 막장면을 천공하여 화약을 장약하고 발파 후, 암버력을 적재하고 운반해야 한다. 또한 TBM 공법은 막장면 굴진 및 세그먼트 라이닝 설치로 거의 연속적으로 시공되지만, 커터 교체 등으로 인해 중단되는 경우가 있다.

점차적으로 로드헤더들이 다양한 터널 크기, 형상 및 종류를 굴착할 수 있는 유연하고 이동적이며 안전하며 환경 친화적인 옵션을 제공하고 있다. 로드헤더에 의한 터널 굴착이 인기를 끌면서 세계시장은 미국의 Antraquip과 스웨덴의 Sandvik 두 회사가 지배하고 있다. 하지만 이 두 회사가 떠오르는 시장을 서비스하고 있는 유일한 회사는 아니며, 많은 기존 기업들과 새로운 회사들이 큰 두 회사들을 긴장시킬 수 있는 장비를 제공하고 있다.

[그림 3.2] 로드헤더-암반에서 신뢰성이 높고 비용 절감이 가능한 굴착을 제공

1.1 미국 Antraquip

1985년 설립된 Antraquip사는 보다 발전된 설계의 로드헤더를 제작하고, 강력한 암석 컷팅

(Rock cutting) 기능을 제공한다. 이 장비는 무게 등급(Weight class)이 13~80톤에 이르는 다양한 크기로 나온다. 전기 유압식으로 작동되는 이 기계는 매연을 배출하지 않으며 각 프로젝트에 맞게 맞춤화된 상호교환식 커터 헤드를 제공한다. 유해한 진동을 일으키지 않고 굴착할 수 있는 장비 능력은 환경적인 이유와 안전적인 이유에 매우 가치가 있다.

Antraquip 로드헤더의 범위는 이용 가능한 로드헤더 중 가장 좁은 것으로 알려져 있는 13톤 무게의 AQM 50을 포함하고 있으며, 이는 로드헤더의 크기와 운용 무게가 주요 쟁점인 프로젝트에 적합하다. Antraquip 제품군의 다른 로드헤더는 25톤 AQM100부터 85톤 AQM260까지 다양하다(그림 3.3).

[그림 3.3] Antraquip-다양한 범위의 로드헤더를 제공

모든 로드헤더들은 경제적으로 경암반(Hard rock)을 굴착할 수 있고, 개선된 운전 안전 레벨 및 피크 수명을 제공하는 통합 고압 픽 플러싱 시스템을 사용할 수 있는 유사한 특징과 기능을 공유한다. 추가적으로 로드헤더 붐의 낮은 회전 속도와 높은 설치 전력은 최소 먼지 배출을 보장하는 한편, 섬핑(Sumping) 중에 낮은 지압 크롤러 트랙과 크롤러 체인의 무이동은 작업 인버트의 상대적 안정성을 제공한다.

1.2 스웨덴 Sandvik

로드헤더의 사용은 종종 암반 특성에 의해 제한된다. Sandvik사는 최신 기술개발을 통하여 최대 130~140MPa의 압축강도에서 경제적으로 암석을 굴착할 수 있는 로드헤더를 터널기술자들에게 제공했다. 또한 전기 유압식으로 구동되는 로드헤더는 매연을 배출하지 않으며, 프로파일 제어기술, 자동 공정제어시스템 및 온라인 데이터처리기술 등을 갖추고 있다.

로드헤더 범위는 57톤급 MT360에서 135톤급 MT720(그림 3.4)까지의 4개의 모델로 구성된 MT 시리즈를 기반으로 한다. 이들 장비는 모두 강력하고 기하학적으로 최적화된 커터 헤드를 갖추고 있는데, 이 헤드는 광범위한 암석에서 효율적인 커팅 성능을 제공하는 것으로 입증되었다. 교통 터널, 수직구, 기존 터널의 개축, 지하 공동의 굴착에서 이러한 장비들이 큰 유연성을 성공적으로 입증하였다.

장비의 범위는 디자인 철학뿐 아니라 공통적인 특징을 공유하지만, MT520 모델은 100톤급 신개념 로드헤더이다. 쉽게 교환할 수 있는 모듈을 기반으로 하여, MT520 기본 기계는 다양한 용도에 쉽게 적용할 수 있다. 8m 커팅 리치 모듈은 이 장비를 대형 도로터널에 적합하게 만들고, 315kW의 커터 붐 모터 전력은 커터헤드 모두에 사용할 수 있으며, 통합 먼지 제거 시스템은 양호한 작업 환경을 제공한다.

[그림 3.4] Sandvik 로드헤더의 주력 제품 − MT 720

1.3 아시아 장비

로드헤더 시장은 미국과 스웨덴 제조업체가 장악하고 있지만 중국과 일본 제조업체는 로드헤더 범위를 발전시키는 속도가 다소 더디다. Mitsui Miike 기계는 1968년에 일본에서 15톤으로 제작된 최초의 로드헤더를 출시했다. 이후 미쓰이 미이케의 로드헤더들은 고객 요구사항을 만족시키기 위해 더욱 강력하고 무거워졌다. 최고급 모델인 SLB-350S(그림 3.5)는 350kW 커팅 붐 모터를 탑재하고 있으며 무게는 120ton으로 세계에서 가장 큰 모델 중 하나이다. 미즈이사의 모든 모델은 디자인 전통에 따라 효율적인 터널링을 위해 고속의 연암반 굴착용으로 개발되었다. 대부분은 다양한 지질학적 조건과 최대 100MPa의 암석강도에 적합하다고 간주되며, MRH-S300은 최대 130MPa의 암석 강도를 굴착할 수 있다.

[그림 3.5] 미쓰이 미케사-1960년대부터 로드헤더 제작

1989년 설립된 이후 중국 SANY 그룹은 중국 내 5개 산업단지를 포함시킬 정도로 성장했다. 또한 미국, 독일, 인도, 브라질에 R&D 및 제조 센터를 가지고 있으며, 현재 150개 이상의 국가에서 약 4만 명의 직원을 고용하고 있다. 많은 중국 장비 제조업체들과 마찬가지로 SANY는 R&D에 연간 매출의 5~7%를 투자하여 R&D에 중점을 두었다. 이로써 시장의 진입을 목표로 다양한 로드헤더를 개발할 수 있게 되었다. EBZ260H 로드헤더는 무게가 91톤에 달하며 260KW의 커팅 붐 파워를 갖추고 있다. 3단 진동감쇠장치, 통합 집진장치 및 무선 리모컨 작동장치도 갖추고 있다.

Xuzhou 건설기계그룹(XMCG)은 현재 중국에서 가장 큰 건설장비 제조업체로 세계 5위다. 이처럼 무게 23톤에서 무게 120톤에 이르는 로드헤더 제품군을 제조하고 있으며, 보다 무거운 장비는 경암반을 굴착하도록 통과하도록 설계되었다. 주력상품인 120톤 EBZ 320은 콘 커팅헤드를 탑재하고 있는데, 이 커팅 헤드는 뛰어난 암석 파괴 능력과 낮은 픽 소모율 갖추기 위해 보다 강력한 드릴링과 최적화된 픽 구조를 갖추고 있다. 또 다른 특징으로는 3층 워터 커튼 파티션으로 구성된 분진의 영향을 줄이기 위한 분사 시스템이 있다. 유압 시스템은 일관된 전력 및 부하 민감 제어를 제공하여 로드헤더가 에너지 효율을 보장하고 제품 범위의 환경 인증을 극대화한다.

1.4 기타 유럽 장비

유럽에는 유명한 이름들뿐만 아니라 기술 노하우의 오랜 역사를 바탕으로 장비 우수성으로 명성을 쌓은 제조업체들도 있다.

독일 Deilmann-Haniel사(DHMS)는 125년의 역사를 갖고 있다. 현재 DHMS 로드헤더 계열은 61톤에서 130톤에 이르는 3개의 중량 등급과 200kW에서 400kW에 이르는 커팅 붐 전력으로 구성되어 있다. 경량/중량급의 새로운 DHMS 도로 헤더는 특히 탄광과 토목현장에 적용하기 위하여 개발되었다. DHMS의 60~130톤급 로드헤더에는 높은 장비 중량과 자동 안정화 시스템이 결합되어 있다. 모든 DHMS 로드헤더는 신뢰성, 정확성 및 인체공학적 핸들링을 제공하는 별도의 무선 제어 콘솔을 사용하여 운영된다. 막장면 프로파일의 정확성을 유지하기 위해 자동 프로파일 표시 및 기록 시스템을 사용하는 한편, 제어실과 온라인 데이터 시스템에도 신호를 중계하는 온보드 데이터 수집 및 진단 장치에 의해 모든 관련 상태조건이 표시되고 감시된다.

독일 IBS(Industriemaschinen-Bergbau-Service)사는 1971년부터 터널링 산업을 위한 장비를 생산해왔다. IBS 로드헤더는 30~50톤의 범위에 있으며, 개선된 유지관리 용이성과 함께 향상된 성능과 효율성을 제공하는 최첨단 제어장치와 파워트레인 시스템을 갖추고 있다. 또한 이러한 새로운 기능을 통해 200m 이상 떨어진 곳에서 안전 맨프리(man-free) 모드로 운영될 수 있는 로드헤더를 최초로 사용할 수 있는 것으로, 최근에 개발한 폭발관리패키지(OMP)와 함께 장비를 사용할 수 있다(그림 3.6).

또 다른 독일 제조업체는 BBM그룹으로, 1990년에 설립되어 광업 및 터널링 산업을 위해 특수 목적의 장비를 전문으로 하고 있다. BBM 로드헤더는 55톤에서 100톤 모델까지 다양하며, 효율적이고 생산적이며 안전한 굴착을 보장하도록 설계된 특징을 가지고 있다. 커팅 전력은 160kW~300kW(100톤 모델에서 400kW에 대한 옵션 포함)이며, 특정 용도에 맞는 특별한 기능을 장착할 수 있다. 장비의 특징으로는 둥근 샤프트 비트를 가진 2개의 커팅 헤드를 장착한 굴절식 커팅 붐 암이 있다. 이를 수평 및 수직으로 회전하여 막장면 프로파일을 치수적으로 정확하게 커팅하여 선택적 굴착을 할 수 있다. 커팅 헤드의 타겟 물 분무는 커팅 비트를 효율적으로 냉각시켜 마모 및 분진 발생을 감소시킨다. 커팅 성능은 최대 120MPa의 압축강도에 대하여 신뢰할 수 있는 암석 굴착을 기록했으며, 암석이 더 단단해질 경우 지속적인 작동과 강력한 커팅 붐에 의해 달성되었다. 전기 기계식 커팅 드라이브는 수냉식이며, 필요한 경우 자체적인 냉각회로도 장착할 수 있다.

[그림 3.6] IBS 로드헤더

1.5 다른 기계굴착 장비

TBM으로 대표되는 Herrenknecht사는 로드헤더 표준과는 다르지만 효과적인 다양한 쉴드 장착형 로드헤더를 제작한다. 부분 막장면 쉴드 장비는 지하수가 거의 없는 균질하고 안정적인 지반 조건에서 경제적인 해결책을 제시한다. 유니버설 쉴드 장착형 붐은 쇼벨샵, 리퍼 톱니 또는 유압 잭해머에 다른 커팅 툴을 장착할 수 있으며, 80MPa 이상의 암석이 나타날 경우 로드헤더 붐을 장착할 수 있다. 버력은 벨트나 체인 컨베이어를 통해 작업 후면에 위치한 운반 시스템으로 운반된다(그림 3.7).

부분 막장면 쉴드 장착형 붐 장비의 운전자는 오픈된 터널 막장면으로부터 불과 몇 미터 떨어진 곳에 위치하고 있어 굴착의 정확한 제어와 지반 조건의 변화에 대한 신속한 대응을 할 수 있다. 이는 추가 수직구를 만들지 않고도 큰 자갈돌이나 장애물의 굴착이나 제거에 직접적인 도움이 된다. 지질과의 직접적인 시각적 확인도 운전 과정의 장점이다.

Herrenknecht사의 수직구 보어링 로드헤더(SBR)는 특히 연암반과 보통암반에서 수직구의 기계화 굴착을 위해 개발되었다. SBR에는 로드헤더 붐과 가변 축 직경을 8m에서 12m까지 절단할 수 있는 로터리 커팅 드럼이 장착됐다. 이 시스템은 기존의 방법에 비해 높은 작업 안전을 제공한다.

[그림 3.7] Herrenknecht사 - 쉴드 장착형 로드헤더

2. 로드헤더의 장단점과 최적 굴착공법의 선정

2.1 로드헤더 기계굴착의 장점

터널 계획에 있어 터널굴착공법으로 로드헤더를 사용하는 것은 공기, 공사비 등을 고려할 뿐만 아니라 안전 및 환경 등 제반 여건을 종합적으로 고려하여 결정하여야 한다. 특히 로드헤더 굴착을 이용한 굴착공법은 발파공법에 비하여 다양한 이점이 있으며, 대표적인 장점은 다음과 같다.

• 진동 기준을 만족하는 데 문제없음(No problems meeting vibration limits)

　　로드헤더의 가장 큰 장점으로 발파굴착 시 문제가 되는 진동 및 소음 문제가 없다는 점이다. 이러한 이유로 해서 발파공법이 적용되는 구간에서 발생하는 주민의 민원 또는 소송을 현저히 감소시킬수 있으며, 특히 진동과 소음에 대한 민원이 큰 도심지 구간에서는 그 적용성이 크다고 할 수 있다.

• 충격이 적어 안정성 문제없음(No stability problems according to smooth excavation)

　　일반적으로 발파로 인한 암반 손상영역의 발생은 터널주변 암반의 느슨하게 하여 터널 안정성에좋은 않은 영향을 주게 된다. 그러나 로드헤더 굴착의 경우 발파로 인한 충격(Blasting shock)이없기 때문에 암반 절리나 균열의 활성화가 적게 되어, 굴착으로 인한 암반 손상영역이 최소화된다.따라서 터널의 안정성에 유리하다고 할 수 있다.

• 기계굴착으로 여굴의 최소화(Lower over-break according to mechanical excavation)

　　일반적으로 발파 굴착에 의한 터널 구간에 발생한 과굴착은 평균 30~40cm이나, 기계굴착의 경우 7~8cm 정도로 나타났으며, 그 결과 최종 콘크리트 라이닝 설치비용이 크게 절감될 수 있다.또한 터널 단면의 정확한 프로파일은 최종 라이닝 설치에 매우 유리하며, 콘크리트와 작업 시간의절감은 전체 터널 프로젝트에 큰 영향을 줄 수 있다(그림 3.8).

(a) 기계굴착　　　　　　　　　　　　　　　　(a) 발파굴착

[그림 3.8] 굴착 단면 비교

• 단일 굴착공정에 의한 높은 굴진율(Higher advance rate based on a single face operation)

　　천공, 발파, 환기 그리고 버력처리의 복합 공정을 가진 발파 굴착과는 달리 천공 공정이 없고

굴착과 버력처리가 동시에 이루어지는 기계굴착은 상대적으로 높은 굴진율을 보여줄 수 있다. 특히 발파작업에 대한 제한이 없어 24시간 작업이 가능하여 굴진율 확보로 공기단축을 가져다줄 수 있다.

2.2 로드헤더 기계굴착의 문제점

로드헤더를 이용한 터널굴착이 여러 가지 장점이 있음에도 불구하고, 암반터널 적용에 있어 아직까지는 많은 문제점을 가지고 있는 것이 현실이다. 이는 암석의 강도가 강해질수록 피크 소모량과 마모의 증가, 장비의 고장 등으로 인한 적정 굴진율을 달성하지 못하여 오히려 터널 공기와 공사비 증가에 영향을 주는 경우가 발생할 수 있기 때문이다. 로드헤더 굴착의 주요 문제점은 표 3.1에 커팅과정과 버력처리 과정으로 구분하여 문제점과 발생 이유에 대하여 간략하게 기술하였다.

이러한 문제점을 극복하기 위해서는 무엇보다도 터널구간의 암석 및 암반특성을 정확히 파악하여 암반조건에 적합한 적정한 로드헤더를 선정하고 이를 터널 현장에 적용하는 것이라 할 수 있다.

[표 3.1] 로드헤더 기계굴착의 주요 문제점

공정	문제점	
커팅(Cutting)	불량한 굴진 성능	극경암 및 부적합 장비 적용
	높은 피크 소모와 마모	극경암 및 높은 석영 함유율
	커터헤드 손상과 뭉개짐	극경암/부적합한 장비 적용
버력처리(Mucking)	곤죽(Water-saturated mud)	토사층과 물이 혼합하여 발생
	적재하기에 너무 큰 암괴(Rock)	절리면을 따라 떨어져 나옴
	엄청난 갱내 분진	커팅 및 적재 시 과다 발생

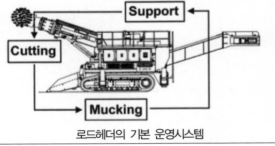

로드헤더의 기본 운영시스템

피크의 전형적인 비대칭 마모

2.3 최적 굴착공법의 선정

터널공사에서 굴착공법의 선정은 프로젝트의 성패를 좌우하는 가장 중요한 요소이다. 이를 위해서 공사비 공기 등을 포함한 프로젝트의 특성뿐만 아니라 지질 및 지반, 지하수 조건에 대한 지반의 공학적 특성 그리고 현장에 적합한 작업 및 장비 특성을 충분히 고려해야 하며, 도심지의 경우 주민 민원도 매우 핵심적인 요소이다.

터널굴착공법으로는 TBM 공법, NATM의 발파공법 및 로드헤더 기계굴착공법이 검토될 수 있으며, 각 방법에는 장단점이 있으므로 터널기술자는 예산, 암반, 지역 운영 조건 및 기타 여러 요소에 가장 적합한 방법을 검토하고 발주자의 의견을 반영하여 선정할 수 있다. 특히 도심지 터널공사의 경우, 터널굴착에 의한 주변 건물/구조물의 손상을 최소화하여야 하고, 공사 중 진동/소음 등에 의한 민원을 방지하여야 하므로, 터널굴착공법 선정 시 이를 우선적으로 고려해야 한다.

현재 세계 각지의 현장에서 운영되고 있는 다양한 로드헤더를 볼 때, 로드헤더를 이용한 터널 굴착이 많은 이점을 제공한다는 것을 확인할 수 있으며, 로드헤더를 이용한 기계굴착공법이 지질 및 지반조건뿐만 아니라 공사현장 여건 및 주민들의 요구에 잘 부합될 수 있을 것이다.

3. 도심지 터널공사에서의 로드헤더 적용

■ 도심지 터널공사에서 로드헤더는 하나의 솔루션

모든 굴착공법 중에서 로드헤더는 매우 다재다능하고 다양한 운영 및 운영 조건에 이상적인 솔루션이다. 지금까지 실제로 잘 입증된 최근의 로드헤더 기술발전은 과거에는 실제로 경제적이지 않았거나 사용 위험이 너무 컸던 운영 환경에서 로드헤더를 사용할 수 있다는 것을 보여준다. 또한 최근 다양한 기술개발을 통하여 커팅 성능 향상과 피크 소비 감소에 관한 일반적인 작동 조건에서의 로드헤더 운영을 더욱 효율적이고 경제적으로 만들었다.

최근 발파진동에 의한 민원은 대형 터널프로젝트의 성패를 좌우하는 중요한 문제가 되고 있으며, 정밀제어발파공법 적용 등의 다양한 기술적 노력에도 그 민원을 극복하는 데 있어 한계가 있는 것이 사실이다. 이러한 문제점을 해결하는 대안으로 TBM 공법의 적용이 제시되고 있으나, 수백억 원을 넘은 고성능 TBM 장비의 운영기술의 한계, 대형 작업장 확보 문제와 터널 공사비 초과 등으로 인하여 실제로 많은 현실적 한계에 부딪치고 있다. 이러한 실제적 고민 속에서 로드헤더를 적용하는 것은 좋은 대안으로서 충분히 적용성과 시공성을 확보할 수 있을 것이다.

현재 선진국의 주요 도심지에서는 지하터널공사를 통하여 핵심 교통인프라 확보에 힘을 기울이고 있다. TBM 굴착이 적용하기 어려운 대단면 복합공간, 대규모 작업장 확보가 곤란한 도심 밀집구간, 역사건물과 문화재가 위치한 중요 구간, 민원이 극심한 주거 공간 등에서는 로드헤더를 이용한 기계 굴착이 하나의 해결방안이 될 것으로 판단된다.

기계굴착 가이드 – 실험 및 방법론

Mechanical Excavation Guide - Testing and Methodology

CHAPTER 01 로드헤더 소개

1. 로드헤더 정의

로드헤더(Roadheader)는 암석과 광물을 굴착하기 위한 건설 및 광산용 장비로서 다음과 같은 5가지 모듈/기능을 갖추고 있는 완성차로 정의할 수 있다.

(1) 전기유압 동력부(Eelectro-hydraulic power train)
(2) 커팅헤드(Cutting head)
(3) 붐(Telescopic boom)
(4) 버력이송장치(Loading-conveyor system)
(5) 이동하부체(Undercarriage)

다시 말해, 암석절삭, 붐의 모션제어, 버력배출, 차체이동의 4가지 기능을 모두 가지고 있어야 로드헤더이고, 이 중에 1가지 이상의 기능이 제외된다면 어태치먼트 형태의 단품이거나 다른 건설장비에 속한다. 예를 들어, 굴삭기에 장착되는 드럼커터는 커팅헤드의 기능만 가지므로 어태치먼트 부품에 속한다. 컨티뉴어스 마이너는 로드헤더와 비슷한 형태이지만, 붐의 상하기능만 가지고 있기 때문에 광물채굴용 광산장비이고, 로드밀링 머신의 커팅헤드는 노면의 컷팅 깊이의 수직조절만 가능한 도로용 건설장비이다. 다시 말해, 로드헤더는 광산용 개발기능과 터널 굴착기능을 모두 가진 완성차 장비이다.

로드헤더는 커팅헤드(Cutting-head)에 뾰족한 절삭공구가 배열되어 있어 커팅헤드의 회전, 압입에 따라 암석을 직접 압입하며 절삭한다. 텔레스코픽 붐과 선회유닛은 커팅헤드가 암반면이 일정한 깊이까지 도달하는 썸핑(Sumping) 작업과 이후 최적의 속도로 절삭되도록 터널면상에서 커팅헤드의 위치를 정밀하게 이동하는 쉬어링(Shearing) 작업을 제어한다. 이러한 붐의 전진과 선회 동작으로 인해 다양한 터널형상 및 굴착단면에 모두 대응할 수 있는데, 이는 로드헤더의 가장 큰 장점이다.

터널작업용 로드헤더는 중경암 이상 굴착 시 아주 높은 토크를 커팅헤드에 공급해야 하기 때문에 엔진의 동력은 300~520kW(커팅모터 : 200~300kW) 정도 필요하다. 또한 회전굴착 시 커팅헤드의 반력을 차체자중으로 버텨야 하기 때문에 자중은 120~250톤 정도로 굉장히 무겁게 설계된다. 이는 일반 대형 굴삭기(30톤)의 4~8배 정도의 사양이다.

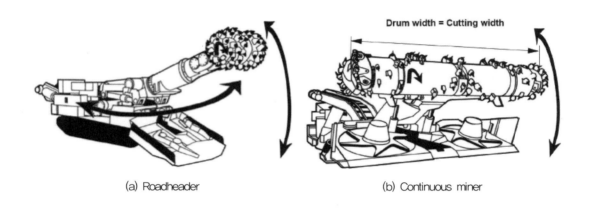

(a) Roadheader   (b) Continuous miner

[그림 1.1] 로드헤더와 컨티뉴어스 마이너(Roadheader and Continuous miner)

2. 로드헤더 종류

로드헤더는 커팅헤드의 회전방식에 따라 종축 회전방식과 횡축 회전방식 로드헤더로 나뉜다. 종축 회전방식은 회전축과 붐의 축이 일치하는 형태의 로드헤더로 Longitudinal, In-line, Axial type 등으로 불린다. 횡축 회전방식은 회전축이 붐의 축과 직교하는 형태의 로드헤더로서 Transverse, Ripping type 등으로 불린다. 국내현장에서는 종축방식을 콘 면삭기로 부르고, 횡축방식을 드럼커터 혹은 드럼 면삭기로 불리고 있다. 본 가이드에서는 간편한 이해를 위해 종축 회전방식을 콘타입 로드헤더로 횡축 회전방식을 드럼타입 로드헤더로 각각 명명하기로 한다.

[그림 1.2] 콘타입(Axial type) 로드헤더(Ebrahimabadi et al., 2015)

[그림 1.3] 드럼타입(Transverse type) 로드헤더(SANDVIK, 2020)

2.1 콘타입 로드헤더

콘타입 로드헤더는 커팅헤드가 뾰족한 형태이다. 그래서 암반면에 커팅헤드를 밀어 넣는 1차 작업 시 굴착해야 하는 암석부피가 적으므로 썸핑 작업이 비교적 빠르게 진행된다. 또한 커팅헤드의 뒤쪽과 붐 사이의 여유 공간에 감속기를 장착할 수 있기 때문에 모터의 감속비 조절이 쉽다. 그래서 장비설계 시 굴착대상 암석강도에 따라 토크와 회전수를 쉽게 조절할 수 있다. 낮은 회전수로 부드러운 절삭작업이 가능하므로 픽 소모율이 낮고 분진양도 적게 발생한다.

반면 축과 붐의 회전축이 같아서 발생하는 문제가 있다. 암반굴착 시 절삭 반력이 회전축과 일정 거리를 두고 발생하여 커팅헤드에도 토크 반력(Reaction torque)이 계속 발생한다. 암반은 불균질 하므로 절삭반력과 함께 토크 반력*도 같이 출렁거리게 된다. 그래서 작업 시 로드헤더 전체가 좌우 방향으로 약간씩 흔들리는 롤링현상이 지속적으로 발생한다. 경암 작업 시 높은 용량의 토크를 공급하면 롤링이 심하게 발생하여 장비가 불안정해질 수 있다. 따라서 작업자의 숙련도와 노하우가 굴진율에 굉장히 중요한 영향을 미친다. 롤링을 방지하고자 서로 반대방향으로 회전하는 트윈 커팅헤드가 도입된 적이 있었으나 많이 사용되지 못했다. (*토크 반력(Reaction torque) : 구동부의 회전방향의 반대방향으로 장비몸체 부분이 돌아가는 현상. 헬리콥터는 주 프로펠러의 토크 반력을 상쇄하기 위해 꼬리 프로펠러가 장착된다.)

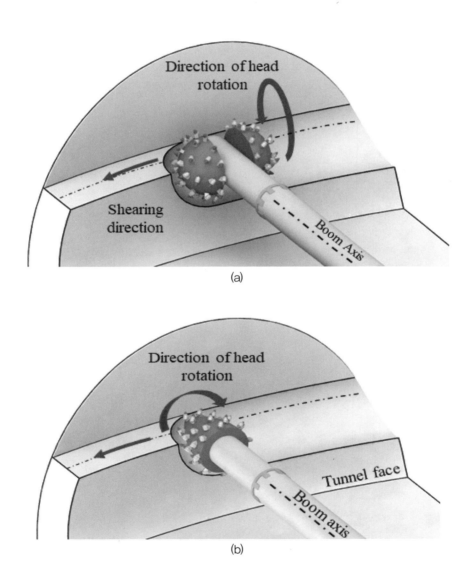

[그림 1.4] (a) 드럼타입과 (b) 콘타입 로드헤더의 작동방법(Modified from Hekimoglu, 1984)

2.2 드럼타입 로드헤더

드럼타입 커팅헤드는 암반 굴착 시 발생하는 반력이 대부분이 굴착기의 몸체 방향으로 작용하기 때문에 로드헤더의 자중과 붐이 누르는 힘으로 반력을 충분히 상쇄할 수 있다. 따라서 굴착작업 시 장비가 굉장히 안정적이다. 그래서 동력사양과 자중을 높여서 충분히 높은 토크를 공급할 수 있으므로 경암 작업에 유리하다. 그래서 터널굴착용으로 드럼타입이 많이 사용된다.

드럼타입은 축의 양쪽에 2개의 거울대칭형 드럼을 가지고 있고 그 사이에 픽이 없는 중간부분이 있다. 드럼타입으로 썸핑 작업을 하게 되면 커팅헤드 중간부분에 절삭되지 않은 암반면이 생겨서 결국 이 중간부분과 닿는다. 그래서 썸핑 작업 시 커팅헤드를 약간씩 좌우로 움직여서 중간부분도 절삭되도록 해줘야 하기 때문에 콘타입에 비해 썸핑 시간이 오래 걸린다.

여기서 설계상의 딜레마가 발생한다. 썸핑속도를 올리려면 중간부분을 작게 만들어야 하는데, 그러면 감속기를 넣을 공간이 충분히 나오지 않는다. 반대로 감속비를 높여 충분한 토크를 확보하기 위해서 중간공간을 크게 만들려면 썸핑작업 속도가 느려진다. 그래서 저속으로 회전하는 유압모터가 주로 사용되는데, 일반 모터에 비해 작동효율이 매우 낮다. 또한 낮은 감속비 때문에 회전속도가 30~60rpm으로 높은 편이다. 그래서 분진이 많이 발생하고 픽의 소모량도 많은 것은 어쩔 수 없이 따라오는 부차적인 단점이다. 그래서인지 제작사들은 감속비와 고용량 토크를 포기하는 대신, 커팅모터를 사양을 증량해서 장비를 대형화, 고성능화하는 방향으로 진화시키고 있다.

터널굴착용 건설기계 쪽으로 타깃시장을 옮기는 것으로 보인다. 앞으로도 이런 추세는 이어져 터널용 로드헤더는 점점 더 대형화될 것으로 예측된다. 이 밖에 크롤러형 언더캐리지와 버력 이송장치는 다른 건설장비도 갖추고 있는 일반적인 모듈이므로 설명을 생략한다.

3. 로드헤더 변천사

3.1 기계굴착장비 역사

앞서 1장의 설명과 같이 최초의 로드헤더는 1949년 헝가리에서 발명되었다. 하지만 1876년 영국에서 영불해협의 파일럿 터널을 굴착하기 위해 최초로 개발된 영국해협 굴착장비(English channel machine)가 최초의 로드헤더로 소개되기도 한다(Famurpro, 2019). 하지만 이때의 로드헤더는 현재의 커팅헤드가 아닌 장벽식 채탄장비에서 사용하던 체인컷팅 방식이었고 붐의 모션도 제한적이었던 것으로 추정된다(BBC, 2017). 이 장비로 영불해협의 해저 파일럿 터널을 2.4km 정도 굴착했지만 안보상의 이유로 중단되었다가 약 100년 이후 TBM으로 다시 굴착하여 지금의 해저터널이 완공되었다.

[그림 1.5] 영국이 주장하는 최초의 로드헤더(South Eastern Railway Company, 1880; BBC, 2017)

[그림 1.6] 미완성된 영불해협터널(BBC, 2017)

이후 1918년 미국에서 전면 굴착장비(McKinle Entry driver, Borer Miner)들이 적용되어 주방식(room and pillar) 시스템에서 발파공법을 일부 대체하였다. 하지만 전면굴착 방식이다 보니 탄층 변화에 따른 커팅헤드 조절이 어려워 굴착효율이 크게 더 높지 않았다. 이 당시의 장비는 미국 광산주의 큰 관심을 끌지 못하였는데, 해당 장비는 컨티뉴어스 마이너에 가까웠던 것으로 추정된다.

2차 세계대전 이후, 유럽과 구소련에서 기계식 채탄법이 유행하였는데, 1950년경 헝가리의 Ajtay 박사가 기존 장벽식 채탄장비를 개조하여 전기구동방식의 드럼타입(Transverse type) 로드헤더를 발명하였다. (현재의 로드헤더의 기능적인 요소들을 갖춘 최초의 로드헤더로 인정받는데, 안타깝게도 사진이나 스케치를 찾을 수 없다.) 이후 구소련(Soviet Union)에서 이 장비를 콘형태(Axial type)의 커팅헤드로 변환하고 유압시스템을 탑재하면서 현재의 모습과 유사한 로드헤더(PK시리즈)가 비로소 완성된다. 이후 시행착오와 실험을 거쳐 PK-3 모델부터 본격적으로 폴란드 석탄광에 사용되기 시작하였다. 이후 버력 자동배출 컨베이어시스템을 갖춘 콘형태 로드헤더가 유럽에서 표준모델이 되어 광산 및 터널공사에 활발히 사용되기 시작했다. 구소련의 PK시리즈 로드헤더는 러시아의 KP와 우크라이나의 KSP시리즈로 연결되어 현재까지도 생산되고 있다.

[그림 1.7] 1940년대 구소련의 기계식 채탄장비(Kopeysk Machine-Building plant, 2020)

1970~80년대에는 석탄의 기본 수요에 확장되는 건설공사 수요가 합쳐져서 로드헤더 개발과 생산이 급속히 증가하였다. 로드헤더 세계시장은 석탄 수요가 많은 유럽과 미국을 중심으로 성장하였는데, 기존 개발사(영국)들과 신생업체(독일, 스웨덴)와의 경쟁이 치열했다. 구소련과 영국회사(Dosco Overseas, Thyssen)에 더해서 오스트리아(Voest Alpine), 독일(DHMS, IBS, Wirth, Herrenknecht), 스웨덴(Sandvik), 미국(Antraquip)이 신제품을 지속적으로 출시했다. 아시아에서도 중국(Sany, XMCG), 일본(Mitsui Miike)이 로드헤더를 생산하기 시작했으나 아직 광산 기계화채굴이 이루어지지 않은 지역이 많아서 아시아 시장은 유럽, 미주처럼 급속히 성장하진 않았다. 이 당시 주요 이슈는 굴착속도와 생산량 향상이었다. 따라서 커팅헤드 설계, 전기구동 및 유압시스템의 부품설계기술이 향상에 개발의 초점이 맞추졌다. 결과적으로 완성차 유압성능과 커팅헤드의 작업속도가 많이 향상되었다. 독일과 스웨덴 업체의 기술 약진이 두드러지게 나타나 기존 영국업체에 비해 시장 점유율을 확대해나갔다. 로드헤더 부품과 장비의 동력성능이 향상됨에 따라 공구의 마모와 내마모성 재료에 대한 관심이 점차 높아지기 시작했다.

[그림 1.8] 80년대의 로드헤더 – 자중 : 38톤, 커팅모터 : 112 kW (Keles, 2005)

1990~2000년대에는 유럽과 미주의 석탄수요가 정체되면서 광산장비 및 로드헤더의 수요도 정체되기 시작하였다. 그림 1.9를 보면, 석유가격과 석탄가격의 완만한 하락세가 2000년까지 이어지는 것을 볼 수 있다. 광산기계 시장이 포화된 유럽에서는 기존 업체들의 합병이 이루어지면서 생산업체가 큰 폭으로 감소하였다. 영국의 4개사 중 3개사가 생산을 멈추었고, 독일의 5개사 중 2개사도 인수 합병되었다. 미국의 2개사도 1개사도 합병되었다. 유럽시장의 로드헤더 수요가 감소하였지만, 아시아 시장은 달랐다.

이 시기는 중국이 본격적으로 자본주의를 받아들여 경제발전에 집중한 시기로 외국인의 투자가 제조업에 몰려들고, 에너지 수요가 폭증하기 시작했다(임명묵, 2018). 이로 인해 중국 광산기업의 약진과 함께 광산기계 제조업도 동반 성장하였다. 사실 중국의 광산장비는 80년대까지 선진제품 수입에 의존하였으나 90년대부터 선진국과의 기술제휴, 선진사의 인수를 통해 관련 기술을 축적하고 자국 제품도 출시하였다. XMCG, Sany와 같은 중국의 중공업 회사들이 이 시기에 외연을 확장하며 건설광산장비 제작에 뛰어들었다. Sany는 1986년 용접재료회사로 시작해 90년 중반 중공업회사로 성장하면서 로드헤더를 출시하였다. 부품생산기업과 딜러들도 속속 등장하면서 중국 내 로드헤더 생산량이 증가하기 시작했다.

2000~2010년대는 중국이 세계의 공장으로 등극하여 세계의 에너지자원을 빨아들이던 시기이다. 중국은 석탄 수입만으로 내수가 충족되지 않아 자국 내 생산도 적극 지원하였다. 광산주들은 생산량을 늘리기 위하여 로드헤더와 같은 자동화 채굴 장비를 속속 투입하였다. 기존까지 수입에 의존하던 중국 제조업체도 본격적으로 로드헤더를 개발, 생산하기 시작하였다. 그래서 이 시기에 중국 로드헤

더 제작사들(XMCG, Sany 등)은 외주제작방식에서 벗어나 글로벌회사로 약진했다. 2008년 이후 중국은 광산장비 1위 생산국으로서 전 세계 로드헤더의 절반 이상을 생산, 공급하는 것으로 추정된다. 90년대까지 중국산 로드헤더는 대부분 광산용이었으나 터널굴착용의 비중이 조금씩 높아졌다.

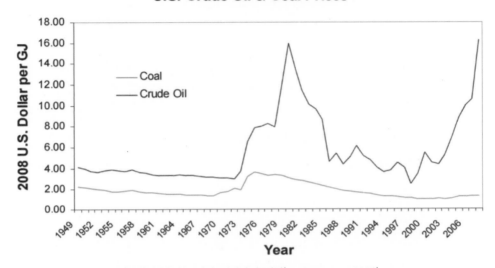

[그림 1.9] 석유가와 석탄가의 변화(Robert et al., 2009)

[그림 1.10] 중국공장에 진열된 광산용 로드헤더(자중 : 59톤, 커팅모터 : 200 kW)(Alibaba, 2020)

2014년의 유가폭락 이후부터 로드헤더는 광산장비에서 건설장비로 수요처를 확연히 옮겨가는 추세이다. 현재 중국을 제외한 대부분의 국가에서 로드헤더는 터널용으로 주로 활용되고 있다. 대형 로드헤더를 위주로 터널시장만 국한해서 본다면, 스웨덴과 독일 업체가 2~3자구도의 제한된 경쟁을 펼치고 있다. 터널굴착용 장비로서 주된 숙제는 중경암 및 경암 굴착이다. 그래서 경암 굴착에 필요한 작동성능이 극대화되면서, 장비가 대형화되고 있다. 터널굴착용 로드헤더의 자중은 대부분 100톤을 상회하며, 이제 50톤 이하는 터널굴착용으로 거의 생산되지 않는다(그림 1.11).

결국 고가의 대형 로드헤더를 적용하면 경암 굴착은 가능하겠지만, 장비가격, 공구의 소모율 대비 터널 굴진율이 시공 경제성을 만족하는지가 주요 쟁점이다. 그래서 각 제조사마다 굴착효율을 향상하기 위한 여러 가지 시도를 하고 있지만 아직까지 기존의 TBM 공법 혹은 NATM 공법 정도의 굴진율을 보이는 부분단면 굴착기는 아직 개발되지 않은 것으로 보인다. 경제적 환경적 요인으로 인해 TBM 적용이 불가한 터널현장이 상당히 존재하므로, 로드헤더와 같은 부분단면 굴착기에 대한 지속적 연구개발이 이루어질 것으로 예상된다.

3.2 국가별 로드헤더 요약

다음 그림에 로드헤더 국가별, 제조사별 개발사(로드헤더 완성차 기준, 어태치먼트 제외)를 요약하였다. 일반 광산장비는 영국(Dosco Overseas Engineering)에 의해 가장 먼저 개발되었으나, 로드헤더와 유사한 형태의 굴착장비는 1850~60년대 헝가리와 구소련에서 가장 먼저 개발되었다. 1890~1910년경 영국에서 양산형 상용화 장비가 가장 먼저 출시되었으며, 1980년대까지 약 80년간 영국과 독일 등 서유럽 회사들의 전성기였다.

1980년 이후 석탄가 하락과 맞물려 서유럽 제조사 중 절반 정도가 인수합병되었다. 1990년대 이후 유럽의 로드헤더 회사들은 건설시장으로 타깃을 옮기기 시작했고, 인수합병된 기업에서 굴삭기 어태치먼트 형태 커팅헤드가 출시되기 시작했다. 1990년대 중반부터는 중국의 독무대로 볼 수 있다. 중국은 기존 광산용 로드헤더 최대 수요국이 되었고, 2000년대부터 건설/광산 로드헤더의 최대 생산/수요국이 되었다. 2010년 이후 대형 로드헤더는 기존 유럽기업이 생산하고 있으나 중국과 합작형태의 몇몇 글로벌 회사(Wirth 등)들이 로드헤더 완성차 시장 확대를 도모하고 있다. 2020년 이후의 터널시장의 비중은 더욱 높아져 대형화, 고성능화 추세가 지속될 것으로 예측된다.

(a)

(b)

[그림 1.11] 터널용 대형 로드헤더 (a) 지중 120톤(커팅모터 : 315 kW), (b) 지중 130톤(커팅모터 : 300 kW) (Sandkvik, 2017)

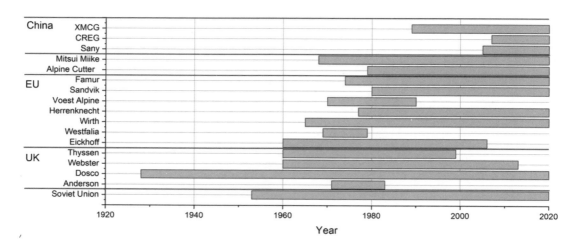

[그림 1.12] 국가별 로드헤더 개발 연대사

4. 시장동향

4.1 광산 기계화 시장동향

　로드헤더는 원래 석탄채굴 장비로 개발되었다. 그래서 석탄산업의 변화와 함께 로드헤더의 시장을 설명해야 한다. 그림 1.13은 1990년부터 현재까지 전 세계 석탄생산량과 소비량 변화를 보여준다. 세계 석탄 생산량이 2002년부터 증가하기 시작하였는데, 이는 중국의 경제성장 시기와 일치한다. 1990년대 후반부터 중국이 산업과 경제가 팽창함에 따라 에너지 수요가 급격히 증가했다. 이로 인해 2000년부터 국제유가가 폭발적으로 상승하였는데, 상대적으로 값싼 석탄의 수요도 빠른 속도로 증가하였다(그림 1.13(b)). 수요 확대에 따라 석탄가격이 안정적으로 보장되면서 중국 내 많은 석탄광이 확장되거나 신설되었고, 2000년부터 2014년까지 생산량이 2배 가까이 증가하였다. 2010년부터 현재까지 중국의 연간 석탄 소비량은 아메리카 대륙 전체 연간 소비량의 4배가 넘는다.

　90년대까지 미국과 서유럽이 주도하던 광산장비시장에 중국이 가세하면서 중국이 세계 광산기계 산업의 구도를 바꾸고 있다(Freedonia group, 2014). 2008년부터 중국은 광산장비 1위 생산국으로 올라섰고, 현재까지 전 세계 광산장비의 1/3 이상을 생산하고 있다.

　세계적으로도 고성능 광산장비가 도입됨에 따라 세계광산의 자동화율은 90년대에 비해 4배 상승하였다. 다음 그림은 생산되는 광물의 단위톤당 발생하는 장비단가를 나타낸 그래프로 광산자동화의 지표로 사용되는 지표이다. 이 지표와 석탄채굴량을 합산하여 광산장비 수요를 추정한다. 그래프를 보면, 2015년부터 석탄 채굴량이 정체되었는데도 장비수요는 지속적으로 증가할 것으로 내다보고 있다(Freedonia group, 2014). 자동화 장비를 이용하면 광물의 개발단가를 낮출 수 있으므로 자동화장비 도입이 가속화될 것이라는 전망 때문이다. 따라서 로드헤더의 광산수요도 앞으로도 어느 정도 지속될 것으로 예측된다.

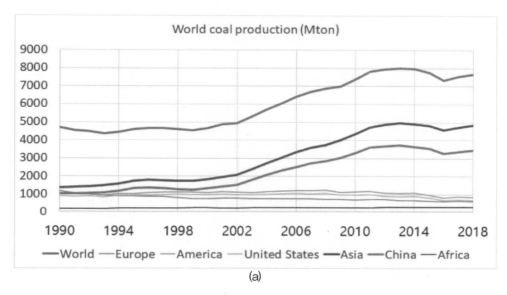

(a)

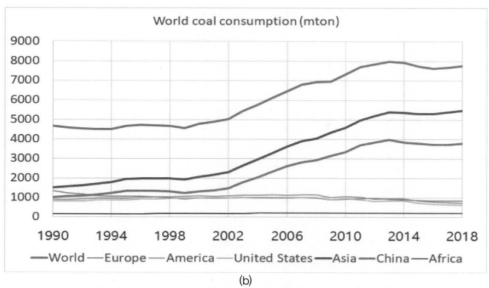

(b)

[그림 1.13] 세계 석탄 생산량과 소비량(단위 : 백만 톤)(Enerdata, 2019)

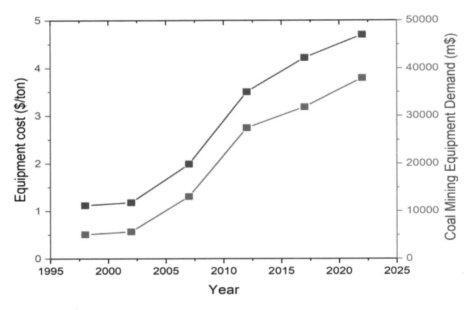

[그림 1.14] 광산개발장비의 자동화 추세(modified from Freedonia, 2014)

4.2 터널 기계화 시장동향

세계적 터널을 기계식으로 굴착하는 사례가 지속적으로 증가하고 있다. 적용사례 분석은 기존 재래식 공법은 발파공법과 NATM을 포함하고 있고, 기계식 공법은 주로 TBM 공법을 조사하였다.

4.2.1 세계 터널시장

세계적으로 도심지 터널, 하·해저터널, 장대 산악터널 등에서 친환경적이고 경제적인 터널공법으로서 TBM을 포함한 기계식 공법 적용이 확대되고 있다. 경제협력개발기구(OECD)의 하·해저터널 공사 45건을 분석한 결과 전통적 발파굴착 방식인 NATM 비율은 10%에 불과한 반면 90%가 기계화 시공이었다. 선진국에서도 2000년 이전까지는 하·해저터널에 주로 적용되었으나 최근에는 산악터널, 도심지 터널에서도 기계화 시공의 적용비율이 크게 늘고 있다.

그림 1.15는 터널 기계화장비의 시장규모와 국가별 도심지 터널 기계화 시공 적용률을 보여준다. 세계 터널굴착장비(TBM) 시장규모는 매년 20%씩 고성장 중이며 2020년에는 500억 달러(약 56조원)에 이를 전망이다. 이처럼 선진국과 개도국을 막론하고 기계식 공법 적용 비율과 시장규모는 전 세계적으로 증가하고 있다.

4.2.2 국내 터널시장

국내 최초의 터널공사는 1968년 연장 287m, 높이 7m의 재래식 공법으로 적용된 경주터널이며, 이후 다양한 공법들을 통해 터널이 시공되고 있다. 국내 고속도로, 고속철도, 도시철도 중 최초의 TBM 공법 적용은 1989년 연장 1,450m의 부산도시철도 1호선이며, 2000년 이전까지 기계화 공법의 터널 적용 실적은 단 1건에 불과했다. 연도별로 분석해보면, 2018년까지 기계식 터널굴진 사례는 총 18건으로 터널연장은 39.8km이다. 이후 1999년대 1건 2000년대 6건, 2010년대 11건으로 타 공법 대비 적용 빈도가 낮다. 도로터널의 기계화 시공사례는 더욱 저조하다. 한국도로공사 소관 고속도로 터널 1,059개소의 주요공법을 분석해보면, 재래식 공법의 총 연장은 891.9km로 전체 공법의 99%를 차지하며, 기계식 공법의 총 연장은 9.2km로 전체 터널공법의 1%에 불과하다.

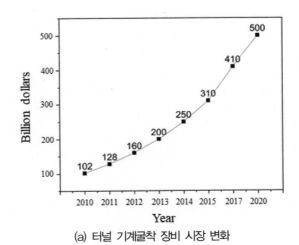
(a) 터널 기계굴착 장비 시장 변화

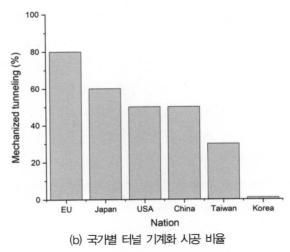
(b) 국가별 터널 기계화 시공 비율

[그림 1.15] 세계 기계화 터널시장 변화(김태경, 2018)

그림 1.16은 국토교통부 소관의 일반국도 터널, 지자체 소관의 지방도 터널, 민간사업자 소관의 도로 터널과 일반철도 및 전용철도 터널의 개소를 모두 추가 집계한 그래프이다. 2000년 이전까지 기계화 시공 적용실적은 거의 선이 보이지 않을 정도로 무의미하다. 현재까지(2018년 기준) 국내 터널의 TBM 공법 적용 연장 길이는 8건으로 총 21.8km이며, 주로 고속철도 및 도시철도에 적용되고 있다. 결과적으로 국내 터널에서 기계화 시공 적용율은 1% 미만으로 세계적인 추세에 비해 국내 기계화 시공은 매우 저조하다.

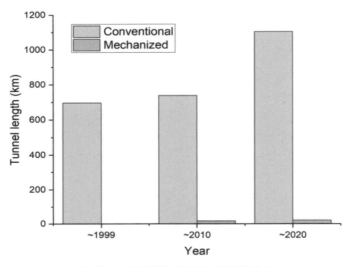

[그림 1.16] 공법별 국내터널 시공연장(m)

국내 기계화 시공 실적부진의 원인은 크게 2가지로 분석된다. 첫 번째 이유는 국내 발파공법의 숙련도와 경제성이다. 그동안 1970년부터 적용된 발파공법은 해마다 경쟁하고 발전해서 국내 NATM 터널기술은 세계적으로도 최상위권에 속한다. 그래서 터널입찰 시 NATM 공법의 경제성에 밀려 하저터널을 제외한 경우 기계화 공법이 거의 탈락하였다(강변북로 지하화, 보령태안 해저터널 등). 두 번째 이유는 정부의 공사 입찰/발주시스템으로 지적된다. 원래 TBM과 같은 기계화 공법은 수직구굴착과 장비거치와 같은 초기 비용이 많이 들기 때문에, 상대적으로 긴 터널연장에 적용해야 경제성이 충족된다. 예를 들어, 단선 철도터널의 경우 약 5~8km 정도의 터널연장을 기계화 시공의 손익분기점으로 보고 있다. 하지만 국내 도시철도 터널과 일반터널공사는 공구를 1.5~2.5km로 구획해서 입찰공고를 내므로, 기계화 시공이 경제성을 가질 여지를 남기지 않는다. 두 번째 원인이 입찰경쟁에서 워낙 치명적으로 작용하기 때문에 기계화 시공법이 적용은 정부 정책의 전환이 뒷받침되어야 보다 원활히 적용될 것으로 판단된다.

4.2.3 국내 터널시장 환경 변화

발파공법 비중이 99%로 절대적인 국내 터널시장도 발주자와 시공자 이외의 변수로 인해 시장이 변화하고 있다. 바로 국민의 삶의 질 향상으로 인한 시민의 요구와 민원이 그 변화의 주요 원인이다. 터널공사가 진행된 이래 발파공법도 진동과 소음을 감소하는 방향으로 진화를 거듭해오고 있다. 거주지에 인접한 터널현장은 저진동 혹은 미진동 발파를 주로 수행하고 있고, 실제로 거주지에서 인근의 진동소음 측정치는 대부분 기준치를 하회한다. 그럼에도 불구하고 진동이 직간접적으로 느껴지기 때문에 심리적인 불안감과 불편함을 느낄 수밖에 없다. 그래서 일부 거주민을 중심으로 광범위하고 조직적으로 민원이 접수되는 것으로 알려져 있다. 이렇게 민원이 일단 접수되면, 관할 지자체는 공사현장에 공문을 보내거나 방문해서 내용을 확인한 후, 처리된 결과문을 해당 민원인에게 고지해야 한다. 문제는 이것이 거의 매일 반복되어 오히려 터널굴착 속도가 지연되기도 한다는 점이다. A현장 인근 시민은 실제 발파진동계로 직접 진동치를 모니터링하면서 민원을 제기하고 있고, B현장은 인근 시민은 터널경로를 본인 주거지 외곽방향으로 우회하여 시공하도록 관공서, 발주처에 요구서를 보내고 있으며, 관련 소송도 동시에 준비하는 것으로 알려져 있다.

그래서 최근 도심지 터널공사 입찰 시 발파공법을 제외하거나 기계식 굴착공법 적용을 권장하는 사례가 종종 발생하고 있다. 실제 도심지 C터널 턴키입찰 시 시공사들은 로드헤더 혹은 중고 TBM을 적용하는 방식으로 경쟁하였다. D터널은 로드헤더 등의 기계식 부분굴착으로만 입찰경쟁이 진행되었다. 이처럼 시민들의 높아진 삶의 수준이 정부도 바꾸지 못한 터널시장의 구도를 바꾸고 있다.

5. 로드헤더 기술개발 트렌드

본 절에서는 과거의 로드헤더 관련 연구개발 트렌드를 주제별, 시대별로 정리하고, 현재진행 중인 개발 이슈에 대해서 간략히 소개하였다.

5.1 연구개발 트렌드

5.1.1 커팅헤드 설계

커팅헤드와 픽의 배열설계의 로드헤더 최초 개발 시점부터 가장 중요한 주제였다. 하지만 체계적인 실험방법이 정립되지 않아 개발 초창기(1910~1970년대)에는 운영자의 경험에 의존하여 설계가 진행되었다. 1980년대에 시험방법이 제안되고, 현장시험 및 실내시험이 진행되면서 차츰 설계안이 향상되었고, 1980년대 후반에 이르러 암반에 따른 최적설계의 개념이 생기기 시작했다. 이후 1990년대 개인용 컴퓨터와 함께 CAD(computer aided design)가 보급되면서 최적 설계의 이론을 바탕으로 커팅헤드 설계가 비약적으로 발전하고 굴진성능도 급속히 향상된다. 픽커터를 절삭도구로 사용하는 장비들인 로드헤더, 컨티뉴어스 마이너, 쉬어러, 로드밀링 머신들의 배열설계법이 완성된 것도 이 시기이다.

2000년대 이후에도 다양한 설계방법이 제안되었지만, 이 90년대만큼의 급속한 기술 향상은 보이지 않고 있다. 현재까지 로드헤더의 성능과 현재까지의 픽커터로는 중경암 정도까지 굴착이 원활하고, 경암 이상은 굴착효율이 급격히 저하된다. 이 때문에 진보한 설계기술이 개발되어도 현재까지 장비에서 이를 구현해주지 못하기 때문이 아닐까 생각한다. 즉, 현재의 장비와 도구로 더욱 강한 암석을 굴착하려면 장비의 자중과 엔진사양이 확대되어야 하는데, 이렇게 되면 경제성이 나오지 않는 현실적 문제가 있다.

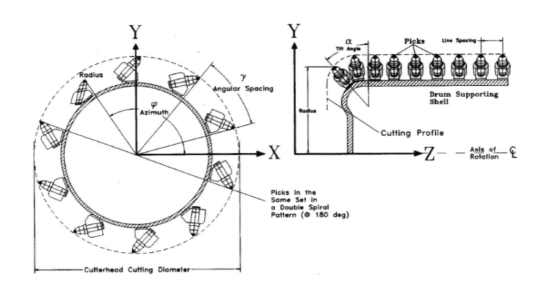

[그림 1.17] 커팅헤드 및 픽 배열설계 예시

5.1.2 금속재료 내구성능

픽커터의 구성 중 팁은 암석표면을 압입하는 주요 역할을 하기 때문에 내마모성이 강한 텅스텐 카바이드 합금재료로 제작된다. 텅스텐 카바이드(WC)는 텅스텐과 코발트 분말을 일정비율로 혼합한 후 압축소결 및 등방압축 공정을 거쳐 제작된다. 이때 텅스텐 분말입자의 분포, 코발트의 비율, 압축소결 방향, 속도, 등방성형 압력이 제품의 내구성능을 결정짓는 핵심 인자이다(지식경제부,

2013). 북유럽과 미국 제품이 아시아 제품에 비해 텅스텐 입자가 일정하고, 소결 및 성형 장비도 우수하여 내구성이 좋은 것으로 알려져 있으나, 국내현장에서는 경제성을 고려하여 주로 중국제품을 사용하였다.

또한 공업용 다이아몬드(PCD, Poly Crystalline Diamond)의 팁을 사용하여 내구성을 향상시키는 방법도 꾸준히 연구되어왔다(Yahiaouia et al., 2013; Abbs and Hassanpour, 2018). PCD는 WC에 비해 내구성이 월등히 높기 때문에 석유시추 등에 비트가 회수, 교체되기 어려운 환경에 주로 사용된다. 하지만, PDC 팁은 로드헤더 굴착에 여태까지 적용되지 않았고, 앞으로도 사용되기 어려울 것으로 예상된다. 왜냐하면 로드헤더의 픽은 PDC에 비해 값이 훨씬 저렴하기 때문이다. WC도 국내에서 공작기계의 팁 재료로도 생산되는데, 이 제품은 고가이면서 품질이 매우 우수하다. 최근에는 호주의 CSIRO에서 다이아몬드(TSDC)를 사용한 픽커터를 상용화하기 위한 연구를 지속적으로 수행하고 있다(Shao et al., 2017).

요약하자면, 금속재료의 내구성을 현재 제품보다 충분히 더 향상시킬 수 있지만 결국 터널시공의 경제성이 한계점으로 작용한다. 그러므로 적정한 내구성을 가진 중저가 제품이 국내 로드헤더에 사용될 것으로 예측된다.

5.1.3 워터젯

워터젯을 사용하여 암반을 굴착하는 방법은 1980년대부터 많은 연구가 진행되었다. 분진억제와 커터 냉각을 위해 굴착면에 물을 분사하던 방법이 점점 발전하여 워터젯 기술이 된 것이다. 1990~2000년대에는 워터젯 단독으로 굴착하는 것보다 픽의 압입 시 균열전파에 도움을 주는 보조 역할로 개발, 적용되었다(Robert et al., 1986; Dehkoda and Hood, 2013; Dehkoda and Bourne, 2014; Liu et al., 2014; Liu et al., 2015; Jiang et al., 2015; Liu et al., 2017; Liu et al., 2019). 결론을 먼저 말하자면, 현재 로드헤더 장비에 워터젯 장치는 거의 적용되지 않고 있는데, 이 역시 현실적인 문제점 때문이다. 우선 굉장히 많은 물이 필요한데 터널 환경상 이것이 어렵고, 고압일수록 노즐을 자주 교체해야 해서 비용이 든다. 또한 부딪힌 워터젯이 물방울과 수증기 형태로 날아다녀 막장의 시야를 가리게 된다. 워터젯을 이용한 절삭연구는 최근까지도 꾸준히 진행되고 있지만, 현재 상용 로드헤더에서는 냉각과 분진 제어만을 위한 목적으로 낮은 압력의 물 분사만 적용되고 있다.

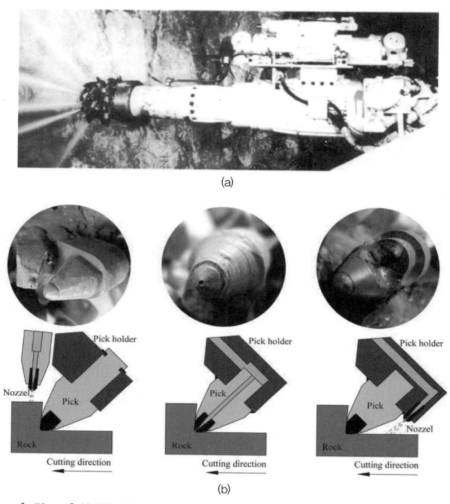

(a)

(b)

[그림 1.18] 워터젯 절삭기술 로드헤더 적용 사례(Robert et al., 1986; Liu et al., 2017)

5.1.4 토크 에너지 절감

픽커터의 가장 큰 단점은 수평절삭력과 수직력의 비율이 1:1 정도로 매우 크다는 점이다. TBM 디스크 커터의 경우, 이 비율이 1:10~1:20에 불과하다. 이 때문에 다른 장비에 비해 굉장히 높은 수준의 토크가 필요하다. (이 부분은 3장 커팅헤드 설계부분에서 다시 상세히 설명하기로 한다.) 그래서 토크를 절감하기 위하여 픽커터 대신 소형 디스크 커터(직경 5인치)를 적용하는 시도가 1990년대부터 있었다(Friant et al., 1993; Fraint et al., 1994; Ozdemir and Rostami, 1993; Rönnkvist et al., 1994(a), Rönnkvist et al., 1994(b)). 이 시도도 현실적인 장벽에 막혀 연구만으로 그치게 되었다. 일반적으로 작은 크기의 디스크 커터를 사용하는 경우, 높은 절삭효율, 높은 굴진율을 기대할 수 있으며, 적은 하중이 작용하기 때문에 장비 전체의 토크, 추력, 동력을 절감할 수 있다는 장점을 가진다. 또한 커터의 교체가 용이하고 유지비용을 절감할 수 있으며, 커터의 수리 및 교체를 위한 별도의 소형공장을 현장에 설치할 필요가 없다. 이러한 장점에도 불구하고 커터의 크기가 작기 때문에 커터 내부의 핵심 부품(베어링, 오일씰 등)의 내구성과 안정성 측면에서의 문제가 발생하였다. 또한 베어링이 작고, 커터도 작아서 허용 가능한 하중 용량이 작았다. 그리고 커터가 작아서 상대적으로 빨리 마모되었기 때문에 교체 빈도가 잦아서 운영 효율이 나오지 않았다. 대형 디스크 커터에 비해 소형 디스크 커터는 허용되는 마모량이 작기 때문에 잦은 교체 주기를 유발 할 수밖에 없다. 이러한 이유로 완전히 상용화에 도달하지는 못하였다. 현재에는 6~10인치가량의 소형 디스크 커터가 일부 소형 TBM에 상용화되어 생산되고 있다.

하지만 이러한 시도가 완전히 무의미한 것은 아니었다. 경암이 아닌 암반조건에서는 소형 디스크 커터가 활용될 수 있는 가능성이 여전히 열려 있으며, 이제 기계굴착장비 제조업체들이 대형 디스크 커터를 장착한 로드헤더들을 출시하고 있기 때문이다. 이들 로드헤더는 TBM과 로드헤더의 중간 형태라고 볼 수 있다. 또한 이러한 개념의 확장으로 언더컷팅 메커니즘을 구현하는 새로운 장비들도 출시가 되고 있다.

[그림 1.19] 회전식 커터가 장착된 광산장비(Johnny et al., 2018)

5.1.5 현재의 이슈

1) 작업자 건강 : 분진제어 및 집진

픽을 이용하여 굴착하는 장비인 로드헤더와 컨티뉴어스 마이너는 원래 석탄광 개발용 장비로 발명되었다. 그래서 작업자가 분진과 소음이 많은 환경에 지속적으로 노출되어 호흡기와 이비인후과 관련 질환을 유발하는 문제가 상존했다. 최신 장비는 운전캐빈을 밀폐하고 공기정화 필터를 장착하여 운전자의 건강을 지켜주는 방향으로 진화하고 있다. 하지만 터널과 광산작업의 특성상 장비 외부에도 인력이 투입되어야 하므로, 분진을 최대한 제어하기 위한 다양한 연구들이 시도되어왔다. 앞서 설명한 순수 물을 이용한 워터젯 스프레이 방식을 발전시켜 점성을 가진 폼 스프레이를 사용하여 절삭된 암분과 비산먼지를 흡착하는 연구가 진행되어 순수 물 분사에 비해 2배 이상 저감되었다고 보고된 바 있다(Lu et al., 2015). 또한 암분 흡착률을 높이기 위하여 폼재료에 가스 물을 분사직전 혼합하는 혼합폼재 기술이 개발되기도 하였고(Wang et al., 2016), 분사되는 물의 입자크기를 더욱 세분화하는 노즐이 개발되어 물 분사량을 저감하는 기술과 암반 절삭영역에 폼재를 집중적으로 분사하는 기술도 추가적으로 개발되고 있다(Hu et al., 2019, Wang et al., 2020).

이러한 작업자 안전기술 연구사례는 중국을 중심으로 연구사례가 확연히 증가하고 있다. 이는 세계적으로 작업자 안전에 관련된 법규가 강화되고, 산업재해에 대한 보상규칙이 강화되기 때문으로 보인다. 이러한 안전이슈는 조만간 터널공학 내 1개의 전문 분야로 정착될 것으로 보인다. 따라서 국내의 학계와 업계도 이를 대비하여 관련 안전기준을 신설하고 관련 연구를 추진할 필요가 있을 것으로 생각된다.

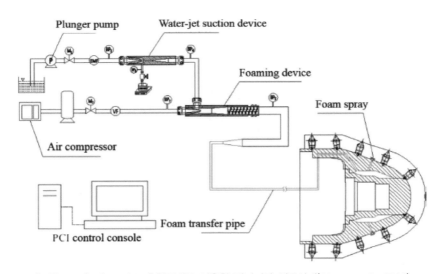

[그림 1.20] 기포, 가스 혼합폼재를 이용한 먼지저감 연구사례(Wang et al., 2016)

2) 언더커팅

2010년대 이후, 언더컷팅 장비들이 등장하며 언더컷팅 메커니즘에 대한 관심이 증가하고 있다. 기존의 커팅 메커니즘은 수직력과 수평력(혹은 절삭력) 2가지 힘의 성분을 주로 이용하여 암반을 절삭하는 방식이다(그림 1.21(a)). 이에 반해 언더컷팅 메커니즘은 횡방향 힘(Side actuating force) 혹은 편심회전력(Eccentric force) 등을 추가적으로 제공하여 언더컷팅 픽은 층리면의 아랫면을 타격하여 인장균열을 넓은 영역에 유발시켜 상대적으로 큰 칩이 생성시키는 방법이다(그림 1.21(b)).

이 방식은 기존 방식보다 상대적으로 적은 수직력을 사용하여 큰 형태의 암석 칩핑을 유도할 수 있으므로, 암반굴착 에너지효율을 상당히 향상시킬 수 있는 것으로 알려져 있다(Aker Wirth, 2013; Leonida, 2016; Caterpillar, 2016). 언더컷팅을 위해서 픽의 상하진동변위가 부가되어야 한다. 인위적으로 진동을 부가하는 방법은 편심축 회전에 의한 진동부가 방식(Eccentric Shaft rotating)과 진동발진방식(Oscillating)으로 크게 구분된다. 전자는 커팅헤드의 회전축에 인위적으로 편심을 형성시켜 커팅헤드 회전 시 주기반복적 진동을 유발하는 방법이고, 후자는 고속 피스톤 혹은 진동기를 이용하여 커팅헤드를 상하로 인위적으로 공진시키는 방법이다. 이 부분에 대한 세부기술 및 연구내용은 본 책의 범위를 일부 벗어나므로 대해서는 부록에서 추가적으로 설명하기로 한다.

(a) Conventional cutting mechanism

(b) Undercutting cutting mechanism

(c) 언더컷팅 롱월쉬어링 장비(HRM220)

[그림 1.21] Conventional and under cutting of pick(Caterpillar, 2016)

3) 자동제어 모니터링

로드헤더의 작업 중 썸핑 작업은 수동조정으로 진행되고, 쉬어링 작업은 반자동으로 진행되는 것이 일반적이다(SANDVIK, 2016). 최신 로드헤더는 제작자가 기설정한 메커니즘을 따라 전체 굴착작업을 자동제어하는 방향으로 기술이 개발되고 있다. 이러한 자동제어 메커니즘은 회전부하와 붐의 작동압력을 모니터링함으로써 절삭하중을 추정하고, 이에 따라 마모를 적절히 통제하면서 굴착속도를 최적화하는 방향으로 설계된다(Tian et al., 2010; Yan et al., 2019). 머신 가이던스 기술은 각 생산사가 개발 중에 있으며 비공개 영역에 해당하여 아직 정확한 정보가 알려진 바는 없지만, 지속적으로 진화할 것으로 추측된다. 현재와 같이 로드헤더가 도심지 터널굴착 공법으로 자리매김을 한다면, 향후 수년 이내에 현재 쉬어링 작업이 반자동에서 완전자동 메커니즘으로 변화할 것으로 예측된다.

[그림 1.22] Shearing process on tunnel face

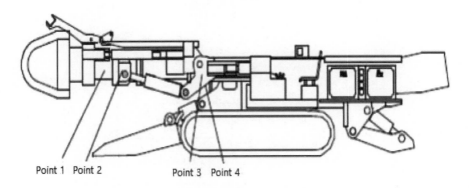

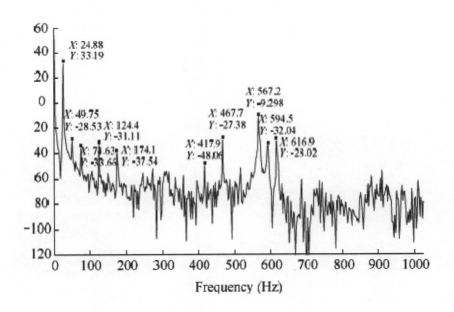

Point 1 Point 2   Point 3 Point 4

(a) Measuring points on road header

(b) Frequency data at a measuring point

[그림 1.23] 로드헤더 자동제어를 위한 모니터링 연구사례(Tian et al., 2010)

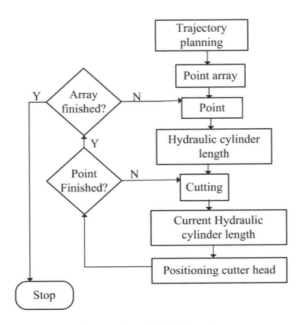

(a) 로드헤더의 자동제어 흐름도

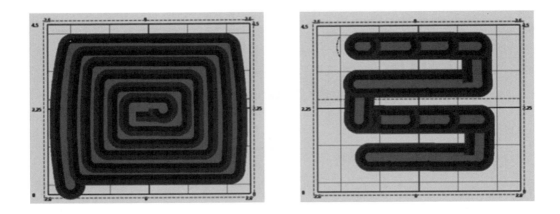

(b) 자동제어된 로드헤더에 의한 굴착 과정 예시

[그림 1.24] 로드헤더의 자동제어를 위한 로드헤더 위치제어 시스템 연구사례(Yan et al., 2019)

CHAPTER 02 로드헤더 사양 및 성능

1. 로드헤더 구성모듈

앞서 2.1절에서 건설 사용자 측면에서 로드헤더를 기능적 측면에서 정의하였다. 본 절은 설계운영자 관점인 기계적인 관점에서 모듈과 부품 단위로 분류하여 설명하고자 한다. 또한 이 책은 주로 터널굴착 관점에서 로드헤더를 사용정보를 공유하기 위한 목적을 가지므로, 주로 자중 60~130톤, 커터 모터 200~300kW 정도의 대형 장비를 기준으로 서술하기로 한다. 아래 그림은 중경암~경암까지 굴착이 가능한 중대형급 로드헤더의 도면이다(SANDVIK, 2020).

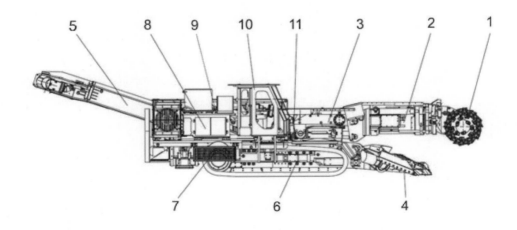

[그림 2.1] 로드헤더의 구성모듈(Roman et al., 2015)

기계설계적 관점에서 로드헤더는 커팅모듈(1~3), 배출모듈(4~5), 하부체(6~7), 동력모듈(8~9), 작업제어(10~11)의 5개 모듈로 나뉜다. 이를 어셈블리별로 나열한 후, 모듈별로 정리하면 다음 표와 같다.

[표 2.1] 로드헤더 구성모듈과 부품 분류

번호	어셈블리	모듈번호	모듈	구성 부품	주요기능
1	커터헤드			픽, 커팅헤드, 유압모터, 감속기, 텔레스코픽 실린더, 유압 실린더	암반커팅 (썸핑, 쉬어링 작업)
2	커팅붐	(1)	커팅 모듈		
3	터렛				
4	버력로더 (로딩 테이블)	(2)	배출 모듈	버력로더, 이송벨트, 스테이지 로더	버력집진, 버력배출, 상차
5	컨베이어				
6	언더캐리지	(3)	하부체	크롤러타입 주행체, 차대 및 프레임	차대 이동, 상부지지력 제공
7	프레임				
8	전기공급장치	(4)	동력 시스템	전기유압 파워팩(모터, 유압펌프 등), 유압시스템(MCV, 밸브 등)	전기/유압에너지 공급, 동력제어/모니터링
9	유압공급장치				
10	운전캐빈	(5)	작업 제어모듈	작업 모니터링 시스템, 텔레스코픽/회전 제어	커팅작업 모니터링, 자율운전/제어, 윤활유 공급
11	윤활시스템				

1.1 커팅모듈

커팅모듈은 직접 암반절삭을 담당하는 핵심모듈로서 커팅헤드와 모터, 감속기로 구성된다. 커팅헤드의 표면에 픽커터가 배열되어 있다. 픽커터는 다시 팁, 숄더, 홀더, 리테인 링의 소형 부품으로 구성된다. 이 중 픽커터의 내구성 재료와 커팅헤드의 배열설계는 작업의 연속성과 작업성능을 결정하는 핵심 인자이다.

1.1.1 커팅헤드와 픽커터

로드헤더에 장착되는 픽은 최초에 긁어내는 방식의 래디얼 픽(Drag bit, or Radial pick)이 사용되다가 직선형태의 포워드 픽으로 변경되었다. 래디얼과 포워드는 팁이 마모가 진행되면서 공구와 암석의 접촉 면적이 증가한다. 이에 따라 절삭하중이 점점 증가하는 문제를 가지고 있었다. 그래서 최근에는 홀더에서 회전이 가능한 형태의 코니컬 픽(Point attack pick, Conical pick, Bullet pick)의 어셈블리 형태 제품이 주로 사용된다. 절삭 중에 회전을 하므로 팁의 주변부가 균등하게 마모가 되면서 뾰족한 팁의 끝부분이 어느 정도 유지되는 것이 특징이다.

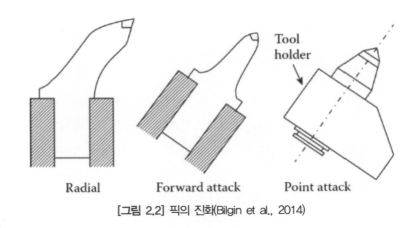

[그림 2.2] 픽의 진화(Bilgin et al., 2014)

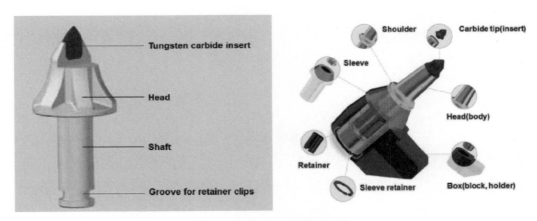

[그림 2.3] 픽의 구성부품과 명칭

픽은 그림 2.3과 같이 팁(인서트), 헤드, 샤프트, 리테이너 클립, 홀더로 구성된다. 픽커터 핵심부분은 전면 커팅헤드(Cutting) 표면에 부착되어 직접 암반을 굴착하며 가장 큰 응력을 받는 텅스텐 카바이드 재질의 팁이다. 팁의 내구성이 제품 품질의 가장 큰 척도가 된다. 픽커터의 헤드(Head), 숄더, 샤프트(Shaft)는 단일 재료로 구성된다. 공구강 원재료에 단조공정으로 형상을 성형한 후 열처리 공정을 통해 최대한 높은 표면강도를 지니도록 제작한다. 헤드부는 텅스텐 카바이드 삽입재를 지지하고, 숄더부는 샤프트와 홀더로 전해지는 하중을 분산시키는 역할을 한다.

홀더는 보통 열처리강으로 제작되며, 픽의 절삭하중을 지지하면서 회전을 돕는 부품이다. 최종적으로 커팅헤드 표면에 용접되어 픽의 위치, 각도, 배열을 결정하게 된다. 슬리브(sleeve)는 픽의 회전을 돕는 부품인데, 사용되지 않는 경우가 아직 더 많다. 회전이 방해받는 조건(예를 들어, 분진과 습기가 많은 경우)에서 사용될 때 회전을 원활하게 하기 위하여 삽입된다.

1.1.2 커팅모터

커팅모터는 주로 유압모터가 사용된다. 콘타입은 커팅헤드 후방에 고배율 감속기가 장착될 공간이 있으므로 등급별 모터의 선택폭이 넓다. 반면, 드럼타입은 감속배율이 낮기 때문에 어쩔 수 없이 저속회전 고토크(Low speed, High torque) 출력방식의 유압모터를 사용해야 한다. 해당 조건을 만족하는 모터는 주행모터와 래디얼 피스톤 모터 2가지가 있는데, 이 중 양방향으로 구동샤프트가 돌출되어 있는 래디얼 피스톤 방식이 장착된다. 후자가 전자보다 작동효율이 20~30% 정도 낮기 때문에 드럼타입이 콘타입에 비해 에너지 효율이 다소 낮을 수밖에 없다. 설계자들은 장비중량과 자동제어 메커니즘 도입을 통한 절삭속도 향상, 트윈헤더를 이용한 픽 교체율과 다운타임 저감 등과 같은 장점을 향상시켜 앞서 설명한 단점을 보완하고 있다.

유압 실린더는 2가지 암반절삭 공정(썸핑, 쉬어링)을 총괄하는 핵심 제어장치로서 모듈분류상 작업제어 모듈에 해당하므로 다음 절에 상세히 기술하기로 한다.

1.1.3 감속기

감속기는 자동차의 변속기와 같은 부품으로서 동력으로부터 공급되는 높은 회전수(rpm)의 에너지를 암반 커팅에 적합한 토크를 가지도록 적절히 낮은 rpm으로 변환해주는 역할을 한다. 감속기는 유성감속기 혹은 일반 기어형 감속기 2가지가 사용된다. 유성감속기가 부피에 비해 감속비가 좀 더 큰 이점이 있다. 공급 유량 대비 유압모터의 기본 rpm과 설계된 커팅헤드 사양에 맞춰서 감속비를 선택해야 한다. 일반적으로 콘타입에 사용되는 유압모터의 설계사양 회전수를 커팅헤드 회전수로 나눈 값이 감속비가 된다(즉, 감속비＝모터 rpm /커팅헤드 rpm). 예를 들어, 콘타입 커팅헤드의 경우, 모터 회전속도가 150~300rpm의 범위를 가진다. 그래서 감속비는 50~100 정도가 적용되어 최종적으로 커팅헤드의 회전수는 30~60rpm 정도로 설계된다.

1.2 버력배출모듈

버력(Muck)배출모듈은 바닥면의 파쇄암석을 수거하는 버력 로더(Muck loader or loading table)

(그림 2.4), 장비 후방으로 운반하는 컨베이어벨트, 그리고 장비 후방의 이송차에 상차하는 스테이지 로더가 3가지로 구성된다. 이 중 버력로더의 기능이 가장 중요하다. 왜냐하면 바닥면에 떨어져 있는 버력을 최대한 많이 수거해야 굴착작업을 연속적으로 진행할 수 있기 때문이다. 일반적으로 버력 로더를 사용해도 수거율이 60~70% 정도이고 양 끝에 있는 파편들은 수거하기 어렵다. 그래서 어쩔 수 없이 한 번씩 로드헤더 작업을 중단하고 굴삭기나 로더가 들어와서 버력들을 수거해야 한다. 이러한 장비 가동률을 높이기 위하여 장비 전면에 별도의 버켓을 장착하는 경우도 있다. 이처럼 수거율은 가동률과 밀접한 관계를 가지므로, 사용자는 로드헤더 사용 시 버력수거에 대한 최선의 방법을 미리 고려할 필요가 있다.

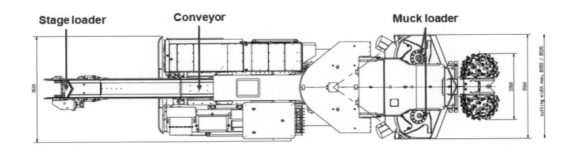

[그림 2.4] Muck loading and conveyor system

1.3 이동 하부체

건설장비의 하부체(언더캐리지)는 휠(타이어) 타입과 크롤러(무한궤도) 타입으로 나뉘는데, 도로 이외의 작업을 하는 자중 30톤 이상의 중장비는 주로 크롤러 타입의 하부체로 설계된다. 크롤러 타입이 강성이 높아 외력에 좀 더 안전하고, 대부분의 중장비는 빠른 속도로 이동할 필요가 없기 때문이다. 크롤러 타입 하부체는 체인, 하부롤러, 상부롤러, 아이들러, 텐션실린더, 주행모터, 스프라켓 등의 부품으로 구성되는데, 본 책의 주요 관심사가 아니므로 자세한 설명은 생략한다.

1.4 동력시스템

동력모듈은 전기차의 파워트레인에 해당하는 모듈로서 전기에너지를 수급하여 유압에너지로 변환하는 역할을 한다. 대형 장비의 경우 전기에너지를 바로 사용하기도 하는데, 유압모터 대신 전기모터를 사용하면 효율은 높지만 부품의 크기가 매우 커져서 장비의 크기 및 커팅모듈의 크기가 커진다. 이 때문에 터널 내 장비이동과 굴착작업에 일부 제약이 발생한다. 따라서 장비의 부피를 줄이고 자 유압부품이 주로 사용된다. 그래서 대부분 터널작업용 로드헤더는 전기에너지를 유압에너지로 변환해서 각 모듈에 공급한다.

1.5 작업제어 모듈

작업제어 모듈은 주로 유압 실린더로 제어되며, 터널면의 커터 압입을 위한 압입 실린더 (Telescopic cylinder : 확장−수축 제어가 용이한 유압 실린더 부품)와 붐 회전을 위한 회전 실린더 로 구성된다(그림 2.5). 예전은 회전 대신 1차 압입공정(Sumping step)에서는 압입 실린더만 전진 하여 작업을 수행하게 된다. 이후 2차 수평절삭공정(Shearing step)에서 회전 실린더와 텔레스코픽 실린더는 MCV와 CPU의 명령을 받으면서 동시에 제어된다. 동시에 제어하면 비교적 다양한 형태의 터널면을 모두 형성할 수 있다. 즉, 2차 공정에서 회전 종료지점에서 압입 실린더의 확장이 최대가 되고, 중심지점에서 수축하는 방식으로 작업이 진행되면 비교적 편평한 터널면이 만들어지고, 압입 실린더를 고정하면 반구형태의 오목한 터널면이 형성된다(그림 2.6).

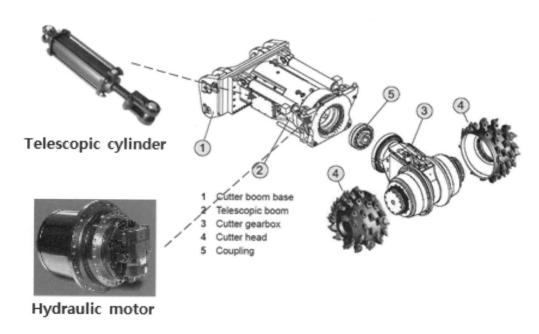

[그림 2.5] 암반커팅을 위한 작업제어 모듈

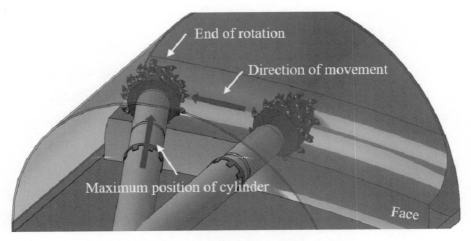

(a) 텔레스코픽 실린더로 형성된 편평한 터널면

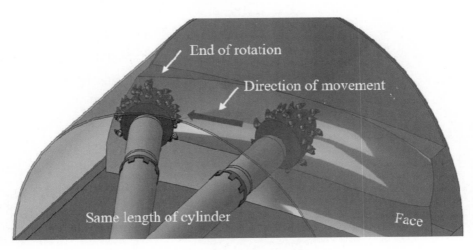

(b) 회전붐으로 형성된 오목한 터널면

[그림 2.6] 붐 제어방식과 터널면 형성(redrawun from Roman et al., 2015)

2. 로드헤더 등급별 사양

　로드헤더는 대상 암석의 강도에 따라 동력 성능과 등급이 나뉜다. 성능은 주로 주엔진의 동력 혹은 자중으로 분류한다. 일부 별도의 자세제어장비(ex : 크레인 아웃트리거)나 반력상쇄장비(ex : TBM의 그리퍼)가 있는 일부 장비를 제외하면, 대부분 건설장비의 사양에서 동력과 자중은 거의 상호 비례관계를 가지므로, 둘 중의 어느 지표를 적용해도 분류 결과는 비슷하다.

2.1 로드헤더 등급

로드헤더도 동력과 자중의 형태로 소형(light), 중형(medium), 대형(heavy) 3가지로 나눌 수 있다. 소형 장비는 암반의 굴착보다는 암반면을 고르는 면삭기로도 불리는데, 현재 주로 굴삭기의 어태치먼트 제품형태로 생산된다. 소형은 주로 풍화암과 연암을 대상으로 면고르기 트렌치 정리 등의 용도로 사용되며 드럼커터 혹은 면삭기로 불린다. 중형 장비는 대형굴삭기와 소형 로드헤더 완성차의 2가지 형태로 생산되며 주로 연암, 보통암 굴착용과 석탄광 개발용으로 사용된다. 마지막으로 대형 로드헤더는 자중 100톤 이상 300kW 주종을 이루고 있으며 중경암, 경암까지 작업이 가능하다고 보고되고 있다. 대형 로드헤더는 굴착속도가 매우 중요하므로 주로 완성차 형태로 생산되어 앞서 설명한 절삭, 로딩, 운반, 상차, 이동까지 굴착의 전체 공정이 연속적으로 진행된다. (등급별 굴착가능 암반강도에 대해서는 4장에 보다 자세히 다루기로 한다.) 이상 설명한 로드헤더 등급별로 나열하고 해당 사양 및 굴착 성능을 간단히 정리하면 표 2.2와 같다.

다음 그림 2.7은 북유럽 S사에서 생산하는 로드헤더의 등급을 정리한 그림이다. 장비의 자중(ton)과 커팅모터의 용량(kW)이 대체적으로 비례관계에 있는 것을 알 수 있다. 여기서 터널굴착장비(Tunnel miner, Bolter miner)는 대부분 250톤 이상 대형 등급에 해당함을 알 수 있다.

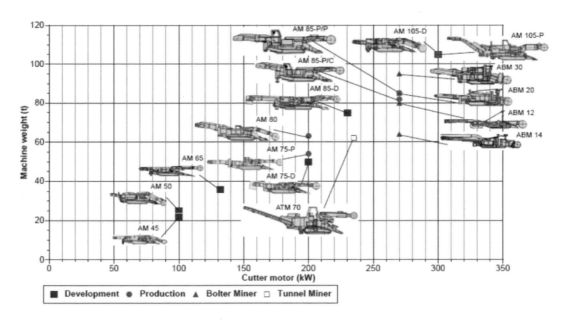

[그림 2.7] 북유럽 S사에서 생산하는 로드헤더 등급별 용도

[표 2.2] 로드헤더 등급별 분류

등급 분류	장비 자중 (ton)	커팅 모터 동력 (kW)	대상 암반강도	용도	장비 사진
소형 (light)	20~30	100~150	풍화암, 연암	면고르기, 트렌치정리	
중형 (medium)	40~80	150~200	연암, 보통암	연암굴착, 광산개발	
대형 (heavy)	90~135	250~350	중경암, 경암	터널굴착, 광산채광	

[표 2.3] 커팅헤드 등급 및 사양

등급 분류	장비 자중 (ton)	커팅모터 동력 (kW)	공급유량 (l/min)	픽 개수 (헤드1개당)	드럼직경× 너비(mm)	작동속도 (m/s)	장비 사진
소형 (light)	20~30	100~150	150~300	(30~40)×2	600×1200	2.3~2.6	
중형 (medium)	40~80	150~200	400~500	(40~50)	1400×1400	1.4~1.6	
대형 (heavy)	90~135	250~350	500~900	(60~70)×2	1300×2260	1.38~1.6	

2.2 커팅모듈의 사양

2.2.1 픽커터 사양

다음 그림은 암반강도에 따른 픽커터의 형상변화를 보여주고 있다. 강한 암석을 굴착할수록 마모가 쉽게 발생하므로 팁의 크기가 커지게 되고, 이에 따라 팁을 보호하기 위한 헤드도 커지게 된다. 반대로 연암이나 풍화암을 굴착할 때 굴진율을 높여야 하므로, 상대적으로 뾰족한 형태의 픽이 사용된다. 현재 시판 중인 픽의 종류가 수백 가지에 이르기 때문에 굴착 대상 암석강도에 따른 굴진속도를 설계하고, 마모도를 미리 예측한 후 픽을 선정해야 한다. 로드헤더 굴착과정을 모니터링할 때 픽의 마모가 빨리 진행되거나, 굴진율이 만족스럽지 않다면, 현장에 맞는 제품으로 픽을 재선정해야 한다.

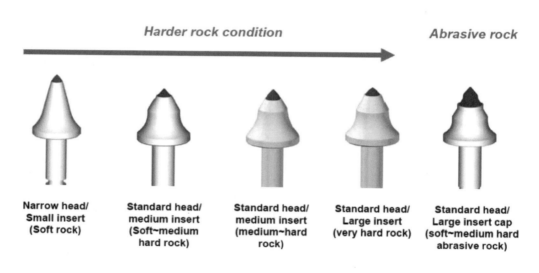

[그림 2.8] 암석강도에 따른 픽의 형상

2.2.2 커팅헤드 등급별 사양 및 작동성능

로드헤더 완성차의 등급기준(소형, 중형, 대형)으로 커팅헤드의 사양을 분류할 수 있다. 표에 커팅헤드의 등급별 사양과 정보를 간략히 정리하였다. 중형급 이상 건설장비의 작동압력은 250~320bar로서 비교적 일정하기 때문에 동력성능은 공급유량에 의해 주로 결정된다. 장비가 대형화될수록 드럼의 크기가 커지는 반면, 작동속도는 더 증가하지 않는다는 점을 알 수 있다. 이는 작업속도를 빠르게 하면 픽의 마모를 촉진시키므로, 작업속도는 일정하게 하고 압입깊이와 절삭면적을 더 크게 하는 방식으로 대형장비를 운영하도록 설계되었다는 점을 미루어 짐작할 수 있다.

커팅헤드 작업 시 순간 굴착률(IPR, instantaneous production rate)은 아래의 수식으로 간단히 표현된다. 여기서 HP는 장비의 동력(kW), SE(specific energy)는 비에너지(kw/m³), η는 장비의 작동효율(%)이다. 즉, 커팅헤드의 동력이 굴진율에 직접적인 영향을 미치는 핵심인자이다.

$$IPR = \frac{HP}{SE}\eta(\mathrm{m^3/hr})$$ 식 (1)

앞서 설명했듯이 커팅헤드의 동력은 장비의 자중등급과 비례관계를 가진다. 즉, 장비가 커질수록 커팅헤드의 크기도 커지고, 이에 따라 픽의 개수도 늘어난다. 또한, 커팅헤드는 1회전당 적정압입깊이를 압입하도록 설계되어 있다. 일반적으로 입계 압입깊이는 8~11mm의 범위를 가지는데, 대형장비일수록 토크출력이 높으므로 압입깊이가 크게 설정된다. 하지만 대형장비일지라도 암석강도가 강해지면 1회전당 압입깊이를 낮춰서 가동해야 한다. 그렇지 않으면 픽의 마모가 빨리 진행되어 오히려 다운타임이 증가한다. 따라서 커팅헤드의 동력과 픽의 사양을 정확히 고려한 후 커팅헤드의 회전속도와 압입깊이를 적절한 수준에서 운영해야 장비가 최적의 성능을 발휘할 수 있다. 일반적으로 경암터널 굴착 시 적용되는 회전속도는 30~50rpm, 압입깊이는 4~8mm의 범위를 가지는 것으로 알려져 있는데, 암반의 경도에 따라 사용자가 면밀히 조정해야 한다(Sandvik, 2016).

2.2.3 커팅헤드 배열설계 확인

정해진 압입깊이(d : cutting depth) 대비 배열간격(s : spacing)의 비율, s/d의 최적 범위가 존재하는데, 이를 최적 간격(Optimum cutting spacing)이라고 한다(그림 2.9). 커팅헤드에 픽이 부착될 때 대상 암석에 맞는 최적 간격으로 배열되었는지 확인하는 방법이 2가지 있다.

첫 번째 방법은 로드헤드 제품을 인수했을 때 바로 검사할 수 있는 방법이다. 우선 드럼의 길이(픽의 연장길이를 더한 값)를 측정하고, 픽의 총 개수를 나눈다. 그러면 이 값이 대략적인 최적 간격(s)이 된다. 그러면 이 s값을 매뉴얼에 나와 있는 1회전당 압입깊이(d)로 나누면 설계된 s/d값을 알 수 있다. 그리고 해당 암석의 선형절삭시험 시 최적 s/d 값과 일치하는지 확인한다.

두 번째 방법은 암반면에 직접 시험하는 방법이다. 암반표면이나 터널면에 커팅헤드를 회전하며 수직으로 압입하는 초기 썸핑 작업을 실시한다. 이때 회전수는 1~2회전이면 충분하고, 절삭깊이(d)는 매뉴얼에 명시된 값을 따라야 한다. 그러면 픽의 커팅 궤적이 암반표면에 드러난다. 이 간격(s)을 측정하여 최적 s/d 값과 일치하는지 확인한다.

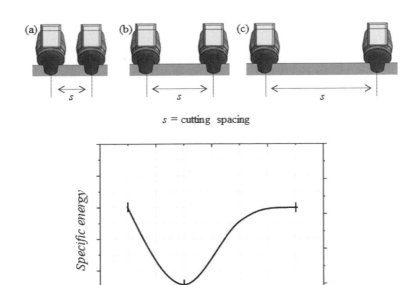

s = cutting spacing

[그림 2.9] 픽커터의 절삭간격과 비에너지의 관계

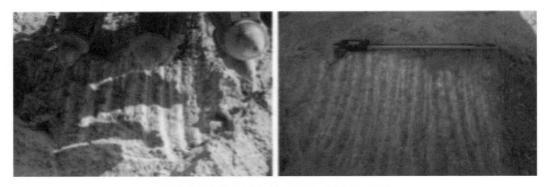

[그림 2.10] 암반 커팅 시 관찰되는 픽의 절삭간격

상기 두 가지 방법으로 확인하여 s/d값이 일치하지 않는다면, 제작사에 문의해서 커팅헤드에 대한 정보를 요청해야 한다. 만약 측정된 s/d값이 알려진 최적값에 비해 작다면, 1회전당 절삭 깊이를 더 낮추는 방법을 임시방편으로 적용할 수 있다(굴진속도는 조금 낮아진다). 하지만 반대로 최적값보다 측정값이 큰 경우라면 절삭 깊이를 더 깊게 설정해야 한다. 이는 해당 장비의 사양으로 불가능하거나 지나치게 빠른 픽의 마모를 야기할 수 있기 때문에 반드시 제작사와 상의해야 한다.

2.2.4 로드헤더 주요 생산사

기존 문헌과 인터넷을 통하여 수집한 로드헤더 국가별 제작사 정보와 존속 현황을 다음 표 2.4에 정리하였다. 생산년도는 2020년 현재를 기준으로 정리하였다. 영국의 4개사 중 1개사만 생산라인이 유지되고 있고, 독일도 TBM과 생산을 병행하는 2개사만 명맥이 유지되고 있다. 이러한 기존 유럽국들의 하락세에 비하여 중국의 3개 회사의 성장세가 크게 대비되고 있다.

이 절에서는 로드헤더의 사양에 대해 장비의 구매자, 사용자 입장에서 서술하였다. 설계자 입장에서 픽의 배열설계 방법에 대해서는 3장에서 보다 자세하게 설명하기로 한다.

[표 2.4] 로드헤더 국가별 제조사

국가	제조사	분야	헤드타입	생산년도 (추정)	현재 생산	인수합병 (M&A)	등급 (톤)
영국	Anderson Strathclyde	Mining equipment	Axial	1971~1983	N	Charter Consolidated	10~66
	Dosco Overseas Engineering	Steel & Coal	Axial, Trasnverse	1928~current	Y	–	35~100
	Webster	Metals & Mining	Axial	1960~2013	N	Rockwheel	10~30
영국, 독일	Thyssen, Paurat	Steel & Coal	Axial	1891~1999	N	Thyssen krupp, Wirth	20~120
독일	Eickhoff	Mining equipment	Axial, Trasnverse	1964~2006	N	Atlas Copco	70~80
	Westfalia Lunen	Mining equipment	Trasnverse	1969~1979	N	–	22~140
	Wirth	Construction equipment	Axial, Trasnverse	1965~current	Y	CREG (2014)	40~120
	Herrenknecht	Construction equipment	Axial, Trasnverse	1977~current	Y	–	350~400 (SBR)
오스트리아	Voest Alpine	Engineering and construction equipmnet	Trasnverse	1970~1990	N	Sandvik	24~120
러시아	Former Soviet Union	Mining	Axial, Trasnverse	1953~current	Y	–	10~32
폴란드	Remag (Famur)	Mining equipment	Trasnverse	1974~current	Y	–	28~62
스웨덴	Sandvik	Constrution & Mining equipment	Trasnverse	1980~current	Y	–	57~130
미국	Alpine Cutter (AEC)	Construction equipment	Axial, Trasnverse	1979~current	Y	–	28~70
일본	Mitsui Miike	Construction equipment	Axial	1968~current	Y	–	15~120
중국	Sany	Construction equipment	Axial, Trasnverse	2005~current	Y	–	41~128 (168 twin)
	CREG	Construction equipment	Axial	2007~current	Y	Wirth (2014)	100~130
	XMCG	Construction equipment	Axial, Trasnverse	1989~current	Y	–	23~120

CHAPTER
03
로드헤더 암반굴착 기초

1. 기계굴착 기초이론

로드헤더에서 가장 핵심적인 부분 중의 하나는 실제로 암반에 맞닿아 굴착을 수행하는 커팅헤드라고 불리는 부분이며 로드헤더가 주어진 암반을 성공적으로 굴착하는지에 대한 여부는 로드헤더의 주요 사양인 토크, 자중, 동력뿐만 아니라 주어진 암반조건에 적합한 커팅헤드의 설계에도 크게 영향을 받는다. 커팅헤드의 설계에는 설치되는 픽의 개수, 배열 형태, 픽의 설치 각도 등이 중요한 변수로 고려된다.

로드헤더를 직접 설계·제작하고 있는 외국에서는 과거부터 축적된 기술 개발 및 현장 적용 경험을 통하여 주어진 암반조건에 적합한 커팅헤드를 설계할 수 있는 기술을 보유하고 있다. 대표적으로는 미국 CSM, 터키, 호주의 대학, 연구기관을 포함하여 암반기계굴착장비를 생산하여 판매하는 업체를 들 수 있다.

본 장에서는 로드헤더를 이용하여 터널을 비롯한 다양한 지하공간을 굴착할 때, 터널 및 지반공학자들이 주어진 암반조건에 적합한 로드헤더를 설계하기 위하여 필수적으로 이해하여야 하는 로드헤더와 커팅헤드의 핵심설계변수들에 대하여 설명하고, 이러한 변수들을 도출하기 위하여 활용되는 다양한 시험방법과 성능예측모델을 소개하고자 한다.

1.1 커터작용력

픽커터가 암석을 절삭할 때에는 세 방향의 커터작용력이 암석을 파쇄하는 힘의 반력으로 작용한다. 이 커터작용력은 수직력(Normal force), 절삭력(Cutting/driving/drag force), 측력(Side/

lateral force)으로 구분할 수 있다. 수직력은 절삭면에 수직으로 작용하는 힘의 성분으로 로드헤더가 암석을 굴진하는 추력과 관계가 있으며, 절삭력은 커팅헤드의 토크, 동력과 밀접한 관련이 있다. 측력은 장비의 안정성에 기여하는 힘의 성분이며, 측력의 비중이 커질 경우 그렇지 않은 경우와 비교하여 비효율적인 절삭이 수행된다는 의미이며, 따라서 수직력, 절삭력과 비교하여 적절한 수준으로 제어할 필요가 있다.

암석을 절삭함에 따라 발생하는 커터 작용력을 예측하기 위한 방법으로는 이론적인 모델, 암석절삭시험, 경험적인 예측모델이 대표적으로 활용된다. 먼저 이론적인 모델은 암석의 인장 또는 전단 파괴 기준을 근거로 하여 암석을 파괴시키기 위하여 요구되는 커터작용력을 산정하는 방법이다 대표적인 이론적인 모델로는 Evans(1962; 1972a; 1972b; 1982; 1984a; 1984b), Nisimatsu 등(1972), Goktan (1990), Liu and Roxborough (1995)의 연구가 대표적이다. 표 3.1에는 현재까지 소개된 커터작용력의 이론적 예측모델을 요약하였다.

이러한 이론적인 모델은 2차원 해석을 기반으로 하므로 상당한 가정을 필요

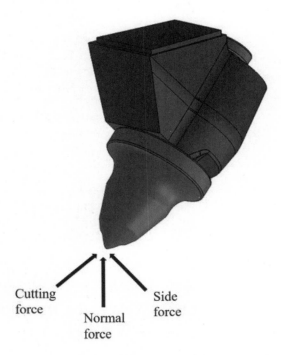

[그림 3.1] 픽커터에 작용하는 3방향 커터작용력

로 하나, 실험적으로 도출된 커터작용력과 비교하여 실무에 적용 가능한 수준의 커터작용력을 개략적으로 산출할 수 있다는 장점을 가진다. 각 이론모델에서 사용하는 입력변수들은 다르지만, 표 3.1에 나열된 이론적인 모델을 살펴보면 최대절삭력(Peak cutting force)은 암석 강도, 압입깊이 그리고 팁의 형상, 절삭각도로 계산되는 값임을 확인할 수 있다. 하지만 이론적인 모델에서는 최대 커터작용력 중 절삭력(Cutting force)만이 산출 가능하다는 점은 한계이다. 이론적인 모델에서는 암석의 최대 강도(전단강도, 인장강도)를 가정하고 픽커터와 암석의 접촉(관입)에 의해 발생하는 응력이 암석의 강도를 넘어설 때를 기준으로 커터의 절삭력을 계산하기 때문이다. 이러한 이론적인 예측모델은 2차원 해석의 한계로 실제 픽커터의 3차원적인 형상과 인접한 커터의 상호작용으로 발생하는 암석의 절삭을 설명하기에는 부족한 측면이 있다.

[표 3.1] 커터작용력의 예측을 위한 이론적 예측모델

제안자	모델	비고
Evans (1962, 1972, 1982, 1984)	$F_{c\_peak} = \dfrac{2\sigma_t dw \sin\frac{1}{2}\left(\frac{\pi}{2}-\alpha\right)}{1 - \sin\frac{1}{2}\left(\frac{\pi}{2}-\alpha\right)}$	chisel
	$F_{c\_peak} = \dfrac{16\pi\sigma_t^2 d^2}{\cos^2\left(\frac{\phi}{2}\right)\sigma_c}$	conical
Nishimatsu(1972)	$F_{c\_peak} = \dfrac{2\sigma_s dw \cos(\pi-\alpha)\cos(i)}{(n+1)[1 - siin(i+\pi-\alpha)]}$	chisel
Goktan(1990)	$F_{c\_peak} = \dfrac{4\pi d^2 \sigma_t \sin^2\left(\frac{\phi}{2}+\gamma\right)}{\cos\left(\frac{\phi}{2}+\gamma\right)}$	conical
Roxborough and Liu(1995)	$F_{c\_peak} = \dfrac{16\pi d^2 \sigma_t^2 \sigma_c}{\left[2\sigma_t\left(\sigma_c\cos\left(\frac{\phi}{2}\right)\right)\left(\frac{1+\tan\gamma}{\tan\left(\frac{\gamma}{2}\right)}\right)\right]^2}$	conical

이러한 한계를 극복하고자 최근에는 3차원 이론적 모델이 연구되고 있다. 3차원 이론모델에서는 픽커터의 3차원적인 형상을 고려하여 보다 현실적인 커터작용력 예측모델을 제시하고는 있으나 앞선 2차원 이론모델과 비교할 때 현장시험, 실험실 시험에 의하여 모델의 검증이 필요한 단계로 판단된다.

한편 커터작용력은 암석의 물성뿐만 아니라 픽커터의 다양한 절삭조건(압입깊이, 커터간격, 절삭각도 등)에 영향을 받는다. 먼저 그림 3.2와 그림 3.3은 Bilgin 등(2006)의 연구에서 수행된 선형절삭시험으로부터 얻어진 다양한 암석의 역학적 물성과 평균커터작용력(Mean cutter force) 간의 상관관계를 나타내고 있다. 암석의 일축압축강도(Uniaxial compressive strength)와 간접인장강도(Brazilian tensile strength)는 절삭력, 수직력과 선형적인 비례관계를 갖는다. 암석의 강도뿐만 아니라 정적, 동적 탄성계수(Young's modulus) 또한 비례관계를 나타내고 있는데, 이는 탄성계수와 암석의 강도 간의 선형 비례관계를 고려하면 타당한 결과로 판단된다. 또한 현장에서 유용하게 활용 가능한 슈미트해머 반발경도 또한 커터작용력과 유의미한 상관관계를 갖고 있다. 종합하면, 암석의 물성 중 강도와 관련한 역학적 물성으로부터 개략적인 커터작용력의 추정이 가능함을 보여주는 결과라 할 수 있다. 이 외에도 보다 다양한 암석의 역학적 물성이 커터작용력과 상관관계를

가질 수는 있겠으나, 실무에서 적용할 때에는 비교적 측정이 간편한 물성들이 활용도가 크다는 점과 개략적인 커터작용력의 범위를 추정하는 데 그 목적이 있다는 점을 고려하면 그림 3.2와 3.3에 제시된 커터작용력과 암석의 역학적 물성과의 상관관계는 실무에서 유용하게 활용될 수 있을 것으로 판단된다. 한편 커터작용력과 픽커터의 절삭조건 사이의 상관관계에 대해서는 이 장의 후반부에서 보다 상세히 설명하기로 한다.

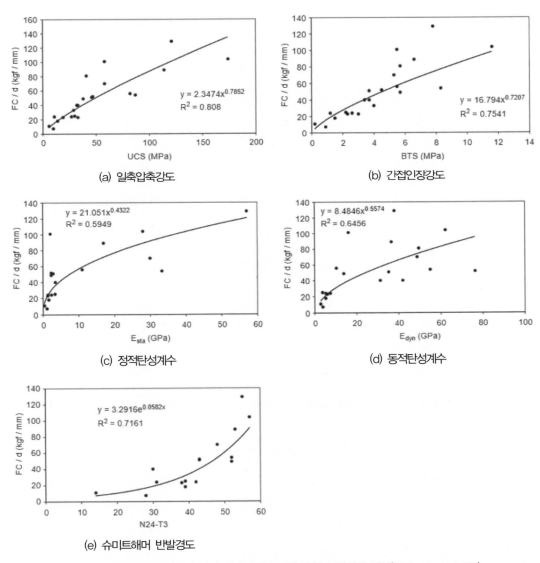

(a) 일축압축강도

(b) 간접인장강도

(c) 정적탄성계수

(d) 동적탄성계수

(e) 슈미트해머 반발경도

[그림 3.2] 암석의 역학적 물성과 픽커터의 절삭력 간의 상관관계 예시(Bilgin et al., 2006)

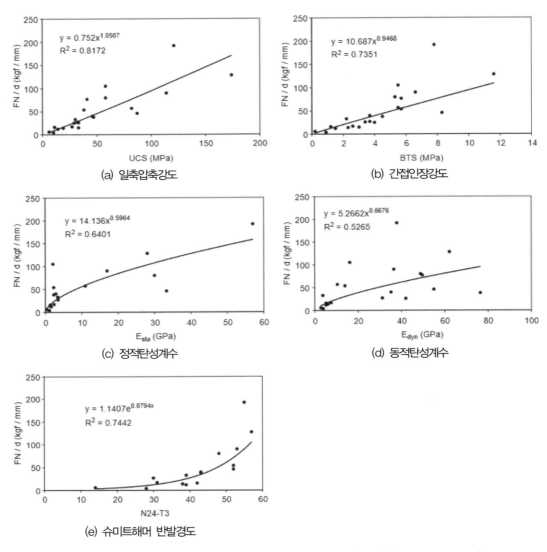

[그림 3.3] 암석의 역학적 물성과 픽커터의 수직력 간의 상관관계 예시(Bilgin et al., 2006)

한편 그림 3.4에 나타난 예시와 같이, 픽커터가 암석을 절삭할 때 작용하는 커터작용력은 암석의 순간적인 파쇄에 따라 커터작용력의 극대점들이 반복하여 나타난다. 최대 커터작용력은 절삭 도중 발생하는 이러한 극대점들을 뜻하며, 평균 커터작용력은 절삭 도중 측정되는 모든 커터작용력 측정 값의 평균값을 뜻한다. 로드헤더의 굴진성능예측 및 커팅헤드 설계에 활용되는 커터작용력은 최대 작용력이 아닌 평균작용력이다. 흔히 암반의 기계굴착에서 커터작용력이라고 통칭되는 것은 이 평균작용력을 의미한다.

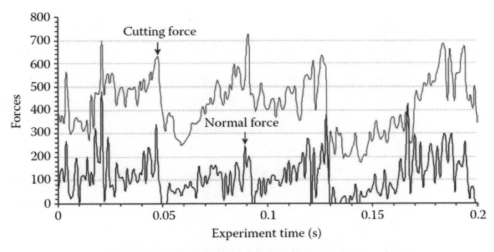

[그림 3.4] 픽커터에 작용하는 커터작용력(Bingin et al., 2014)

최대 커터작용력과 평균 커터작용력의 차이(비율)는 픽커터의 절삭조건 및 암반의 파쇄특성(예, 취성도)에 영향을 받게 된다. 예를 들어 취성적인 파쇄특성을 가지는 암석에서는 최대 커터작용력과 평균 커터작용력의 차이가 크게 나타나게 되며, 비교적 연성적인 거동을 하는 암석에서는 이 차이가 줄어든다. 이러한 최대 커터작용력과 평균 커터작용력의 차이는 장비의 구조적인 안정성과 진동에 영향을 미치게 되므로 이를 장비의 설계 시 반영할 필요가 있다. 현재까지 현장 및 실험실 시험에서는 최대 커터작용력과 평균 커터작용력의 비는 암종 및 절삭조건에 따라 2.0에서 4.0 정도의 범위를 갖는 것으로 파악되고 있다. 한편, 커터작용력의 산출을 위한 이론모델에서는 최대절삭력만이 산출 가능하다고 하였다. 따라서 이론적인 모델을 이용하여 장비의 설계를 하고자 하는 경우에는 이론적으로 산출된 최대 커터작용력을 앞서 보고된 최대작용력과 평균작용력의 비율로 나누어주면 개략적인 평균 커터 작용력의 범위를 산정할 수 있다.

로드헤더 커팅헤드 설계에서 중요하게 결정되어야 할 설계 변수 중 하나는 토크, 추력, 동력이다. 이 값을 결정하기 위해서는 개별 커터의 절삭력과 수직력이 필요한데, 2차원 해석을 기반으로 하는 이론모델에서는 수직력은 산출되지 않는다. 실험실 절삭시험과 현장시험을 통해 파악된 평균 수직력과 평균 절삭력의 비율은 0.2~1.2의 범위로 알려져 있으며, 이는 암석의 종류, 암석의 조직 및 광물구성, 커터의 형상, 절삭조건 등에 영향을 받는 값이다. 따라서 실무에서 이론적인 모델을 이용하여 로드헤더 커팅헤드의 설계를 수행하는 경우 앞서 주어진 범위의 값을 통하여 로드헤더의 추력 및 장비의 자중을 결정하기 위한 수직력의 범위를 개략적으로 산출할 수 있다.

1.2 압입깊이 및 커터간격

로드헤더에 의한 암반 굴착에서 굴착의 대상이 되는 암석은 대표적인 취성재료로서, 압축응력보다는 인장에 취약한 특성을 갖는다. 따라서 픽커터에 의한 암석의 절삭에서는 암석의 관입에 의해 발생된 암석의 압축응력으로부터 인장응력을 유도시켜 암석을 치핑하는 원리로 암석을 절삭한다. 그림 3.5와 같이 단일 커터의 관입에 의해 암석과 커터가 맞닿은 영역에서는 높은 수준의 압축응력장이 형성되며, 이 압축응력으로부터 굴착면에 평행한 방향으로 인장균열이 2차적으로 유도된다(균열의 전파모드에 대해서는 연구자들 사이에 의견이 분분하지만 본고에서는 인장균열로 설명한다). 이 개별커터로부터 유도된 인장균열의 연결로 인접한 커터 사이의 암석이 치핑(Chipping)되는 원리로 로드헤더의 굴착이 이루어진다. 이러한 암반 절삭의 기본원리는 픽커터를 이용한 암반 굴착에만 국한되는 것이 아니라 다른 형태의 암반굴착장비에서 기본적으로 활용하는 원리이다.

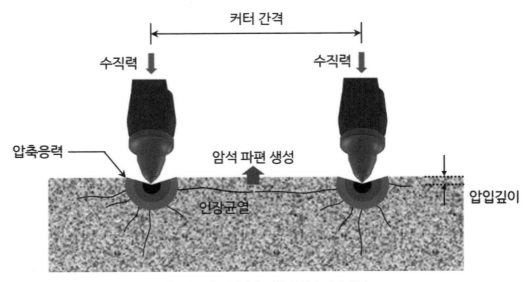

[그림 3.5] 픽커터에 의한 암석의 파쇄 원리

따라서 로드헤더의 암반굴착에서는 이 인장균열을 효율적으로 연결시키기 위하여 설계변수를 결정하는 것이 전체적인 장비의 굴착효율을 증진시키기 위한 핵심조건이 된다. 그림 3.6에 나타난 바와 같이, 로드헤더의 커팅헤드에 설치되는 인접한 커터 사이의 간격(Cut spacing)을 적절하게 설정하는 것이 매우 중요하다. 인접한 커터 사이의 간격이 너무 좁을 경우에는 실제 암석을 파쇄시키는 데 필요한 것보다 과도한 에너지가 투입되어 과굴착(Overbreak)이 발생하며, 반대로 인접한 커터 사이의 간격이 너무 넓은 경우에는 효율적인 치핑이 발생하지 못한다. 따라서 암석의 치핑을 일으키기 위해 필요한 정도로만 균열의 발생과 커터간격을 제어하는 것이 필요하다. 이러한 커터간격을 최적커터간격(Optimum cut spacing)이라 정의하며 이는 암석의 종류, 커터의 형상 및 종류, 운용조건 등에 영향을 받는다. 최적커터간격을 결정하는 방법에 대해서는 이 장의 5절(비에너지)에서 자세히 다루기로 한다.

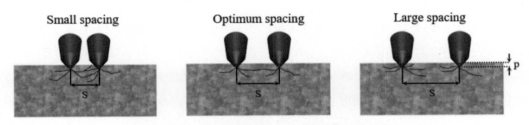

[그림 3.6] 커터간격의 설정에 따른 암석의 파쇄 양상

한편 커터간격과 더불어 압입깊이(Penetration depth or depth of cut)는 가장 핵심적인 설계변수 중 하나이다. 압입깊이는 커팅헤드의 1회전 시 픽커터가 암석을 관입하는 깊이로 정의되며, 이는 장비의 운용조건에 따라 달라지고 장비의 사양 설계에 필수적인 값이다. 로드헤더 및 커팅헤드의 설계에서 압입깊이를 중점적으로 검토하여야 할 측면은 다음과 같다.

먼저 압입깊이의 설정에 따라 앞서 설명한 최적 커터 간격이 변화한다. 일반적으로 압입깊이가 증가함에 따라 암석의 치핑을 위해 요구되는 커터간격은 보다 증가한다. 압입깊이와 커터간격은 서로 상관관계를 갖고 최적값이 변화하므로 커터간격과 압입깊이의 비(s/p 비)를 사용하여 두 설계변수를 정의한다. 픽커터의 경우에는 일반적으로 s/p 비의 값이 2~5의 범위를 갖는 경우, 효율적인 절삭이 이루어진다고 보고되고 있다.

다음으로 압입깊이의 증가에 따라 커터작용력은 비례하여 증가하며 이러한 증가 추이는 암석에 따라 다르다. 따라서 압입깊이의 선정에는 픽커터의 허용하중과 암석의 특성을 동시에 고려하여야 한다. 픽커터는 그 제원과 형상에 따라 허용 가능한 하중 값이 제한되어 있다. 일반적으로 픽커터가 절삭 가능한 암반의 강도는 100MPa 이내인 것으로 보고되고 있다. 하지만 최근 제반 기술의 발전으로 일부 제작회사에서 제작되고 있는 로드헤더의 경우, 경암까지 굴착 가능한 것으로 알려져 있으나 실제 현장에 적용되어 그 굴착성능이 검증된 사례는 극히 일부에 해당한다. 이러한 이유로 실무에서 로드헤더가 고려될 수 있는 암반의 최대 강도는 통상 100MPa 정도로 파악하고 있다.

마지막으로 압입깊이는 장비전체의 굴진성능을 좌우하게 된다. 압입깊이가 크게 설정이 될수록 통상적으로 장비의 굴진 성능은 높아질 것이나, 이에 따라 커터 작용력이 증가하고, 높은 중량과 크기를 갖는 장비가 요구되며, 커터의 마모가 증가한다. 따라서 공사 기간, 장비에 가용 가능한 공사비 그리고 투입 가능한 로드헤더의 크기를 종합적으로 고려하여 압입깊이를 적절한 수준에서 결정하여야 한다. 또한 높은 수준의 하중이 장비 전체의 안정성에 미치는 영향을 보다 세심하게 검토할 필요가 있다.

1.3 절삭각도

픽커터는 TBM에 적용되는 디스크 커터가 암반에 수직한 방향으로 압입하여 암석을 절삭하는 것과는 달리 특정한 각도를 갖고 암반과 접촉한다. 그 이유는 픽커터와 픽 홀더 자체가 특정 각도를 갖도록 인위적으로 설계하기 때문이며, 픽커터가 배열되는 커팅헤드가 평면이 아닌 곡면형상일 때도 있기 때문이다. 픽커터에 특정한 각도를 주어 암석을 절삭하는 이유로는 ① 절삭효율의 증진, ② 마모성능의 향상, ③ 장비 안정성 향상, ④ 커팅헤드 공간 활용 등으로 알려져 있다. 이것은 픽커터의 절삭각도 또한 주어진 암반 조건에 적합한 값을 선정하여야 한다는 것을 의미한다.

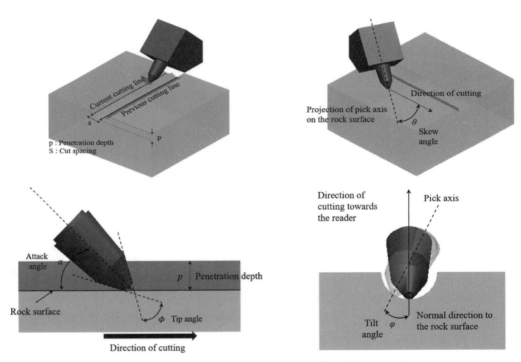

[그림 3.7] 픽커터의 암석절삭에서 정의되는 절삭각도의 개념

먼저, attack angle(받음각)의 경우 픽커터가 절삭면으로 부터 기울어진 각도를 의미하며, 이 attack angle은 통상 40~55°의 값을 갖도록 설계되는 것이 일반적인 범위로 알려져 있다. 선행연구

에서는 Attack angle의 값은 암석의 강도에 영향을 받는 것으로 보고되고 있으며, 연암의 경우에는 40~45°, 경암의 경우에는 50~55°의 값을 사용하는 것을 추천하고 있다(Rostami, 2013; Copur et al., 2017). 주어진 암반 조건에 맞게 Attack angle을 설정하는 원리는 픽커터의 3방향 커터작용력의 비율과 관계가 있다. 일반적으로 암석의 강도가 커질수록 암석의 절삭에 요구되는 커터작용력 성분 중 수직력의 비중이 증가하기 때문에 이에 따라 추천되는 Attack angle의 각도가 커지는 원리이다.

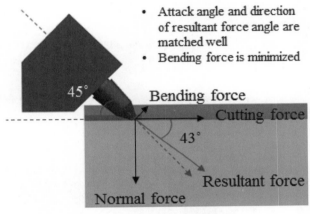

[그림 3.8] Attack angle의 결정방법

픽커터의 수직력과 절삭력의 합력방향과 픽커터의 Attack angle을 최대한 일치시키는 것이 픽커터에 작용하는 굽힘력(Bending force)을 최소화할 수 있으며, 이는 픽커터의 구조적인 안정성과 안정적인 절삭 거동에 도움을 준다.

또한 Attack angle을 효율적인 범위로 설정하기 위해서는 Attack angle에 따른 3방향 커터작용력의 변화를 고려하여야 한다. Attack angle은 커터작용력에 영향을 미치는 인자로 보고되고 있다(Mostafavi et al., 2011; Shao et al., 2017; Jeong, 2017; Park et al., 2018). 그림 3.9는 선행연구의 선형절삭시험으로부터 파악된 attack angle이 절삭력, 수직력에 미치는 영향을 나타낸 것이다. 각 연구에서 사용된 암석, 픽커터의 형상, 절삭조건 등이 다름에도 불구하고 Attack angle이 증가함에 따라 커터 작용력은 특정 각도까지 감소하였다가 다시 증가하는 일반적인 경향을 확인할 수 있다. Attack angle이 증가함에 따라 픽커터와 암석의 접촉면적은 감소하기 때문이다(그림 3.10). 하지만 여기서 주의할 점은 커터작용력의 감소가 절삭효율의 증진을 보장하지는 않는다는 사실이다. 앞서 설명한 Attack angle에 따른 접촉면적의 변화에 따라 암석의 파쇄 영역이 달라지고 이는 최적 커터간격과 비에너지에도 영향을 미치게 되므로, 절삭효율 측면에서의 검토도 필요하다.

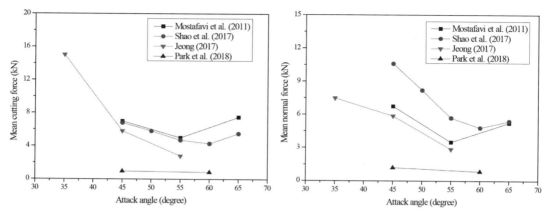

[그림 3.9] Attack angle과 커터작용력간의 상관관계 예시

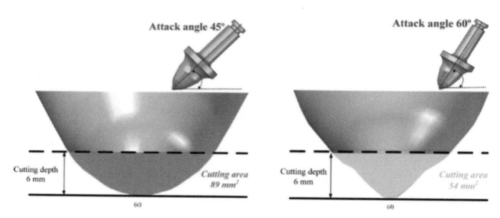

[그림 3.10] Attack angle에 따른 픽커터의 접촉면적 변화 예시(Park et al., 2018)

Attack angle의 설정 시 고려하여야 할 추가적인 사항은 픽커터의 팁 각도이다. 픽커터의 선단부는 높은 마모성능을 갖는 재료인 텅스텐 카바이드 팁이 삽입되어 있으며, 이 팁은 90° 이내의 각도를 갖는 원뿔 형상이다. 암석 절삭면과 픽커터의 팁의 표면이 이루는 각도를 Back clearance angle이라 정의하며, 기존 연구에 따르면 효율적인 마모성능과 절삭성능을 위해서 Back clearance angle은 작은 값일지라도 양의 값을 가져야 한다. 이는 위에 설명한 합력방향의 일치에 선행되어야 하므로 Back clearance angle을 고려하여 합력방향과 Attack angle의 차이가 최소가 되도록 Attack angle을 결정한다.

한편 Skew angle은 픽커터의 중심축을 절삭면에 투영시킨 직선과 픽커터의 절삭방향이 이루는 예각으로 정의되는 값으로, Attack angle과 마찬가지 개념으로 커터작용력 중 절삭면상에 평행한 성분인 수직력과 측력의 합력방향과 픽커터의 Skew angle을 최대한 일치시키는 것이 픽커터에 작용하는 굽힘력을 최소화할 수 있으며(그림 3.11), 이는 픽커터의 구조적인 안정성과 안정적인 절삭에 도움을 줄 수 있다. 기존 연구(Kim et al., 2012; Rostami, 2013; Park et al., 2018; Hekmoglu, 2019; Jeong et al., 2020)에 따르면 5~15°이내의 Skew angle을 설정하는 경우, 픽커터의 절삭성능 및 마모성능에 유리하다고 보고하고 있다.

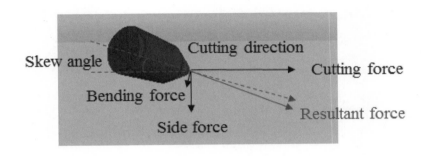

[그림 3.11] Skew angle의 결정방법

Attack angle의 경우와 마찬가지로 skew angle을 효율적인 값으로 설정하기 위해서는 Skew angle에 따른 3방향 커터작용력의 변화를 고려하여야 한다. 절삭성능에 관여하는 Skew angle의 인자는 Skew angle의 방향과 각도의 크기이다. Skew angle의 방향은 이전 절삭으로 발생한 자유면(혹은 절삭선)을 픽커터가 향하는지 그렇지 않은지에 따라 결정된다(그림 3.12).

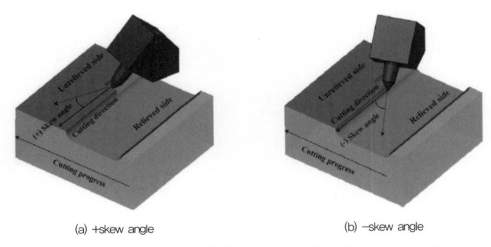

(a) +skew angle   (b) −skew angle

[그림 3.12] Skew angle에 따른 픽커터의 접촉면적 변화 예시(Jeong et al., 2020)

선행연구에서(Hurt, 1980, Kim et al., 2012, Park et al., 2018; Jeong et al., 2020) Skew angle의 방향과 크기가 커터작용력 및 절삭성능에 미치는 영향은 확실하게 규명되지 않고 있다. 그림 3.13은 선행연구의 선형절삭시험으로부터 파악된 Skew angle이 절삭력, 수직력에 미치는 영향을 나타낸 것이다. Skew angle과 커터작용력의 상관관계는 명확하게 규명되지 않았지만 Skew angle의 방향과 크기는 픽커터와 암석의 접촉면적을 변화시킬 수 있다. 선행연구에서(Hekimoglu, 2019; Jeong et al., 2020)는 Skew angle의 방향에 따른 접촉면적의 변화는 압입 깊이가 얕은 경우에 절삭성능에 미치는 영향이 커지며, 반대로 압입깊이가 깊을 경우에는 방향에 따른 차이가 상쇄될 정도로 적을 수 있는 것으로 보고하고 있다(그림 3.14 참조).

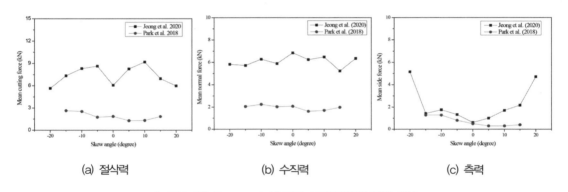

(a) 절삭력   (b) 수직력   (c) 측력

[그림 3.13] Skew angle에 따른 커터작용력의 변화 예시

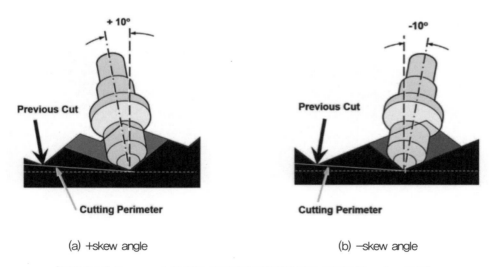

(a) +skew angle   (b) −skew angle

[그림 3.14] Skew angle에 따른 픽커터의 접촉면적 변화 예시(Hekimoglu., 2019)

Skew angle의 결정에 있어 또 하나의 중요 고려사항은 픽커터의 마모이다. Skew angle이 적용됨으로 인하여 로드헤더의 커팅헤드가 회전하면서 픽커터는 원심력에 의하여 절삭과는 별개로 스스로 회전할 수 있다. 이러한 픽커터의 자회전(Self rotation)은 픽커터의 전면에 고른 마모를 유도할 수 있고 결과적으로 픽커터의 수명상승에 도움이 된다. 픽커터에 편마모가 발생하는 경우 픽커터는 정상적인 절삭을 수행할 수 없으며 특정한 방향의 면이 급속도로 마모되어 이는 결국 커터 교체 주기를 증가시킨다. 다만 큰 각도의 Skew angle을 적용하는 것은 일부 조건(절삭조건, 암석물성)에 있어서는 측력의 증가를 유발할 수 있기 때문에, 실무에서는 커팅헤드 설계 시 과도한 Skew angle을 적용하기보다는 5~15° 사이의 값을 사용하는 것이 추천된다.

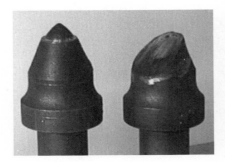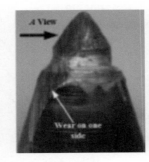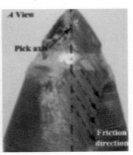

[그림 3.15] 편마모가 발생한 픽커터

1.4 비에너지(specific energy)

통상적으로 암석의 절삭효율을 평가하는 지표로는 비에너지(SE, Specific Energy)를 이용한다. 비에너지는 단위 부피의 암석을 파쇄하는 데 필요한 커터의 일로 정의되며 식 (2)와 같이 계산된다. 비에너지가 낮을수록 보다 효율적인 절삭이 이루어지는 것을 의미하며, 비에너지는 암석의 종류 및 역학적 특성, 암반의 지질구조, 절삭조건 등에 영향을 받으므로 이를 고려하여 낮은 비에너지를 갖는 효율적인 절삭조건을 설계 단계에서 결정할 필요가 있다.

먼저 본 장의 3절에서는 커터간격의 설정의 중요성을 상술한 바 있다. 그림 3.16에 나타난 바와 같이, 커터간격이 좁거나 넓은 경우에는 비에너지가 높아 비효율적인 조건이며, 적절하게 커터간격이 설정된 경우에 최소의 비에너지를 얻을 수 있다는 것을 알 수 있다.

$$SE = \frac{F_{c\_mean} \times l}{V}$$
식 (2)

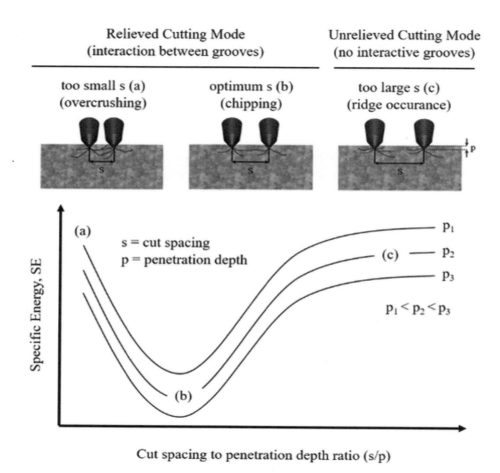

[그림 3.16] 커터간격의 설정에 따른 비에너지 변화 양상(Modified from Bilgin et al., 2014)

비에너지는 앞선 절에서 설명한 압입깊이, 커터간격, 절삭각도, 암석의 물성 등에 영향을 받으며, 이에 대한 상관관계는 선행연구에서 잘 규명되어 있으며 그림 3.17에 그 상관관계를 도시하였다. 강도가 강한 암석일수록 많은 커터작용력이 필요하기 때문에 높은 비에너지 값을 갖게 되며, 일축압축강도와 간접인장강도가 증가함에 따라 비교적 선형적인 관계에 따라 비에너지 값도 증가한다. 암석의 강도의 추정을 위해 사용되는 슈미트해머 반발경도와도 강한 상관관계를 갖지만, 탄성계수와는 상관관계가 크지 않음을 알 수 있다. 이는 실무에서 지반조사 시 획득된 암석의 강도로부터 개략적인 비에너지의 예측이 가능함을 의미한다. 비에너지는 로드헤더의 굴진율 산정 및 공사기간의 산정에 필수적인 값이다. 이에 대해서는 다음 장에서 보다 자세히 설명하기로 한다.

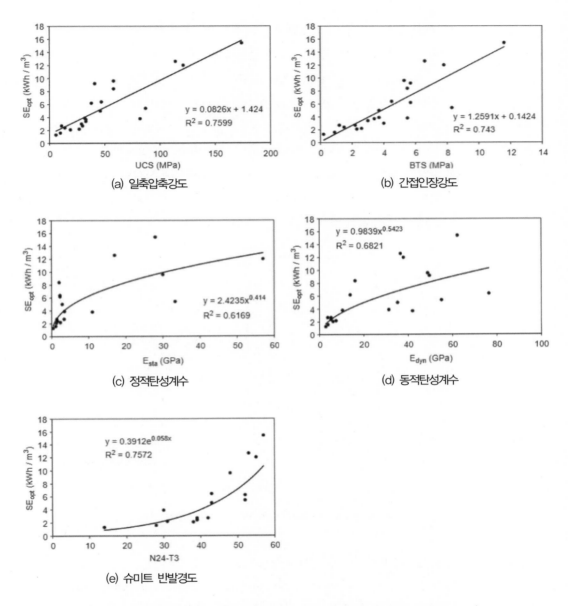

[그림 3.17] 암석의 역학적 물성과 비에너지 간의 상관관계 예시(Bilgin et al., 2006)

앞에서 설명한 Attack angle과 Sskew angle 또한 비에너지에 영향을 미치는 변수이다. 그림 3.18은 선행연구로부터 파악된 Attack angle과 비에너지 간의 상관관계를 보여주고 있다. 연구자 별로 사용된 암석 및 절삭조건이 다르지만 Attack angle은 비에너지에 영향을 미치는 주요 인자임을 파악할 수 있다. Attack angle의 증가에 따라 비에너지는 점차 감소하다가 어느 특정 각도에서 다시 증가하는 것을 알 수 있다. 하지만 개별적인 커터의 절삭성능 측면에서는 효율적일지라도 장비 전체적으로 보았을 때는 이러한 비에너지의 감소가 굴진효율의 증가로 이어지지는 않는다. 앞서 설명한 바와 같이, Attack angle은 절삭력과 수직력의 합력방향과 일치시키는 것이 장비의 안정성 측면에서 유리하며(경험적으로 알려진 범위는 40~55°임), Park 등(2018)의 연구에서는 Attack angle이 증가하는 경우에 최적 커터간격이 달라지는 경향을 보고한 바 있다. Attack angle의 증가 하게 되면 커터와 암석이 접촉하는 면적이 감소하며, 이는 개별 픽커터가 파쇄시킬 수 있는 영역이 좁아진다는 것을 의미한다. 최적 커터간격이 감소하게 되면 커팅헤드에 설치되어야 하는 픽커터의 개수가 늘어나므로, 다른 절삭조건들이 동일하다면 Attack angle이 늘어나는 경우에 장비 전체적 인 측면에서의 굴진 성능은 감소하게 된다.

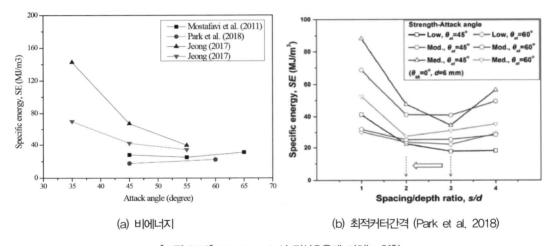

(a) 비에너지   (b) 최적커터간격 (Park et al. 2018)

[그림 3.18] Attack angle이 절삭효율에 미치는 영향

그림 3.19는 Skew angle이 비에너지에 미치는 영향을 보여준다. 현재까지 발표된 연구결과로는 Skew angle이 비에너지에 미치는 영향을 명확하게 파악하기는 어렵다. 하지만 한국에서 수행된 선행연구(Park et al., 2018; Jeong et al., 2020)에서는 Skew angle의 증가에 따라 비에너지는 15~20°의 범위에서 최소점이 나타나는 경향을 파악할 수 있다. 또한 Skew angle의 방향은 Park 등(2018)의 연구에서는 +skew angle이 유리하다고 보고된 반면, Jeong 등(2020)의 연구에서는 방향의 영향은 무시할 수 있는 것으로 도출되었다. 이는 앞선 커터작용력의 결과와 마찬가지로 Skew angle의 방향에 따른 접촉면의 변화는 압입 깊이가 얕은 경우에 절삭성능에 미치는 영향이 커지며, 반대로 압입깊이가 깊을 경우에는 방향에 따른 차이가 상쇄되기 때문인 것으로 파악된다.

비록 Skew angle이 비에너지에 미치는 영향이 분명하게 규명되어 있지 않지만, 로드헤더 커팅헤드의 설계 시에는 비에너지만을 고려할 수는 없다. 장비의 절삭 안정성, 픽커터의 마모성능 등을 복합적으로 고려하여야 하며, 큰 각도의 Skew angle을 적용하는 것은 일부 조건(절삭조건, 암석물성)에 있어서는 측력의 증가를 유발할 수 있기 때문에, 앞서 커터작용력에서 상술한 바와 같이 실무에서는 커팅헤드 설계 시 큰 Skew angle을 적용하기보다는 5~15° 사이의 값을 사용하는 것이 추천된다.

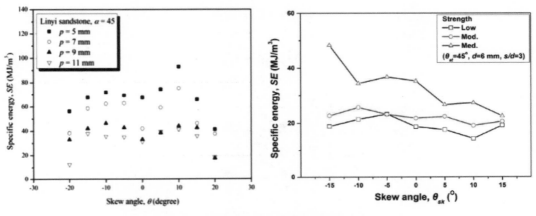

[그림 3.19] Skew angle에 따른 비에너지 변화

1.5 커터배열

픽커터를 커팅헤드에 배치할 때에는 앞선 절삭조건과 별개로 배열의 개수를 결정하여야 한다. 배열의 개수는 한 단면을 완전히 굴착하기 위해 배열된 픽의 세트로 정의되며, 일반적으로 로드헤더에는 이중 나선(double spiral) 배열이 가장 선호된다. 예를 들어, 이중 나선배열의 경우, 일정한 커터간격을 갖고 배열된 2개의 세트(pass)가 굴착을 진행하여야 완전한 굴착면을 완성할 수 있다. 다시 말해 단일 나선구조의 경우에는 하나의 픽 세트가 반복되어 커팅헤드상에 배열되는 것을 뜻하고, 이중 나선 구조의 경우에는 두 개의 픽 세트가 반복되어 배열되는 것을 의미한다.

로드헤더를 이용한 암반 굴착에서는 배열의 개수에 따라 하나의 세트상에 위치하는 로드헤더가 절삭을 수행하는 1회전당 굴착 깊이(D_R, depth of cut per revolution)와 선간격(S_L, Line spacing)이 달라지며, 그림 3.20은 이에 대한 개념을 보여준다. 이는 앞서 설명한 개별 픽커터의 관입깊이(Depth of cut)와 커터간격(Cut spacing)과는 구분되는 개념으로, 배열의 개수가 증가함에 따라 선간격과 커팅헤드 1회전당 굴착깊이는 증가하게 된다.

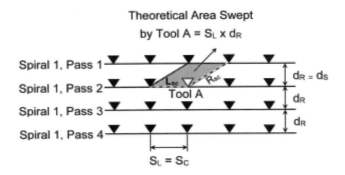

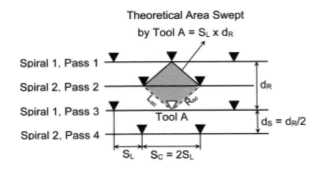

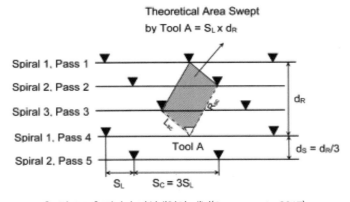

[그림 3.20] 픽커터 나선배열의 개념(Copur et al., 2017)

　　따라서 픽커터의 나선배열 또한 로드헤더의 굴착성능에 영향을 미치는 것으로 보고되고 있다. 배열의 개수가 로드헤더의 굴착성능에 미치는 영향에 대한 연구는 Copur 등(2017)의 연구가 유일한 것으로 조사되었다. Copur 등(2017)은 나선배열의 개수를 증가시킬 경우 3방향 커터작용력이 증가한다는 경향을 보고하였다. 특히 이러한 경향은 보통암 이하의 강도가 낮은 암석에서 나타난다고

하였으며, 반면 강도가 강한 암석에서는 나선배열에 의한 커터작용력의 증가가 뚜렷하게 나타나지 않는다고 하였다.

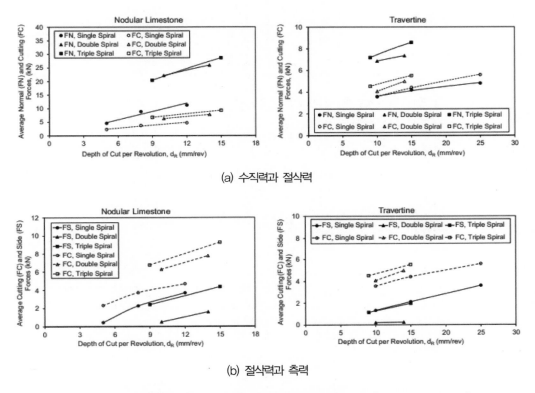

(a) 수직력과 절삭력

(b) 절삭력과 측력

[그림 3.21] 나선배열의 개수에 따른 3방향 커터작용력의 변화 예시(Copur et al., 2017)

또한 Copur 등(2017)은 배열의 개수가 1에서 3까지 증가함에 따라 일반적으로 비에너지는 지속적으로 증가하는 경향을 보고하였다. 또한 이러한 배열의 개수의 영향은 암석의 강도에 영향을 받는 것으로 보고하였다. 강도가 상대적으로 강한 암석에서는, 이중 나선배열은 단일 배열에 비해 23~25%가량 낮은 비에너지를 도출한다고 하였으며, 반대로 연암에서는 이중 나선배열에 비하여 단일 배열의 비에너지가 10~12%가량 낮았다. 실제 로드헤더 커팅헤드 설계에는 단일배열보다는 이중 배열이 일반적으로 적용되므로, 연암에 대한 설계 시에는 절삭효율의 증진을 위하여 단일 배열도 고려할 수 있을 것으로 보인다. 나선배열의 개수에 따라 로드헤더의 픽의 배열을 설계하는 방법과 이에 따른 로드헤더의 토크, 동력을 최적화시키는 개념에 대해서는 3장에서 보다 자세히 다루기로 한다.

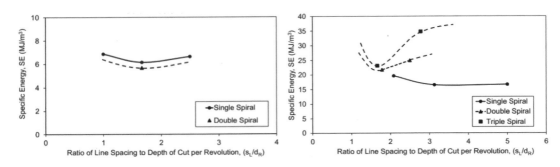

[그림 3.22] 배열 개수가 비에너지에 미치는 영향(Copur et al., 2017)

마지막으로 표 3.2에는 지금까지 설명한 픽커터의 주요 설계변수의 개념을 요약하였다. 현재까지 보고된 연구결과로는 절삭속도는 로드헤더의 절삭성능에 미치는 영향이 극히 적은 것으로 알려져 있다. 절삭속도의 증가는 픽커터의 마모속도를 증가시킬 수 있기 때문에, 절삭속도를 증가시킴으로써 얻을 수 있는 굴진효율상의 실익은 없는 것으로 보아도 무방하다.

[표 3.2] 픽커터 주요 설계변수의 개념 요약

변수	단위	정의
Peak cutting force (F_{c_peak})	kN	Peak force in the direction parallel to cutting direction
Mean cutting force (F_{c_mean})	kN	Mean force in the direction parallel to cutting direction
Peak normal force (F_{n_peak})	kN	Peak force in the direction perpendicular to cutting direction
Mean normal force (F_{n_mean})	kN	Mean force in the direction perpendicular to cutting direction
Specific energy (SE)	MJ/m^3	Work done by a pick cutter to break a unit volume of rock
Penetration depth (p)	mm	Cutting depth per 1 rev of cutter-head
Cut spacing (s)	mm	Spacing between the adjacent cutters
cutting speed (v)	m/s	Linear speed of the pick in cutting direction
Attack angle (α)	degree	Angle of pick axis from the rock surface
Skew angle (θ)	degree	The minimum angle between the cutting direction and projection of pick axis on the rock surface
Tilt angle (φ)	degree	The angle between the normal direction of rock surface and the pick axis

CHAPTER 04 로드헤더 굴진성능 평가

1. 로드헤더 굴진성능 예측시험

1.1 선형절삭시험

로드헤더의 커팅헤드 설계기술은 로드헤더의 굴진성능을 증가시키고 커팅헤드에 설치되는 픽커터의 마모성능을 향상시키는 등 장비성능을 향상시킬 수 있는 핵심 기술이다. 커팅헤드의 설계기술에서 핵심이 되는 사항은 장비의 성능 예측이며, 이것은 로드헤더를 이용한 기계식 굴착의 경제성을 평가하는 데 중요한 요소가 된다.

로드헤더의 굴진성능을 예측하기 위한 방법으로는 실규모 선형절삭시험(Full-scale linear cutting test), 소규모 절삭시험(Small-scale cutting test), 경험적인 예측방법(Empirical prediction method), 현장시험 등으로 구분된다. 실규모 선형절삭시험은 대형 암석블록 시험체가 필요하고 시험을 수행하는 데 시간과 노력이 수반된다는 단점이 있으나 다른 예측 방법에 비하여 상대적으로 정확한 예측이 가능한 장점이 있다. 소규모 절삭시험은 암석코어를 사용하거나 실규모 선형절삭시험에 비해 축소된 암석블록 시험체를 사용하는 방법으로, 암석코어와 소형 커터를 사용하는 경우에는 축소시험을 통해 지수화된 시험이 가능하지만 축소된 암석블록시험체와 실제 크기 커터를 사용하는 경우에는 실규모 선형절삭시험을 보다 적은 노력과 시간으로 대체할 수 있다는 장점이 있다. 경험적인 방법은 각 로드헤더 제작사 또는 연구기관들이 현장에서 누적한 굴진데이터를 바탕으로 암석의 역학적 물성, 지질구조 등의 특성에 따라 로드헤더의 성능을 예측하는 통계적인 모델을 기반으로 하는 방법이다. 회전식 절삭시험은 선형절삭시험보다 더 넓은 범위의 커팅헤드에 대한 실험을 수행할수 있다. 이 실험은 커터의 배열, 커팅헤드의 회전속도, 절삭깊이에 따른 성능을 검증할 수 있으며,

실험 중 발생하는 진동 및 장비의 밸런스 등과 같은 커팅헤드의 거동을 평가할 수 있다. 현장시험은 로드헤더 전체를 제작하여 현장에서 굴진시험을 수행하는 방법으로 장비의 중량, 토크, 동력과 같은 장비 전체적인 측면에서의 설계요소를 검토할 수 있으며, 설계된 커팅헤드의 성능을 전반적으로 검증할 수 있다(한국건설기술연구원, 2013).

선형절삭시험(Linear cutting test)은 미국 CSM에서 최초로 제안되어 현재까지 암반의 절삭성능을 평가하고 설계변수를 도출하는 방법으로 유용하게 활용되어오고 있다. 선형절삭시험은 크기효과를 배제할 수 있을 정도의 시험편과 절삭도구를 사용하여 암반을 절삭하는 데 소요되는 절삭도구의 작용력을 측정하고 절삭효율을 평가하여 설계변수를 획득한다.

외국의 LCM 가운데 가장 대표적이고 최초로 제작된 것은 미국 CSM에서 보유하고 있는 시스템이다. CSM에서 활용되고 있는 LCM에는 충분한 구속압이 작용할 수 있도록 강철 시험편 베드에 100×50×50(cm) 크기의 암석시료를 콘크리트로 고정하게 된다. 서보제어가 가능한 유압 엑츄에이터(Hydraulic actuator)에 의해 설정된 압입깊이(Penetration depth or depth of cut)와 커터간격으로 시료에 하중을 가하며 이때 시험편의 이송속도는 약 25cm/sec이다. 특히 LCM 시험을 통해 커터간격과 압입깊이의 다양한 조합에 대한 절삭성능을 평가할 수 있으며, 시험으로부터 최소한의 비에너지를 나타내는 절삭조건을 결정한다.

LCM을 활용한 선형절삭시험에서는 실제 로드헤더에 사용되는 픽커터가 사용되며, 로드헤더에 의한 암반굴착 시 발생하는 커터 작용력과 관입 정도를 모사할 수 있다. 이와 같이 LCM은 로드헤더의 설계에 필요한 핵심설계인자를 도출하고 로드헤더의 굴진성능을 예측하기 위한 시험이다. 한국에서도 국산 LCM 시험 시스템을 활용하여 픽커터의 절삭성능 예측을 위한 제반 연구를 수행한 바 있으며, 본 절에는 국산 LCM 시스템과 이를 이용하여 수행한 연구를 소개하고자 한다.

국내에서 실규모 선형절삭시험시스템은 한국건설기술연구원에 구축되어 있다. 국토교통부(2007)의 연구에서 구축되었던 TBM 디스크 커터의 절삭성능 평가를 위한 시스템을 픽커터의 절삭성능에 맞도록 재구성한 것이다. 절삭시험 도중 발생하는 3방향 커터작용력의 측정을 위한 3방향 로드셀(z축 : 100kN, x와 y축 : 50kN)이 설치되어 있으며, Skew angle의 조절을 위한 각도조절장치가 갖춰져 있는 것이 특징이다. 암석시편은 100×100×30(cm) 크기의 블록을 이용하여 콘크리트로 측면을 구속하며, 3축 모두 유압으로 서보제어할 수 있도록 구축되어 있다.

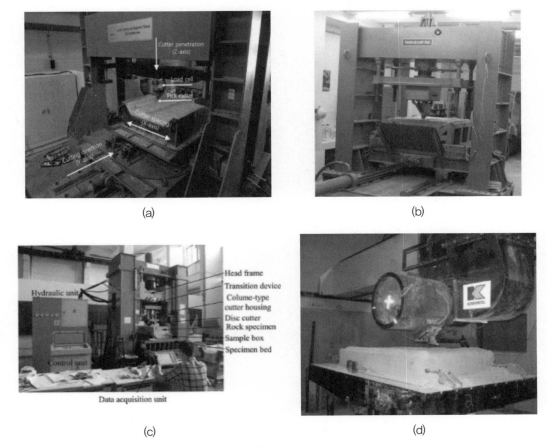

(a)

(b)

(c)

(d)

[그림 4.1] 세계 각국에 구축되어 활용 중인 실대형 선형절삭시험 장비

(a) attack angle 조절장치   (b) skew angle 조절장치   (c) 선형절삭시험 시험체

[그림 4.2] 픽커터의 절삭성능 평가를 위한 실대형 선형절삭시험시스템(한국건설기술연구원)

이 시스템을 활용하여 한국건설기술연구원에서는 다양한 절삭조건하에서 픽커터의 절삭성능을 평가하기 위한 연구를 수행해오고 있다(최순욱 등 2014a; 2014b). 압입깊이, 커터간격, Attack angle, Skew angle의 변화에 따른 커터작용력, 비에너지의 변화양상을 관찰하였으며, 그림 4.3에 그 결과를 간단히 소개하였다.

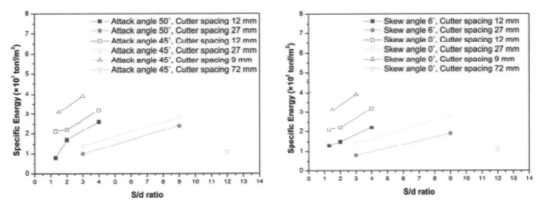

[그림 4.3] 실대형 선형절삭시험기를 이용한 절삭시험 결과 예시

한편 선형절삭시험은 실제 절삭도구를 장착하여 설계변수를 직접적으로 획득하는 데 실용적이나 시험의 수행에는 상당한 비용과 노력이 소요된다는 단점이 있다. 이러한 단점을 극복하기 위해서 실대형 선형절식시험의 장점을 그대로 유지하면서 시험의 용이성을 향상시킨 소형 선형절삭시험장비(그림 4.4)가 고안되어 활용되어오고 있다(Kang et al., 2018; Jeong and Jeon, 2018; Park et al., 2018; Jeong et al., 2020).

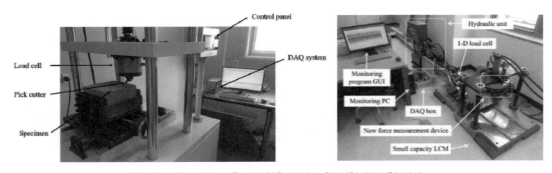

[그림 4.4] 국내에 구축되어 활용 중인 소형 선형절삭시험 장비

서울대학교에서는 2016년 픽커터의 성능예측을 위한 소형 선형절삭시험 시스템을 구축하였다. 한국건설기술연구원에 구축된 실대형 선형절삭시험기와 마찬가지로 절삭시험 도중 발생하는 픽커터의 3방향 커터작용력의 측정을 위한 3방향 로드셀이 설치되어 있으며, 로드셀의 측정허용하중은 3축 200kN이다. 사용되는 암석 시편의 크기는 최대 30×30×30(cm)이며, 시험기에서의 3축 움직임은 전기모터로 서보제어(z축 제외)되도록 구축되었다. 또한 Skew angle과 attack angle의 조절을 위한 장치를 갖추고 있다. 이 시스템을 활용하여 서울대학교에서는 다양한 절삭조건하에서 픽커터의 절삭성능을 평가하기 위한 연구를 수행하여오고 있다(Jeong and Jeon, 2018). 압입깊이, 커터간격, Attack angle, Skew angle의 변화에 따른 커터작용력, 비에너지의 변화양상을 관찰하였으며, 그림 4.5에 그 결과를 간단히 소개하였다.

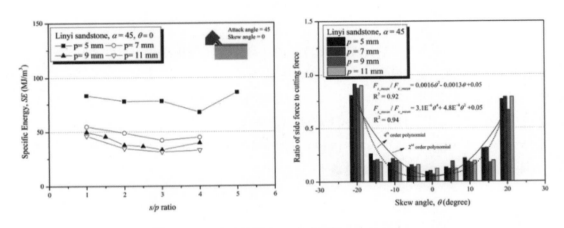

[그림 4.5] 소형 선형절삭시험기를 이용한 절삭시험 결과 예시

한편 한국생산기술연구원에서도 픽커터의 절삭성능예측을 위한 소형 선형절삭시험 시스템을 구축하였다. 픽커터의 커터작용력 측정을 위한 로드셀의 허용하중은 15kN이며, 특히 3축 로드셀이 아닌 복수의 1축 로드셀을 사용하여 3축하중을 측정하도록 구축된 것이 특징이다. 사용되는 암석 시편의 크기는 최대 30×20×20(cm)이며, 시험기에서의 수직방향, 절삭방향으로의 움직임은 유압으로 제어된다. 마찬가지로 Skew angle과 attack angle의 조절을 위한 장치를 갖추고 있다. 이 시스템을 활용하여 한국생산기술연구원에서는 다양한 절삭조건하에서 픽커터의 절삭성능을 평가하기 위한 연구를 수행하여오고 있다 (Kang et al., 2016; Park et al., 2018). 압입깊이, 커터간격, Attack angle, Skew angle의 변화에 따른 커터작용력, 비에너지의 변화양상을 관찰하였으며, 그림 4.6에 그 결과를 간단히 소개하였다.

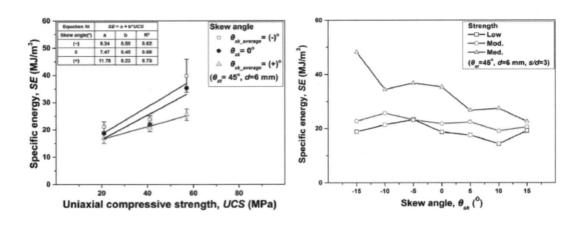

[그림 4.6] 소형 선형절삭시험기를 이용한 절삭시험 결과 예시

이상의 실대형 선형절삭시험시스템 및 소형 선형절삭시험시스템은 실제 크기의 픽커터를 장착하여 로드헤더 커팅헤드의 설계에 고려될 수 있는 모든 설계변수를 고려한 시험이 가능하며 설계변수의 변화에 따른 커터작용력, 비에너지 등 핵심 설계변수들의 도출이 가능하다. 현재까지는 절삭조건 및 암석의 역학적 물성 변화에 따른 절삭성능의 변화를 규명하기 위한 연구목적으로 활용되고 있으나 향후 국내 터널 및 지하공간 건설 시장에서 로드헤더의 활발한 적용이 기대되는 만큼 로드헤더의 설계를 위한 시험으로 유용하게 활용될 수 있을 것으로 기대된다.

1.2 회전식 절삭시험

한편 선형절삭시험은 실제 장비의 굴착 과정을 선형절삭으로 모사하고자 하는 시험 방법이다. 선행연구에서는 이러한 선형절삭이 아닌 실제 굴착과정을 실험실에서 모사하고자 하는 연구를 수행하고 있으나, 이러한 연구들은 로드헤더가 아닌 TBM과 관련된 연구가 대부분이다. TBM의 경우에는 연속적인 회전식 절삭이 이루어지는 것과 비교하여, 로드헤더의 경우에는 실제 굴착과정에서 나타나는 절삭궤적이 비교적 짧은 곡선 구간에 대한 절삭이기 때문에 선형절삭시험이 절삭성능평가에 우선적으로 활용되어오고 있다.

(a) 중국(북경대)

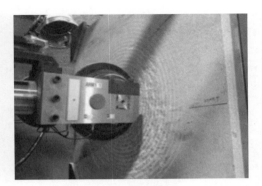

(b) 한국(현대건설)

(c) 중국

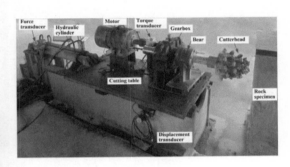

(d) 중국(Liu et al., 2009)

[그림 4.7] 세계 각국에 구축되어 활용 중인 회전식절삭시험 장비 예시

그리하여 로드헤더의 경우에는 단일 커터에 의한 회전식 절삭시험이 아닌 축소된 스케일의 커팅 헤드를 실험실에서 구현하여 전체적인 굴착과정을 모사하기 위한 연구가 수행되고 있다. 하지만 이러한 커팅헤드를 이용한 회전식 절삭시험의 경우에, 시험에 소요되는 비용 및 노력에 비하여 선형 절삭시험과 비교하여 그 결과 차이는 5% 이내로 그리 크지 않은 것으로 보고되고 있다(Ozdemir, 1993). 이러한 회전식 절삭시험의 경우 선형절삭시험보다 더 넓은 범위의 커팅헤드에 대한 실험을 수행할 수 있다. 이 실험은 커터의 배열, 커팅헤드의 회전속도, 절삭깊이에 따른 성능을 검증할 수 있으며, 실험 중 발생하는 진동 및 장비의 밸런스 등과 같은 커팅헤드의 거동을 평가할 수 있다. 따라서 회전식 절삭시험의 경우에는 선형절삭시험을 통해 결정된 최적 절삭조건, 커터배열, 운용조 건 등을 적용하여 커팅헤드의 전반적인 성능을 검증하는 차원에서 활용되는 것을 추천한다.

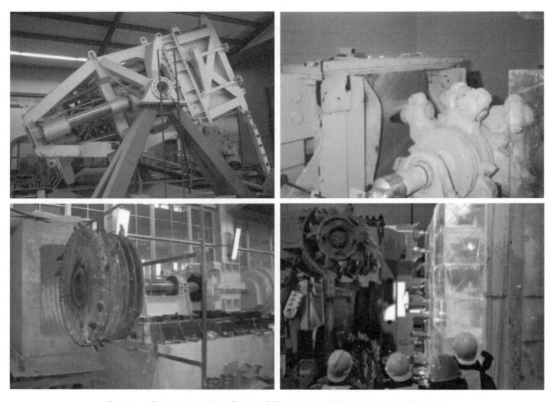

[그림 4.8] 세계 각국에 구축되어 활용 중인 실대형 회전식 절삭시험 장비

1.3 암석 마모시험

로드헤더의 설계에는 장비의 운용 및 굴착 측면에서 커터간격, 압입깊이 등의 절삭조건을 절삭시험을 통하여 도출하는 것도 중요하지만, 암석의 마모도와 픽커터의 수명을 예측하는 것도 매우 중요하다. 로드헤더에 설치되는 픽은 상술한 바와 같이 팁(인서트), 헤드, 샤프트, 리테이너 클립, 홀더로 구성된다. 픽커터 핵심부분은 커터의 선단부 표면에 부착되어 직접 암반에 접촉하며 가장 큰 응력을 받는 텅스텐 카바이드 재질의 팁이다. 팁의 내구성이 제품 품질의 가장 큰 척도가 된다. 픽커터는 암석을 굴착함에 따라 마모되는 소모성 부품으로 일정 이상 마모가 진행되는 경우 교체하여 사용하여야 한다. 커터의 교체에는 많은 시간과 비용이 소요되기 때문에, 픽의 예상수명을 산출하는 것이 공사기간과 공사비용의 산정 측면에서 중요하다.

픽의 수명 예측을 위하여 다양한 스케일에서의 방법론과 이를 적용한 실험적인 연구가 수행되어 오고 있다. 절삭도구와 암석 사이에 발생하는 마모 현상은 다양한 메커니즘이 복합적으로 관여하며, 이론적으로 설명하는 것이 어렵다. 따라서 실험으로부터 얻어진 암석과 금속 간의 상관관계로부터 커터의 수명을 예측하는 방법이 현재까지는 가장 현실적인 방법으로 고려되고 있다. 한편 굴착성능 평가도 마찬가지이지만 픽커터의 수명 예측을 위한 실험은 다양한 스케일에서 이루어지고 있다. 실스케일(Real-scale)의 현장시험부터 단순화된 모델시험과 광물학적 특성을 활용한 미세스케일 (Micro-scale)에 이르기까지 다양한 규모의 시험들이 암석과 금속 사이에 발생하는 마모 현상을 설명하기 위해 시도되고 있다.

픽의 수명을 예측하는 방법으로 암석 마모시험이 대표적으로 활용된다. 가장 대표적으로 활용되는 세르샤 마모시험이며, 프랑스의 Cerchar Institute에서 1986년에 개발한 암석의 마모도 측정시험법으로 이 시험법은 암석에 대한 금속의 마모정도를 산정하는 데 활용되어오고 있다. 세르샤 마모시험기는 Cerchar(1986)에 의해 제안된 형식과 West(1989)에 의해 수정된 형식 두 가지가 있는데, 본래의 Cerchar에 의해 제안된 시험기는 고정된 암석에 핀을 이동시켜 긁는 방식이고 West 장비는 고정된 핀에 암석을 이동시켜 핀을 긁는 방식이다.

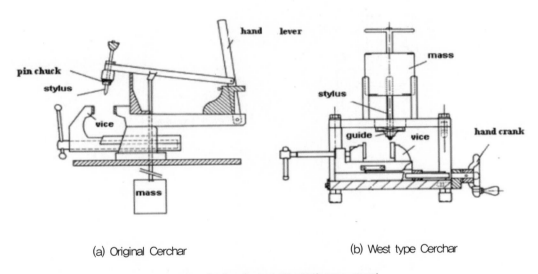

(a) Original Cerchar   (b) West type Cerchar

[그림 4.9] 세르샤 마모시험 장비(ASTM, 2012)

이러한 세르샤 마모시험 이외에도 암석의 기계굴착에서는 NTNU 시험, LCPC 시험, Gouging 시험, Taber 합경도 마모시험 등이 활용되고 있으나(그림 4.10), NTNU 시험의 경우 이를 이용한 예측모델이 TBM의 성능예측에 초점을 맞추어 개발되었기 때문에 TBM 디스크커터의 수명 예측에 주로 활용되고 있으며, Taber 합경도 마모시험의 경우에는 최근 들어서는 다른 시험과 비교하여 활용이 활발하게 되지 않는 것으로 보고되고 있다.

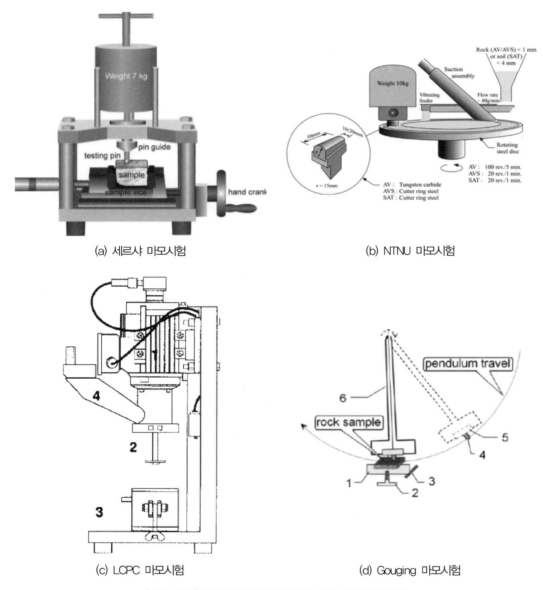

(a) 세르샤 마모시험

(b) NTNU 마모시험

(c) LCPC 마모시험

(d) Gouging 마모시험

[그림 4.10] 절삭도구의 수명 예측을 위한 마모시험 장비

시험방법은 70N의 수직하중을 받는 핀을 수행하고자 하는 암석면에 수직으로 접촉시킨 뒤 10mm을 긁어 핀의 마모된 면의 직경(d_i)을 측정한다. 핀은 90° 각도의 원뿔 형상이고 길이 15mm 이상, 폭은 10mm 이상이어야 하며, 핀의 재료는 경도(Rockwell hardness)를 알고 있는 금속재료를 사용하여야 한다. 세르샤 마모시험에서 경도의 기준은 로크웰 경도 스케일 C(HRC)이며 ASTM 표준시

험법에서 제시하고 있는 핀의 경도는 HRC 55이다.

한 시험에는 총 5개의 핀이 사용되며 각각의 핀을 시험하고자 하는 암석의 새로운 면에 위치시켜 긁는다. 각 핀은 긁힘 진행방향에서 측정된 길이와 이에 수직한 방향에서 측정한 길이의 평균으로 구한다. 이렇게 구한 총 10개의 측정 길이 평균의 10배를 세르샤 마모지수(Cerchar abrasion index)로 환산한다. 세르샤 마모시험을 수행할 때에는 시험 표면을 자연절리면(CAI) 혹은 커터로 절단된 면 두 가지를 모두 사용할 수 있다. 다만 커터로 절단된 편평한 면에 시험을 수행하였을 경우(CAI$_s$)에는 식 (3)에 따라 보정을 수행하여야 한다.

$$CAI \ or \ CAI_s = \frac{1}{10}\sum_{i=1}^{10} d_i \times 10 \qquad\qquad 식\ (3)$$

$$CAI = 0.99\,CAI_s + 0.48 \qquad\qquad 식\ (4)$$

자연 절리면의 요철의 굴곡도는 세르샤 마모시험의 스케일에 비해 그 정도가 매우 크다. 다시 말해, 암석의 마모도에 주요한 영향을 미치는 광물조성 혹은 기타 역학적인 물성 이외에 절리면의 거칠기가 시험결과에 영향을 줄 가능성이 매우 높다. 하지만 현재 제안 시험법상에서는 절리면의 거칠기를 시험결과에 반영하는 것이 불가능하다. 따라서 절리면이 시험결과에 미치는 영향을 배제 할 수 있도록 커팅기를 이용하여 생성된 편평한 면에 대하여 시험하는 것을 추천하며, 자연절리면에 대하여 세르샤 마모시험에 대하여 시험을 수행하는 경우에는 이러한 한계점을 고려하여야 한다.

이렇게 세르샤 마모시험으로부터 암석의 마모등급을 평가할 수 있다. 표 4.1과 4.2는 CSM 및 NTNU, ASTM에서 제안하고 있는 세르샤 마모지수에 따른 암석의 마모등급 분류표를 보여주고 있다. 하지만 이것은 정성적인 분류이기 때문에 실무에서 로드헤더의 설계 시에는 정확한 세르샤 마모지수를 측정하여 굴진성능 및 커터의 수명 예측에 활용하여야 한다.

[표 4.1] CAI결과에 따른 암석 마모등급 분류표

구분	NTNU 분류	CSM 분류
Not very abrasive or Non-abrasive	0.3~0.5	<1.0
Slightly abrasive	0.5~1.0	1.0~2.0
Medium Abrasiveness to Abrasive	1.0~2.0	2.0~4.0
Very abrasive	2.0~4.0	4.0~5.0
Extremely abrasive	4.0~6.0	
Qartzitic	6.0~7.0	5.0~6.0

[표 4.2] CAI결과에 따른 암석 마모등급 분류표(ASTM, 2012)

구분	CAI(HRC=55)	CAI(HRC=40)
Very low abrasiveness	0.3~0.5	0.32~0.66
Low abrasiveness	0.5~1.0	0.66~1.51
Medium abrasiveness	1.0~2.0	1.51~3.22
High abrasiveness	2.0~4.0	3.22~6.62
Extreme abrasiveness	4.0~6.0	6.62~10.03
Qartzitic	6.0~7.0	N/A

국내에서는 서울대학교에서 세르샤 마모시험시스템을 구축하여 연구적인 목적과 현장의 지반조사 목적으로 활용되어 오고 있다. 서울대학교에 구축된 세르샤 마모시험기는 앞선 두 가지 중 West형으로 구축되어 있다. 핀의 마모된 길이를 측정하기 위하여 ASTM 표준시험법에서는 30배 이상의 현미경을 추천하고 있으며, 이 시스템은 최대 45배율의 실체현미경과 500만 화소의 CMOS 카메라를 설치하여 이미지 길이 측정방법으로 최소 0.001mm까지 측정 가능하게 하였다.

 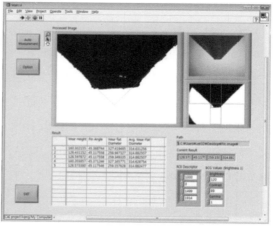

[그림 4.11] 국내에 구축되어 활용 중인 세르샤 마모시험 장비(서울대학교)

국내에서는 이수득 등(2012)의 연구에서 국내 다양한 암석을 대상으로 세르샤 마모지수를 평가한 바 있다. 국내 암석의 세르샤 마모지수의 분포 범위는 최소 0.6에서 최대 3.1로 대부분의 암석은 CSM에서 제시하고 있는 암석의 마모도 분류표상에서 'Medium Abrasiveness to Abrasive' 등급의 카테고리로 분류된다. 참고사항으로 세르샤 마모시험이 수행된 암종은 화강암(10건)과 편마암(9건)이 가장 많았다. 일축압축강도의 범위는 34.93~235.32MPa(평균 153.95MPa)로 조사되었다. 하지만 로드헤더의 경우에는 주로 일축압축강도가 100MPa 이하의 암석에 적용되므로, 향후 연암~보통암 범위의 국내 암석에 대한 세르샤 마모시험을 지속적으로 수행하여 데이터베이스 구축이 필요할 것으로 판단된다.

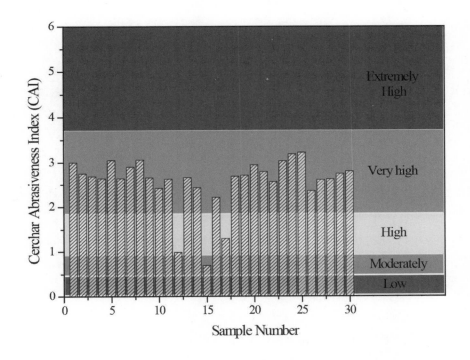

[그림 4.12] 국내 암석의 세르샤 마모지수 분포 범위

한편 NTNU(Norwegian University of Science and Technology)에서는 암석의 마모도를 평가하기 위한 시험으로 Siever's J-value 시험법과 NTNU abrasion 시험법 두 가지를 제안하였다.

먼저 Siever's J-value 시험법은 상하부 면이 서로 평행한 암석 시료를 시험기에 고정한 후 20kg의 하중을 가하여 커터와 동일한 재료의 드릴비트로 200rpm의 속도로 1분간 회전하여 천공한다. 그 뒤 천공된 깊이를 버니어 캘리퍼스나 LVDT로 mm 단위로 측정하여 10으로 나눈 값이 Siever's J-value가 된다. 이렇게 한 암종에서 4~8회 측정한 값의 평균을 구하여 대푯값을 산정한다.

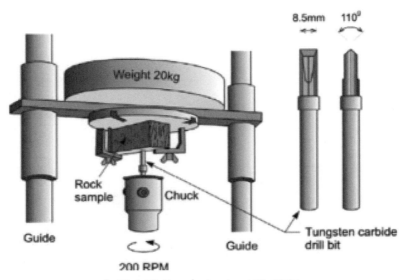

[그림 4.13] Siever's J-value 시험 개념도

NTNU abrasion 시험은 파쇄된 암석 분말을 금속에 접촉시켜 마모되는 정도를 측정하는 시험법으로 회전하는 원판위에 압도 1mm 이하로 파쇄된 암석 분말을 뿌리고 20rpm의 속도로 5분 동안 회전시켜 금속의 마모도를 측정하는 시험이다. 암석 분말에 접촉되는 금속의 면은 길이 30mm, 폭 10mm, 반지름 15mm의 원호 형상이며 시험이 진행되는 동안 10kg의 일정한 하중을 받는다. 시험을 텅스텐 카바이드 금속으로 수행한 경우에는 질량 손실량을 AV(abrasion value)로 정의하며, 실제 커터의 재료로 시험을 수행한 경우에는 질량 손실량을 AVS(abrasion value steel)로 정의한다. 여기서 AV는 5분 동안 100회 회전시킨 후의 손실량을 측정하고, AVS는 1분 동안 20회 회전 후에 손실량을 측정한다는 점에서 차이가 있다. NTNU에서 사용하는 마모시험으로부터 도출되는 인자는 CLI(Cutter life index)로서 Siever's J-value와 AVS로부터 식 (5)와 같이 산출된다.

$$CLI = 13.84 \left(\frac{SJ}{AVS} \right)^{0.3847}$$
식 (5)

이렇게 수행된 NTNU으로부터 암석의 마모등급을 평가할 수 있다. 표 4.3은 NTNU에서 제안하고 있는 세르샤 마모지수에 따른 암석의 마모등급 분류표를 보여주고 있다. 한국건설기술연구원에서는 NTNU의 마모시험을 위한 시스템을 구축하여 제반 연구를 수행 중이다. NTNU 시험법은 본래 TBM의 굴진성능 및 디스크 커터의 마모수명 예측을 위하여 고안된 시험법으로 TBM의 성능예측을 위한 연구와 실무에 주로 활용되어 오고 있다. 장수호 등(2011)에 따르면, 국내 암석에 대한 CLI 지수의 분포 범위는 최소 6에서 최대 41로 대부분의 암석은 NTNU에서 제시하고 있는 암석의 마모도 분류표 상에서 'Low' 등급에서 'Very high'로 분류된다. 참고사항으로 NTNU 시험이 수행된 국내암종은 편마암(66.7%)과 화강암(20.5%)이 대부분이며, 일축압축강도의 평균값은 125MPa이었다.

[표 4.3] CLI결과에 따른 암석 분류표

Category	CLI
Extremely low	<5
Very low	5.0~5.9
Low	6.0~7.9
Medium	8.0~14.9
High	15.0~34.0
Very high	35~74
Extremely high	<75

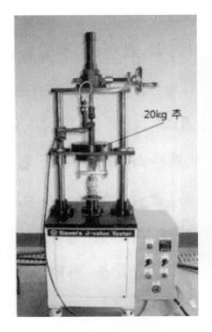

[그림 4.14] 국내에 구축되어 활용 중인 NTNU 마모시험 장비(한국건설기술연구원)

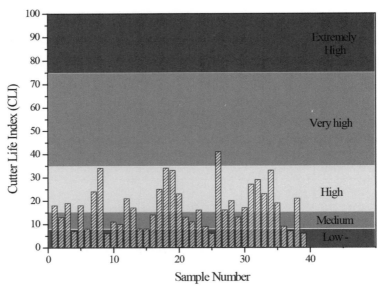

[그림 4.15] 국내암석의 CLI 분포 범위

  하지만 NTNU 마모시험을 픽커터의 성능예측에 활용하고자 하는 경우, 별도의 예측모델의 개발이 필요한 상황이다. 앞서 설명한 바와 같이 NTNU 모델에서 제시하고 있는 커터수명 예측모델은 TBM 디스크 커터의 마모성능을 추정하기 위하여 개발되었기 때문에, 현재 상황으로는 NTNU에서 제시하고 있는 시험을 로드헤더에 적용하는 것은 추천되지 않는다. 하지만 향후 국내 암석을 대상으로 수행된 NTNU 마모시험 결과와 현장데이터 간의 상관관계 분석을 통하여 픽커터의 성능예측에 활용될 수 있을 것으로 기대된다.

  LCPC 시험법은 프랑스의 Laboratiore Central des Ponts et Chausees에서 1990년 개발한 시험법으로 직경 4~6.3mm의 분쇄된 암석 입자 500g과 50×25×5mm의 금속판을 직경 100mm의 원통형 용기에 넣은 뒤 금속판을 4500rpm의 속도로 5분 동안 회전시켜, 이때 발생한 금속판의 질량손실의 비율을 암석의 마모도로 정의하는 방법이다. 금속판은 로크웰 경도(Rockwell hardness scale B) HRB 60~70의 재질을 사용한다. LCPC 시험에 사용되는 장비는 네 부분으로 나눌 수 있으며, 금속을 회전시키는 모터, 파쇄된 암석시료의 투입구, 금속판, 구속용기로 구성된다. 이 시험법으로부터 측정되는 값은 LAC(LCPC abrasiveness coefficient)와 LBC(LCPC breakability coefficient)이며 아래 식과 같이 계산된다.

$$LAC = \frac{m_0 - m}{M}$$

식 (6)

여기서, LAC는 LCPC 마모 계수(단위 : g/ton), m_0는 금속판의 초기질량(g), m은 시험 후 금속판의 질량(g), M은 분쇄된 암석 입자의 질량(ton)을 나타낸다.

$$LBC = \frac{M_{1.6} \times 100}{M}$$

식 (7)

여기서, LBC는 LCPC 파쇄도 계수(단위 : %), $M_{1.6}$는 시험 후 1.6mm 이하 입자의 질량(g), M은 분쇄된 암석 입자의 질량(ton)을 나타낸다. 이 두 가지 계수를 이용하여 암석의 마모도를 표 4.4~표 4.5와 같이 산정할 수 있다.

[표 4.4] LAC에 의한 암석의 마모등급 분류표

LAC(g/ton)	마모등급 분류	비고
0~50	not abrasive	organic material
50~100	not very abrasive	mudstone, marl
100~250	slightly abrasive	slate, limestone
250~500	medium abrasive	schist, sandstone
500~1,250	very abrasive	basalt, quartzitic sandstone
1,250~2,000	extremely abrasive	amphibolite, quartzite

[표 4.5] LBC에 의한 암석의 마모등급 분류표

LBC(%)	마모등급 분류
0~25	low
25~50	Medium
50~75	High
75~100	Very high

한편 한국생산기술연구원에서는 픽커터의 연속적인 절삭에 의한 마모도를 직접적으로 측정하기 위한 회전식 마모시험시스템을 구축하였다. 본 시험기는 픽커터를 나선궤적을 따라 등속도 운동을 시켜 연속적인 절삭을 구현할 수 있다. 앞선 다양한 마모시험과 구분되는 특징은 실 스케일의 하중을 부여하여 그 과정에서 발생하는 픽커터의 마모를 직접적으로 측정할 수 있다는 점이다. 현재 시스템의 구축이 완료되어 실제 암석 혹은 암석모사시료에 대한 시험을 위한 예비시험 단계에 있으며, 향후 픽커터의 마모성능 평가를 위한 연구 및 현장 설계 지원에 유용하게 활용될 수 있을 것으로 기대된다.

[그림 4.16] 국내에 구축된 회전식 마모시험 장비(한국생산기술연구원)

마지막으로 특수한 시험을 통하여 암석의 마모도를 측정하는 방법 이외에, 암석의 광물학적 (mineralogical) 조성을 활용하는 방법이 암석의 마모도를 평가하기 위하여 활용될 수 있다. 암석에 포함된 석영 및 광물의 함량과 이를 이용한 등가 석영 함량(Equivalent quartz content)으로부터 암석의 마모도를 간접적으로 측정하거나 커터의 수명을 예측하는 방법이 가장 대표적인 방법이다. 석영의 함량을 구하는 방법으로는 편광현미경을 이용한 박편의 모달 분석, 암석 분말의 X-선 회절 분석 방법이 있으며, 모달분석은 시료의 박편에 격자무늬를 투영하여 편광현미경으로 격자의 교차 점에 존재하는 광물을 카운트하는 방법이고, X-선 회절분석은 암석분말을 통과한 X-선이 회절하 는 특성으로 암석을 구성하는 광물의 함량비를 측정하는 방식이다. 입자가 작고 고운 암석의 경우에 는 X-선 회절분석이 효과적이며, 비교적 입자가 큰 암석에서는 모달 분석이 선호된다.

한편 암석을 구성하는 광물 중 석영은 절삭공구의 마모에 가장 직접적인 영향을 미치는 것으로 알려져 있다. 등가석영함량은 식 (8)와 같이 암석의 석영 함량비와 석영을 제외한 다른 광물의 함량 비를 석영의 경도에 해당하는 값으로 정규화하여 각각의 함량비를 곱한 뒤 모두 합한 것을 말한다.

여기서 사용되는 경도는 Rosiwal 경도이며, 석영의 Rosiwal 경도를 100%로 하고 나머지 광물의 경도를 석영에 대한 비로 계산한다.

$$EQC = \sum_{i=1}^{n} (A_i \times R_i)$$

식 (8)

등가석영함량은 각종 암석의 마모시험과 밀접한 상관관계를 가지는 것으로 보고되고 있다. 그림 4.17은 국내 암석을 대상으로 수행된 등가석영함량의 범위와 세르샤 마모시험과의 상관관계를 보여주고 있다. 세르샤 마모시험이 불가능할 경우에는 등가석영함량으로부터 개략적인 세르샤 마모지수의 산정이 가능하다. 이수득 등(2012)의 연구에서 산출된 세르샤 마모지수의 산정식은 식 (9)와 같이 주어진다.

$$CAI = 0.0326 \times EQC + 0.8787 \, (R^2 = 0.74)$$

식 (9)

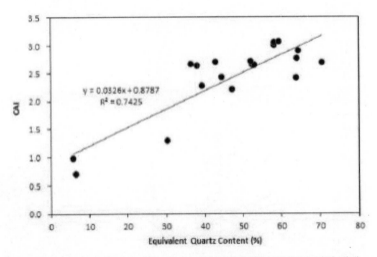

[그림 4.17] 국내 암석에 대한 세르샤 마모지수와 등가석영함량 간의 관계

선행연구(Atkinson et al., 1986)에서 암석의 마모도는 '광물의 특성'과 '광물입자 간의 결합'에 영향을 받는다고 하였다. 이를 통하여 광물의 마모도는 광물의 특성과 입자 간의 결합력의 함수로 나타날 수 있다. 등가 석영함량을 광물의 대표 특성으로, 암석의 일축압축강도를 입자 간의 결합력을 나타내는 대표 특성으로 고려할 수 있으며 이 두 가지 변수를 입력변수로 할 때의 세르샤 마모지수 예측식은 식 (10)과 같이 주어진다.

$$CAI = 0.26 \times EQC^{0.49} \times UCS^{0.07}$$

식 (10)

여기서 CAI는 HRC55의 세르샤 핀으로 수행된 세르샤 마모지수를 뜻한다. 상기 예측모델은 현장에서 제한된 지반조사가 수행되어 커터소모량을 추정하기 위한 정보가 불충분할 경우 개략적인 세르샤 마모지수의 추정에 이용될 수 있으나, 그 정확도는 직접적으로 시험을 통해 측정하는 것보다 떨어지는 것을 고려하여야 한다.

1.4 압입시험(Punch penetration test)

압입시험은 raise borer의 굴진성능을 예측하기 위해 Ingersoll-Rand사에서 개발되었으나 그 후에 TBM 및 로드헤더의 굴진성능 예측을 위해 도입되었다. 앞서 서술한 바와 같이 픽커터에 의한 암석절삭 시 굴착면에 수직방향으로 작용하는 수직력은 절삭효율을 결정하는 핵심조건 중 하나이다. 압입시험법은 콘(Cone) 형태의 압입자(Indentor)를 암석에 관입시켜 그때 얻어지는 하중과 관입깊이의 관계로부터 암석의 굴진저항성을 평가하기 위한 시험이다. 이러한 굴진저항성으로부터 TBM 디스크 커터 및 픽커터의 수직하중을 추정하는 데 활용할 수 있다.

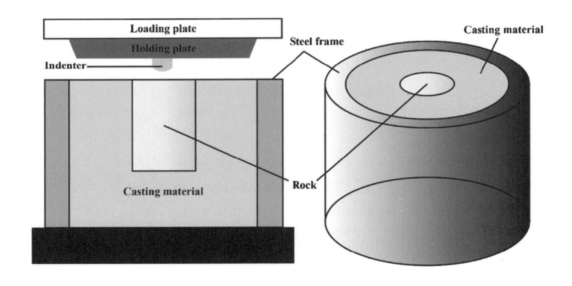

[그림 4.18] Punch penetration index test

상술한 바와 같이 압입시험을 수행하면, 암석에 따라 각기 다른 압입깊이-하중 곡선을 획득할 수 있다. 압입깊이-하중 곡선에서 나타나는 다양한 기울기 지수로 암석의 굴진저항성을 평가하게 되는데, 기울기를 평가하는 방법으로 다양한 기법들이 제시되어왔다(Yagiz, 2009; Jeong et al.,

2016). 선행연구에 따라 다음과 같은 세 가지 방법에 따라 기울기를 산정할 수 있다. ① 원점과 최고하중점을 잇는 방법(Peak slope index), ② 원점과 압입깊이 별 최고 하중점의 기울기를 평균하는 방법(Peak load index), ③ 암석의 관입에 소요된 에너지로부터 평균 기울기를 계산하는 방법이 있으며(Mean load index), 각 기울기 지수로부터 절삭 도구(디스크커터, 픽커터)의 수직하중을 산정할 수 있다. TBM 디스크커터의 경우에는 Jeong et al.(2016)의 연구를 통하여 수직하중을 예측하기 위한 예측모델이 제시되어 있으나, 픽커터의 경우에는 이러한 기울기 지수를 통하여 커터작용력을 예측하기 위한 모델이 공개되어 있지 않다.

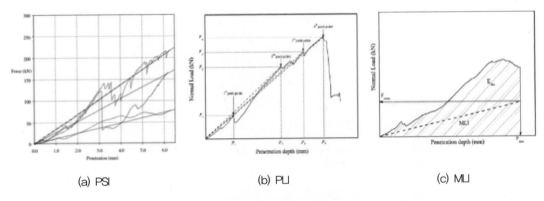

(a) PSI   (b) PLI   (c) MLI

[그림 4.19] 압입시험의 하중-압입깊이로부터 산정되는 기울기

Copur(1999)에 따르면 압입시험에서 획득할 수 있는 수직하중, 변위의 변화로부터 암석의 취성도를 평가할 수 있다고 하였다. 국내에서는 Copur(1999)에 의해 제안된 방법을 따라 정호영(2010)의 연구에서 압입시험을 통하여 국내 암석에 대한 취성도를 산정한 바 있다(그림 4.20), BIP_1는 압입시험에서 얻은 총 데이터 중에서 하중이 증가하는 데이터의 비율을 나타낸다. 일정한 압입깊이를 설정하고 일정 속도로 압입하여 비슷한 데이터의 개수를 얻게 되므로 하중이 증가하는 데이터의 개수가 많을수록 다시 말해 파괴과정에 해당하는 데이터의 개수가 적을수록 파괴가 급격히 발생한다는 것이므로 대상 암석은 보다 취성적인 거동을 한다고 판단할 수 있다. 비슷한 개념의 BIP_2는 하중의 증가하는 데이터와 감소하는 데이터 개수의 비로 정의되는 값으로서 마찬가지로 파괴 과정에 해당하는 데이터가 적을수록 취성 거동을 하는 암석이라고 판단할 수 있다. BIP_3은 하중이 증가·감소하는 구간에 해당하는 시간의 평균값의 비로써 정의되며 BIP_4는 하중이 증가하는 구간에서 하중의 시간에 따른 증가 정도에 대하여 하중이 감소하는 정도로 정의되는 값이다.

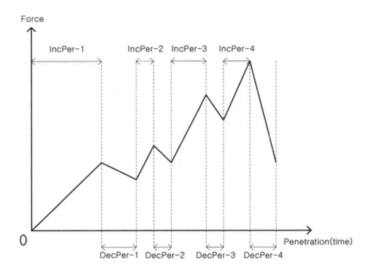

T=Number of Total points
I=Number of Increment points
D=Number of Decrement points

$BI_1 = I/T$

Number of Increment Periods=4
Number of Decrement Periods=4

$BI_2 = D/I$

P_{inc}=Average Increment Periods
P_{dec}=Average Decrement Periods

$BI_3 = P_{dec}/P_{inc}$

$BI_4 = R_{inc}/R_{dec}$

R_{inc}=Average Force Increment Rate
R_{dec}=Average Force Decrement Rate

[그림 4.20] 압입시험을 통한 암석의 취성도 산정 방법

Copur(1999)에 의해 제안된 픽커터의 작용력 예측 모델은 식 (11)과 식 (12)에 나타내었다. 이 예측모델은 로드헤더 커팅헤드 설계 시 선형절삭시험에 의한 작용력 획득이 어려울 경우, 지반조사 시 획득된 코어를 활용한 압입시험을 이용하여 커터 작용력을 추정하여 로드헤더 커팅헤드의 주요 사양인 추력, 토크, 동력과 같은 핵심사양을 간편하게 산정할 수 있다.

$$F_{n\_mean} = s^{0.53} \times p^{0.30} \times (UCS \times BTS)^{0.548}/317 \times BIP_2 \qquad \text{식 (11)}$$

$$F_{c\_mean} = s^{0.65} \times p^{0.51} \times (UCS \times BTS)^{0.37}/3.1 \times BIP_2 \qquad \text{식 (12)}$$

2. 굴진성능 예측모델

2.1 굴진율 예측모델

로드헤더의 굴진성능에는 암석의 역학적 물성, 지질구조학적 특성, 로드헤더의 기계적 특성, 장비의 운용조건이 복합적으로 영향을 미친다. 표 4.6은 로드헤더에 영향을 주는 인자들을 정리한 것이다. 암석의 다양한 역학적 물성 중, 현재까지 로드헤더의 굴착성능을 평가하기 위해 제시된 대부분의 예측식은 암석의 일축압축강도를 가장 중요 변수로 고려하고 있다. 압축강도 이외에도 다양한 암석의 역학적 물성 혹은 지수가 활용될 수 있으나, 압축강도를 활용하는 것이 효용성과 용이성 측면에서 유리하므로 주로 압축강도를 기반으로 한 예측식들이 제시되고 있다. 이러한 예측식에 중요한 고려사항은 로드헤더의 굴착성능은 로드헤더의 용량, 자중, 동력 등에 큰 영향을 받기 때문에, 굴착성능을 예측하는 데 암석의 일축압축강도와 함께 로드헤더의 기계적인 용량을 고려하는 것이 일반적이다(한국건설기술연구원, 2013). 그림 4.21은 Bilgin 외(1996), Thuro and Plinninger(1998)이 제시한 암석의 일축압축강도, 로드헤더의 동력 및 굴착성능 간의 상관관계를 나타낸 예시이다.

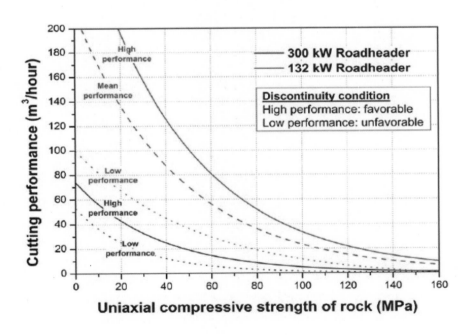

[그림 4.21] 암석의 일축압축강도에 따른 로드헤더의 굴착성능 곡선(Bilgin et al., 1996; Thuro and Plinninger, 1998)

[표 4.6] 로드헤더의 굴진성능에 영향을 미치는 인자(Rostami, 1994)

Classification	Parameters
Rock properties	• Rock compressive and tensile stregnth • Hard and abrasive mineral content(i.e. quartz) • Rock fabric and matrix type and hardness • Existence of orientated mechanical properties in mineral composite • Elastic properties of rock materials
Ground conditions	• Rock quality designation(RQD) • Joint conditions • Ground water • Fault zones • Mixed face situations • Overall rock mass class • Support requirements
Machine specifications	• Machine weight • Cutterhead power • Sumping, arcing, lifting and lowering forces • Cutterhead type(axial or transverse) • Bit(pick) type, size and other characteristics • Number of allocation of picks on the cutterhead • Capacity of the back-up system
Operational parameters	• Shape, size, and length of opening • Inclination, turns or cross-cuts • Sequence of cutting and enlargement operation • Number of rock formations in the tunnel length • Ground support method • Work schedule and hours of working per week

표 4.7에는 현재까지 제시된 로드헤더의 굴착성능 예측모델을 정리하였다. 로드헤더의 순굴착속도는 일반적으로 로드헤더가 시간당 굴착 가능한 암석의 부피를 의미하는 NCR(Net Cutting Rate) 혹은 ICR(Instantaneous Cutting Rate)로 정의된다(단위 m^3/hr). 로드헤더의 굴착성능 예측모델의 입력변수는 크게 암석의 일축압축강도를 포함하여 암질지수(RQD, Rock Quality Designation), 간접인장강도 등 암석 및 암반의 역학적 물성과 선형절삭시험 등을 통해 측정되는 비에너지로 구분할 수 있다.

비록 간편성을 장점으로, 많은 연구자들에 의해 암석의 역학적 물성과 로드헤더의 굴착성능과의 관계가 제시되어오고 있으나, 암석의 단일 물성으로부터 로드헤더의 굴착성능을 정확히 산정하는 것은 불가능한 것이 사실이며 이는 설계 시에 산정된 굴진성능과 현장에서의 실 굴진성능과의 차이를 야기할 가능성이 높다.

[표 4.7] 로드헤더 굴진성능 예측모델 요약

제안자	모델	비고
Gehring(1989)	$ICR = \dfrac{719}{\sigma_c^{0.78}}$	250kW transverse
	$ICR = \dfrac{1739}{\sigma_c^{1.13}}$	230kW axial
Bilgin(1990)	$ICR = 0.28P(0.974)^{RMCI}$	$RMCI = \sigma_c\left(\dfrac{RQD}{100}\right)^{\frac{2}{3}}$
Rostami et al.(1994)	$ICR = k\dfrac{P}{SE}$	
Copur et al.(1998)	$ICR = 444.35 \times \sigma_c^{-0.8377}$	
Thuro and Plinninger (1999)	$ICR = 75.7 - 14.3\ln\sigma_c$	132kW
Balci et al.(2004)	$ICR = 0.8 \times \dfrac{P}{0.37\sigma_c^{0.86}}$	depth of cut=5mm
	$ICR = 0.8 \times \dfrac{P}{0.41\sigma_c^{0.67}}$	depth of cut=9mm
Ocak and Bilgin(2010)	$ICR = 510,588 \times \sigma_c^{-2.1799}$	(RQD=55)
	$ICR = ICR_{RQD=55} \times \dfrac{55}{RQD}$	(RQD≠55)
Ebrahimabadi et al.(2011)	$ICR = 35.22 \times e^{-0.541|RMBI|}$	RMBI(Rockmass brittleness index) $RMBI = e^{BI}\left(\dfrac{RQD}{100}\right)^3$
Comakli et al.(2014)	$ICR = k\dfrac{P}{SE}$	
Kahraman and Kahraman(2016)	$ICR = -0.88\sigma_t - 0.85n + 25.01$	
Choudhary et al.(2017)	$ICR = -0.18SE^3 + 28.57SE - 92.82$	75kW

이러한 이유로 Rostami(1994)는 절삭 비에너지와 로드헤더의 굴착성능과의 상관관계 분석을 통하여 표 4.6에 요약된 바와 같이 비에너지를 기반으로 하는 예측모델을 제안하였다. 제시된 예측모델에서 P는 동력(단위 : kW)이며, SE는 절삭 비에너지(단위 : kW·hr/m³), 그리고 k는 기계의 에너지 전환비율을 나타내는 계수로서 TBM의 경우에는 0.6~0.8, 로드헤더의 경우 0.45(콘타입)~0.55(드럼타입)이다.

로드헤더의 순굴진속도를 산정한 다음에는 로드헤더가 작업하는 굴착단면적과 로드헤더의 가동률, 작업시간을 고려하여 식 (13)과 식 (14)와 같이 로드헤더의 굴진율을 산정할 수 있다. 로드헤더의 순굴착속도(ICR)는 로드헤더가 시간당 굴착 가능한 암석의 부피를 의미하므로 이를 굴착단면적으로 나누어주면 로드헤더가 시간당 굴진 가능한 굴진 속도를 산출할 수 있다.

$$PR(m/hr) = \frac{ICR(m^3/hr)}{A(m^2)}$$ 식 (13)

$$AR(m/day) = PR(m/hr) \times U(\%) \times T(hr/day)$$ 식 (14)

여기서 PR(Penetration rate)은 로드헤더의 순굴진속도(단위 : m/hr), A는 로드헤더의 굴착단면적(단위 : m²), AR(Advanced rate)은 로드헤더의 굴진율, U는 로드헤더의 가동률(단위 : %), 그리고 T는 로드헤더의 1일 작업시간(단위 : hr/day)이다.

현재까지 활용 가능한 굴진율 예측모델은 로드헤더의 굴진성능에 관여하는 모든 인자를 고려하는 것은 불가능한 상황이며, 지반조사에서 획득되는 정보를 최대한 활용하여 굴진율을 추정하는 것이 최선의 방법이라 할 수 있다. 또한 식을 통해서도 알 수 있듯 로드헤더의 실 굴진율을 산정하는 데 있어 가동률의 산정은 매우 중요한 문제이다. 가동률의 범위에 따라 로드헤더의 현장에서의 굴진 성능은 매우 달라질 수 있기 때문이며, 로드헤더의 가동률은 장비의 설계와는 별개의 문제로 장비가 투입되는 현장의 조건과 작업여건 등을 고려하여 복합적으로 산정되어야 하므로 이에 대한 자세한 내용은 4장에서 다루고자 한다.

2.2 커터소모량

굴진율의 예측과 더불어 로드헤더의 설계에서 가장 중요한 부분 중 하나는 픽커터의 소모량을 추정하는 것이다. 먼저 Schimazek and Knatz(1970)은 식 (15)와 같은 픽커터의 마모계수(F)를 제시하였다.

$$F = Q \times d \times \sigma_t$$ 식 (15)

여기서 Q는 등가석영함량(단위 : %), d는 암석에 포함된 석영의 평균 입자 크기(단위 : cm), σ_t는 암석의 간접인장강도(단위 : kgf/cm²)이다. 또한 픽커터의 마모계수를 기반으로 픽커터의 소모개수 추정식을 표 4.8과 같이 제시하였다. 표에 제시된 바와 같이 F값을 이용하여 로드헤더의 개별커터의 수명을 개략적으로 산출할 수 있다. 다만 표 4.8에 제시된 방법은 F값이 1.0을 넘지 않을 경우에만 사용하여야 한다.

[표 4.8] F값에 따른 픽커터의 소모개수

F value (N/mm)	Rock abrasiveness	Cutter consumption(m³/cutter)
F less than 0.05	Nonabrasive	90~110
F = 0.05~0.07	Low abrasive	50~90
F =0.07~1.0	Abrasive	30~50
F = 1.0~1.05	Very abrasive	10~30
F larger than 1.05	Very hard and abrasive	1~10

또한 선행연구에서 픽커터가 암석을 절삭할 때의 한계 선형속도를 식 (16)과 같이 제시하였다. 한계선형속도를 벗어나는 경우에는 커터의 바디와 팁의 온도 상승으로 인한 연화작용이 발생할 수 있다고 하였다.

$$V_{crit} = \frac{k}{e^F} \qquad \text{식 (16)}$$

여기서 V_{crit}는 픽커터의 한계선형속도(단위 : m/s), k는 상수이며 커터의 형상과 팁재료의 한계 온도에 따라 달라지는 값으로 일반적으로 8.4의 값을 갖는다(Schimazek and Knatz, 1970; Hughes, 1986).

한편 콜로라도공과대학에서는 식 (17)과 같이 픽커터의 소모개수 추정을 위한 식(tool consumption rate, TCR)을 제시하고 있으며, 단위 부피의 암반을 굴착하는 데 소모되는 픽커터의 소모개수를 산정할 수 있다. 이 예측모델에서는 암석의 세르샤 마모지수와 함께 로드헤더의 회전속도와 굴착 시 발생하는 열과 분진을 줄이기 위한 물의 분사 조건을 고려하고 있다.

$$TCR(tools/m^3) = 0.25 \times K_1 \times K_2 \times CAI \qquad \text{식 (17)}$$

여기서 K_1은 로드헤더의 회전속도와 관계된 값으로 1~1.2의 범위를 갖는 값이며, K_2는 물의 분사와 관련된 값으로 0.85~1의 범위를 적용한다.

하지만 이 외의 픽커터의 소모개수 추정을 위한 예측식은 로드헤더의 제작사에서 각기 노하우로 보유하고 있으며, 이에 대한 예측모델은 거의 공개되어 있지 않다. 다만 그림 4.22에는 제작사별로 보유하고 있는 픽커터의 소모개수 예측을 위한 차트 예시를 보여주고 있다. 또한 로드헤더에 장착되는 픽커터는 현장에서 다양한 형태의 마모 및 손상이 발생한다. 선단부에 삽입된 텅스텐 카바이드 팁이 고르게 마모되는 경우도 있는 반면, 비대칭적인 마모, 커터 바디의 마모, 팁의 탈락, 샹크부의

파손 등 다양한 형태의 팁의 손상이 발생하는 것으로 보고되고 있다(그림 4.23 참조). 이러한 파괴형
태들은 암석의 마모도에 따라 예측하는 것은 힘들며 시공현장에서의 경험에 따라 예측되거나 확률
론적인 접근으로 관리되어야 할 것이다.

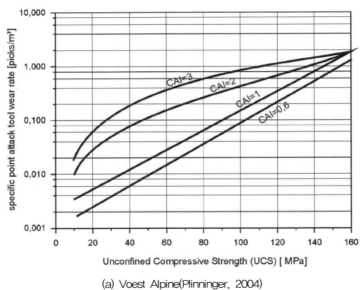

(a) Voest Alpine(Plinninger, 2004)

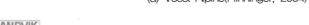

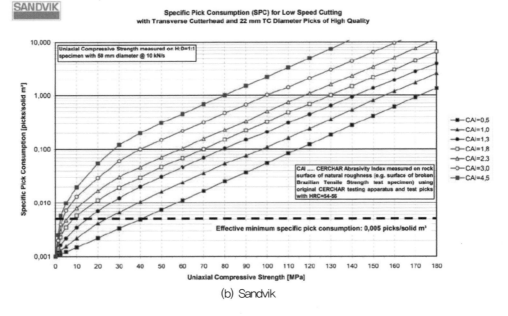

(b) Sandvik

[그림 4.22] 암석의 일축압축강도와 세르샤 마모지수에 따른 픽커터 수명 예측 곡선(Voest Alpine)

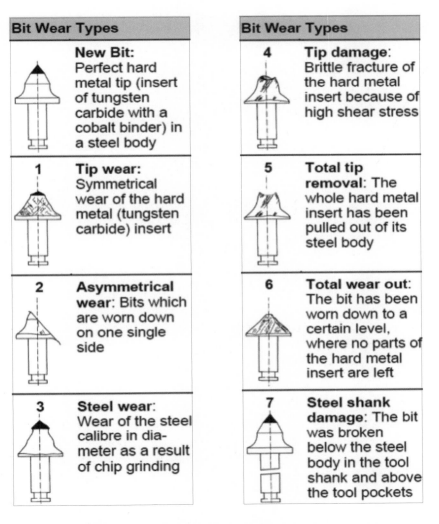

Bit Wear Types		Bit Wear Types	
	New Bit: Perfect hard metal tip (insert of tungsten carbide with a cobalt binder) in a steel body	4	**Tip damage:** Brittle fracture of the hard metal insert because of high shear stress
1	**Tip wear:** Symmetrical wear of the hard metal (tungsten carbide) insert	5	**Total tip removal:** The whole hard metal insert has been pulled out of its steel body
2	**Asymmetrical wear:** Bits which are worn down on one single side	6	**Total wear out:** The bit has been worn down to a certain level, where no parts of the hard metal insert are left
3	**Steel wear:** Wear of the steel calibre in diameter as a result of chip grinding	7	**Steel shank damage:** The bit was broken below the steel body in the tool shank and above the tool pockets

[그림 4.23] 픽커터의 다양한 형태의 마모 및 파손 형태(Thuro and Plinninger, 1998)

　본 장에서 소개한 커터수명 예측식은 수행된 각종 마모시험과 암석의 물성을 기반으로 하여 현장에서의 측정결과와의 상관관계 분석을 통해 개발된 것이며, 세르샤 마모지수 및 암석의 일축압축강도를 통하여 커터 소모개수 추정이 가능하지만 앞서 언급한 바와 같이 로드헤더의 굴진 성능과 더불어 커터의 소모개수 또한 로드헤더의 자중, 토크, 동력 등에 영향을 받으므로 이 예측모델을 모든 용량의 로드헤더에 적용하는 것은 어렵다. 따라서 향후 우리나라에서는 자체적인 시공실적을 쌓아 독자적인 커터 소모개수 예측모델의 개발이 필요할 것으로 판단되며, 이를 위해서는 지속적인 데이터베이스의 공유와 이를 체계적으로 관리하기 위한 노력이 필요할 것이다.

CHAPTER 01 기계굴착 기초

1. 절삭 기초이론

픽커터는 암반을 압입하는 동시에 회전하여 암반표면을 긁어내거나 칩을 떼어내는 방식으로 암반표면을 절삭한다. 이런 압입과 회전동작의 절삭과정에서 암석 칩을 최대한 크게 형성시켜야 높은 작업효율을 기대할 수 있다. 그래서 칩이 최대한 많이 발생하고, 반대로 먼지와 작은 입자의 파편은 최소화되는 조건이 바로 최적 절삭조건이 된다. 이 조건을 규명하기 위해서 먼저 2가지 주요 설계인자를 알아야 한다. 첫 번째가 최적 절삭간격이고, 두 번째가 임계압입깊이이다.

1.1 비에너지

비에너지(Specific Energy)는 단위부피의 암석을 절삭하는 데 필요한 에너지의 양으로서 기계굴착 장비의 암반굴착 효율을 측정하는 척도로 주로 사용된다. 기계장비가 사용하는 에너지를 굴착된 암반파편 혹은 버력의 부피로 나눠서 아래 수식과 같이 계산한다.

$$SE = \frac{Energy}{Cut\ volume} = \frac{F_c \times l}{w_r / \rho_r} \qquad\qquad \text{식 (1)}$$

여기서, SE는 비에너지(Specific Energy, MJ/m³), F_c는 평균절삭력(Mean cutting force, kN), l은 절삭거리(Length of cut, mm), w_r은 암석의 절삭중량(Weight of debris, g), ρ_r은 암석의 밀도(Rock density, g/cm³)이다.

1.2 최적 절삭간격

특정 압입깊이가 주어질 때 최적 절삭간격이 존재하는데, 절삭시험을 통해 규명할 수 있다. 그림 1.1처럼 커터간격을 증가시키면서 선형절삭시험을 수행하면 비에너지의 값이 점차 감소하다가 다시 증가하기 시작하는 최소점이 발생하는데, 이때의 커터간격을 최적 절삭간격 혹은 최적 s/p비라고 한다. 커팅헤드 설계 시 암반별 최적 간격으로 픽을 배열해야 절삭효율이 높아진다.

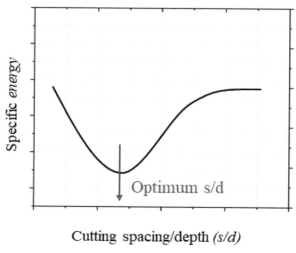

[그림 1.1] Concept of optimum spacing

1.3 임계 압입깊이

임계 압입깊이는 최적 절삭간격과 함께 장비설계 시 고려해야 하는 주요 설계인자이다. 관입깊이를 증가시키면서 시험을 수행해보면 비에너지 값이 점차 감소하다가 일정하게 유지되거나 증가하는 지점이 발생하는데, 이때의 깊이를 임계 압입깊이라 정의한다. 1회전당 압입깊이를 너무 낮게 설정하면 칩이 크기가 작아지므로 비효율적으로 절삭되어 에너지의 낭비가 발생한다. 반대로 이를 초과하면 픽의 마모가 급속히 진행되어 픽을 자주 교체해야 하는데, 이는 다운타임을 증가시켜 전반적인 굴진속도를 떨어뜨리게 된다. 따라서 임계압입깊이를 명확히 인지하고 이를 초과하지 않는 적정범위 내에서 로드헤더를 운영해야 높은 가동률과 굴진속도를 만족할 수 있다.

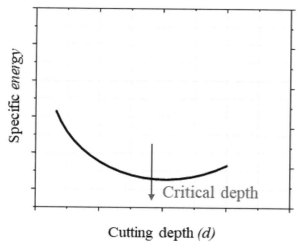

[그림 1.2] Concept of critical depth

2. 로드헤더 암석절삭 메커니즘

2.1 기본 절삭 메커니즘

기본절삭 메커니즘은 전통적인 픽의 배열설계 방법에 따른 것이다. 많은 경우 픽은 한 개의 라인에 일렬로 2~3개의 픽이 일렬로 배열되어 있다(그림 1.3(a)). 그래서 기존 절삭 경로(그림 1.3(b)의 ①번 경로)의 사이로 다음 차례의 절삭 경로(②번 경로)를 위치시켜 절삭간격(s)을 유지한다. 이 경우, 항상 다음 차 경로가 기존 경로의 사이에 위치하게 되어 개별 픽에 비슷한 절삭력이 인가되고, 칩의 크기도 비교적 일정하게 생산되는 장점이 있다.

하지만 일렬로 배열되어 있어 동시절삭이 발생하므로 회전저항의 최대, 최솟값의 편차가 커져 작업조건에 따라 회전속도가 달라지거나, 순간적으로 멈췄다가 출발하는 맥동(Stick-slip)현상을 보일 수 있다. 이런 현상은 결과적으로 로드헤더 작업성능을 저하시키므로, 기설정된 운영조건과 운전자의 숙련도가 시공속도에 굉장히 중요한 영향을 미친다.

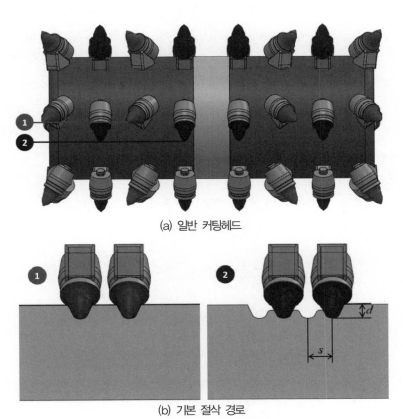

(a) 일반 커팅헤드

(b) 기본 절삭 경로

[그림 1.3] 드럼타입 커팅헤드 기본절삭 메커니즘

2.2 순차절삭 메커니즘

순차절삭 방식은 신규 제안된 배열설계 방법(Jang et al., 2016)에 따른 것으로서 1개의 수평라인에 1개의 커터만 배치하여 절삭력과 회전부하를 최적화하기 위하여 고안된 방법이다. 기존 방식과의 차이점은 그림 1.4(a)와 같다. 가상의 수평선에 1개의 픽만 배열하게 되어 먼저 절삭경로를 형성한 후, 이후 수평선의 픽이 바로 옆의 경로를 순차적으로 절삭하여 절삭작업이 보다 부드럽게 연결되도록 유도한다.

순차절삭 메커니즘을 이용하면, 절삭작업 시 모터의 맥동현상을 감소시킬 수 있다. 다시 말해, 픽의 동시타격을 방지하게끔 설계되어 절삭력의 최솟값과 최댓값의 편차를 감소시켜 모터에 비교적 일정한 회전저항이 발생하게 해준다. 이를 통해 숙련도와 관계없이 절삭작업이 안정적으로 진행되도록 도와줄 수 있다.

이 방법의 두 번째 장점은 순차절삭 시 비틀림각(Skew angle)을 적절히 조절하여 픽 끝단면의 접촉면적을 조절하여 절삭하중을 최소화하는 데에 있다. 자세히 설명하자면, 기본 배열방식은 기존 절삭경로의 중간지점을 절삭하므로 절삭 시 접촉면적이 비틀림각에 관계없이 비교적 일정하다. 반면 순차배열 방식에서는 항상 인접한 절삭지점을 다음 픽이 지나게 되므로, 비틀림각도에 따라 픽의 접촉면적이 민감하게 변화한다. 따라서 새로운 절삭경로를 바라보는 (+)방향으로 비틀림각을 설계하는 것이 절삭하중을 절감하는 데에 보다 유리한 것으로 보고된 바 있다(Park et al., 2018).

순차절삭 메커니즘의 마지막 장점은 파쇄된 파편을 설계자가 의도한 방향으로 배출할 수 있다는 데 있다. 예를 들어, 그림 1.4(a)와 같이 배열되었다면 암석파편의 배출방향은 드럼의 중심부로부터 드럼의 끝단(nose) 방향으로 조금씩 이동하면서 배출된다.

이처럼 순차절삭 메커니즘은 기본 메커니즘에 비해 몇 가지 장점을 지니고 있지만, 배열설계 시 고려해야 할 설계변수가 많고, 방법이 좀 더 복잡한 단점이 있다. 하지만 3차원 설계법이 확산되고 있어, 조만간 해당 방법으로 설계방법이 변화할 것으로 예상된다.

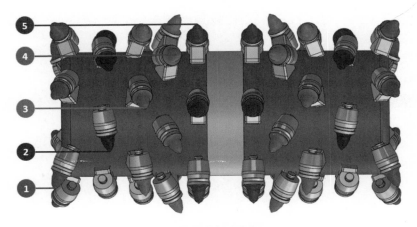

(a) 순차절삭 커팅헤드

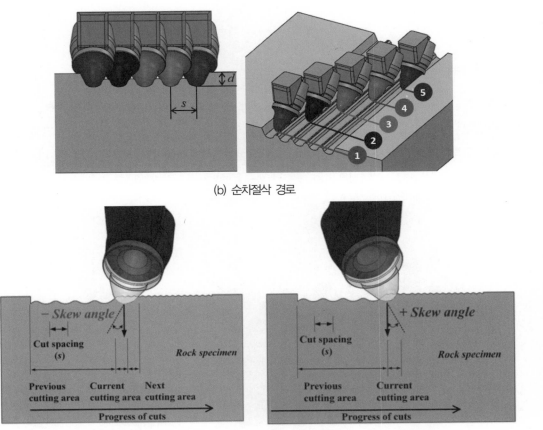

(b) 순차절삭 경로

(c) (−) 비틀림각의 접촉면적 증가(Park et al., 2018)   (d) (+) 비틀림각 설정 시 접촉면적 감소(Park et al., 2018)

[그림 1.4] 순차절삭 메커니즘 설명

CHAPTER 02 커팅헤드 설계

1. 픽커터의 설계변수

픽의 받음각(Attack angle), 비틀림각(Skew angle), 기울임각(Tilt angle)은 커팅헤드 어태치먼트에 배열될 경우에 설계되는 자세(Orientation)로서 보다 효율적인 비에너지를 가지기 위한 설계변수이다. 특히 받음각과 비틀림각은 절삭 효율을 선형절삭시험을 통해 암반의 경도에 따라 정해진다. 기울임각은 커팅헤드 어태치먼트의 배열될 경우 간섭을 피하기 위해, 특수한 영역에서 효율적인 배열을 위해 설계에 활용되는 변수이다.

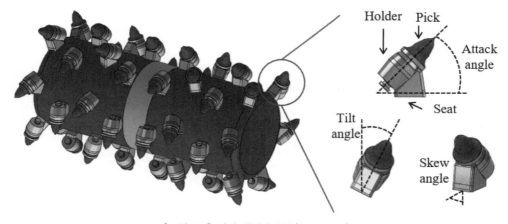

[그림 2.1] 픽의 배열각 변수(Orientation)

2. 드럼과 픽의 좌표설정

픽의 홀더에 장착이 되며 드럼의 크기는 커팅헤드를 회전시키는 유압모터의 구동토크와 회전수 (rpm)에 의해 결정된다. 드럼의 반경과 픽커터의 끝점까지의 거리와 픽커터의 절삭력의 곱은 커팅 헤드어태치먼트의 유압모터에 걸리는 회전부하에 해당된다. 따라서 그림 2.2와 같이 픽을 배열설계 시 반경은 픽커터 팁의 끝점(암반면 접촉지점)을 기준으로 드럼의 크기가 설계되어야 한다. 그래야 절삭하중 및 회전부하를 정확히 계산할 수 있다.

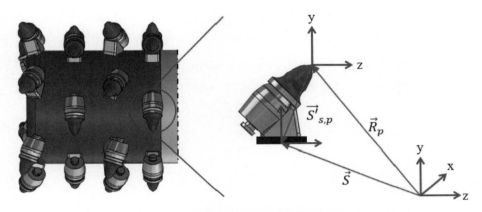

[그림 2.2] 픽의 끝점과 드럼센터의 좌표변환

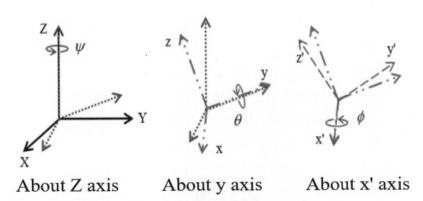

About Z axis   About y axis   About x' axis

[그림 2.3] 좌표 회전변환 행렬(ZYX sequence)

픽커터의 위치 벡터의 정의는 그림 2.3과 다음 식으로 정의 될 수 있으며 좌표변환행렬을 이용하 여 픽의 받음각, 비틀림각, 기울임각을 정의할 수 있다.

$$\vec{S} = \vec{R}_p + A_{zyx} \times \vec{S}_{s,p} \qquad\qquad \text{식 (2)}$$

$$\text{여기서, } A_{zyx} = \begin{bmatrix} \cos\Psi & -\sin\Psi & 0 \\ \sin\Psi & \cos\Psi & 0 \\ 0 & 0 & 1 \end{bmatrix} \begin{bmatrix} \cos\theta & 0 & \sin\theta \\ 0 & 1 & 0 \\ -\sin\theta & 0 & \cos\theta \end{bmatrix} \begin{bmatrix} 1 & 0 & 0 \\ 0 & \cos\phi & -\sin\phi \\ 0 & \sin\phi & \cos\phi \end{bmatrix}$$

픽커터가 홀더에 장착이 될 경우 일반적으로 픽커터가 회전이 될 수 있도록 유격을 두고 설계하게 되며 픽커터의 종단면에 슬립링을 끼워 탈락을 방지한다. 유압모터의 적정 구동 회전수를 이용하여 원심력이 중력가속도(9.8m/s^2)에 도달하도록 설정하면 암반을 타격하지 않을 경우 홀더의 앞쪽으로 이동하고, 암반을 타격할 경우 뒤쪽으로 밀려나게 된다. 이러한 반복운동과 비틀림각을 통해서 픽커터의 미세한 회전이 발생하며 팁의 마모가 여러 각도에서 균질하게 진행되도록 도와준다. 이렇게 균질하게 진행되면 픽의 끝단이 뾰족하게 유지되어 마모가 진행되더라도 절삭력이 크게 증가하지 않는 장점이 있다.

3. 픽커터 배열설계

픽커터를 드럼에 배열할 때 특정한 영역을 나누어 설계한다. 픽이 닿지 않는 사각지대가 발생하지 않도록 커버하면서 절삭작업이 부드럽게 연결되도록 하기 위함이다. 보통 커팅헤드 어태치먼트의 중심부로부터 베이스(Base), 원통(Cylinder), 끝(Nose)의 3가지 영역으로 나누어 설계한다.

베이스 영역은 커팅헤드의 중심부인 유압모터부와 간섭되지 않도록 간격에 따라 1~3개의 픽의 끝이 중심부로 향하게 비틀림각을 반대로 설계한다. 이를 통해 홀더의 간섭을 피하고 중심부에 밀접한 암반도 절삭하여 중앙부에 파편이 끼이지 않게 해야 한다.

원통 영역에서는 s/d 비율에 따라 적정 간격으로 배열하며 자세는 받음각과 비틀림각을 비교적 일정하게 부여하여 절삭간격(Spacing)이 일정한 값을 가지도록 배열한다. 원통영역의 설계 시 비틀림각만 고려하면 되므로, 배열설계 작업 중 가장 쉬운 영역에 속한다.

끝 구간은 드럼의 종단면에 해당되며 어태치먼트의 Sumping 및 Shearing 작업 시 암석파편의 끼임이 발생하지 않도록 배열해야 한다. 일반으로 픽의 끝점인 종단면을 기준으로 동일한 간격으로 90°까지 기울임각을 순차적으로 부여하여 파편이 원활히 배출되면서 암반을 안정적으로 절삭하도록 픽을 배열한다. 최종적으로 암반 접촉면은 픽팁의 끝점을 연결한 점선으로 나타낼 수 있다(그림 2.4).

[표 2.1] 커팅헤드 설계변수 정리

변수(용어)	설명
VSpa	픽커터와 픽커터 사이의 절삭 간격
VSpa_B	Base 구간에서의 픽커터와 픽커터 사이의 절삭 간격
VDrnR	Nose 구간에서의 Cutting out line의 곡률반경
VToolW	드럼 모듈의 설계 폭
ψ	Nose 구간의 배열각
φ	받음각(Attack angle)
θ	비틀림각(Skew angle)
ψ	기울임각(Tilt angle)

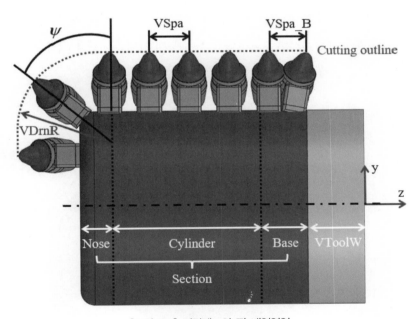

[그림 2.4] 커팅헤드의 픽 배열영역

4. 커팅헤드 배열설계 예시

각 픽의 배치를 통해 커팅아웃라인에 픽을 우선적으로 배열하게 되면 다음 그림과 같다.

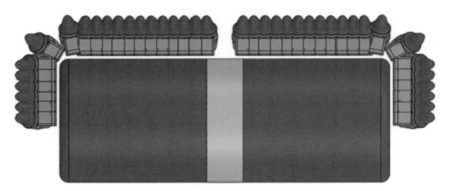

[그림 2.5] 2차원상에 나열된 픽의 배열

위 그림과 같이 아웃라인으로 배열된 픽을 이용하여 θ_{turn}(회전방향 설계)을 설계할 수 있으며 이를 통해 절삭 패턴을 설계할 수 있다. 회전방향 설계에 대한 내용은 다음 그림을 통해 나타내었다.

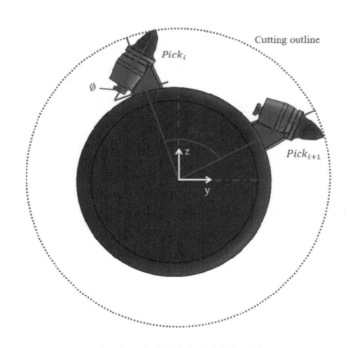

[그림 2.6] 픽커터의 회전방향 설계

[그림 2.7] 픽의 배열 그림 2차(회전방향 설계)

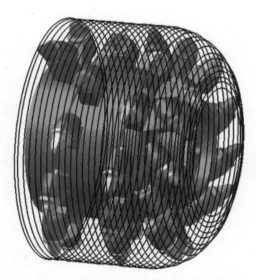

[그림 2.8] 픽커터 배열의 2열 기준 설계 예시

픽커터의 회전방향 설계 방법에 대하여 몇 개의 열을 기준으로 배열하느냐에 따라 그 절삭 특성이 다르게 나타난다. 위 그림은 2열 기준 설계에 대한 픽의 절삭라인을 나타내었으며 2열 또는 다수의 열을 기준으로 배열할 경우 절삭특성을 비교해볼 수 있다.

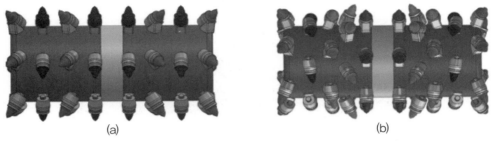

(a)   (b)

[그림 2.9] 2열, 5열 기준 배열 설계 시 커터헤드 드럼 1회전 시 픽커터 타격 특성

절삭 궤적 분석이 필요한 이유는 암석별 파쇄패턴이 상이하게 나타나므로 이에 대응하는 설계를 진행하는 것이 유리하다. 또한 끝구간(Nose)의 경우 파쇄 패턴을 분석하여 픽 수를 줄여 부하를 감소시킬 수 있으며 이는 설계 및 비용을 감소시킬 수 있다. Nose 구간의 픽커터는 사용률이 적으며 픽커터의 교체 주기를 맞출 수 있다.

VNcol은 열의 수를 나타내며 VTang은 드럼축 기준 회전 배열 각을 나타내며 각 변수에 대해 배열을 할 경우 다음 그림과 같이 다양한 설계 도면을 비교 분석할 수 있다.

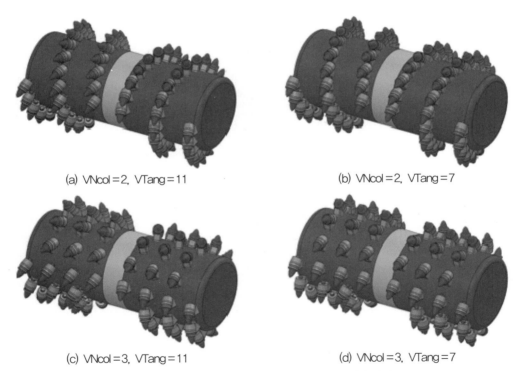

(a) VNcol=2, VTang=11   (b) VNcol=2, VTang=7

(c) VNcol=3, VTang=11   (d) VNcol=3, VTang=7

[그림 2.10] 설계변수 최적화에 따른 배열설계 변화 사례

5. 동해석 및 거동예측을 통한 픽커터 배열의 최적화

앞에서 선정된 변수로 최적 설계를 진행한다. 목적함수로 설정한 드럼센터에서 토크와 액츄유압 모터의 구동력 중 표준편차는 최적화 진행 시 가중치(weight)를 2로, 평균값에 대해서는 1로 설정하였다. 또한 모든 목적함수의 목표는 최소화로 설정하여 해석을 진행하였다.

기존의 설계인자값과 개선된 설계인자값을 표 2.2에 나타내었으며, 최적화된 목적함수의 응답을 표 2.3에 나타내었다. 또한 기존의 모델링 형상과 최적 설계가 적용된 모델링의 형상을 그림 2.11에 나타내었다.

[표 2.2] 개선된 설계인자값

No	Name	Description	Optimum	Current	LB	UB
1	DP_VTang	VTang	18.68	11	3	20
2	DP_VNCol	VNCol	6	3	1	6

[표 2.3] 최적화된 목적함수의 응답결과 예시

No	Name	Description	Optimum
1	AR_OBJ_TorqueRMS	TorqueRMS	14378630.75
2	AR_OBJ_Torque_SD	Torque_SD	793602.95
3	AR_Driving Force_Arm_RMS	Driving Force_ArmRMS	130991.09
4	AR_Driving Force_ArmSD	Driving Force_Arm_SD	7805.65

(a) 초기 모델링 형상

(b) 최적 설계가 적용된 모델 형상

[그림 2.11] 최적 설계를 이용한 픽커터 배열설계 예시

VTang의 경우 픽커터에 작용하는 절삭력이 야기하는 부하에 대해 그 변동을 증가 또는 감소시킬 수 있는 설계변수가 된다.

픽커터의 배열설계는 장비에 작용하는 부하의 패턴을 결정하게 되며 이는 작업의 연속성과 효율성에 직결되며 픽커터에 작용하는 부하는 암반의 특성에 따르지만 그 변동성은 배열에 따르기 때문이다. 이를 줄이기 위해 부하의 평균값과 편차를 같이 분석하여 설계하여야 한다.

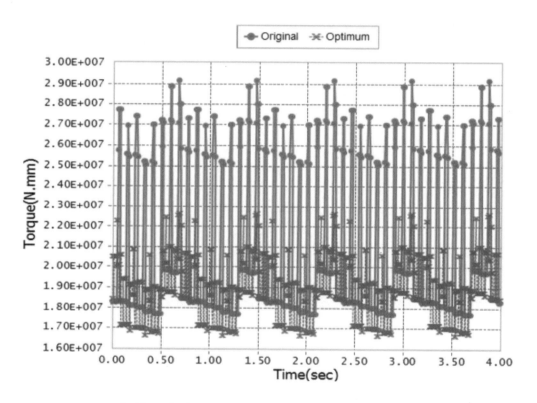

[그림 2.12] 픽커터 드럼의 최적 설계를 통한 토크 변동량 비교

CHAPTER 03 로드헤더 운영 기초

1. 로드헤더 작업방법

로드헤더를 작동방법은 썸핑(sumping) 작업과 쉬어링(shearing) 작업의 2가지 공정으로 나뉜다. 썸핑은 암반면에 커팅헤드를 밀어 넣는 헤드 압입공정을 의미한다. 드럼타입의 경우 커팅헤드의 반경에 도달할 때까지 압입하고, 콘타입의 경우 커팅헤드 길이의 90~100%를 압입한다. 이후 쉬어링 작업에서 통해 붐을 좌우, 상하로 회전하며 암반면을 설정된 썸핑 깊이만큼 절삭하여 막장 전체를 굴착한다.

1.1 썸핑 작업

썸핑 작업(sumping process)은 영어표현 그대로 커팅헤드를 암반면 안으로 담그는 공정을 의미한다. 암반은 단단한 고체이므로 당연히 픽으로 절삭해가면서 아주 천천히 밀어넣게 된다. 그림 3.1(a)는 드럼타입 로드헤더의 썸핑 작업 매뉴얼 예시(Sandvik, 2006)를 보여준다. 여기서 썸핑 작업이 단순히 암반면에 밀어 넣는 1차원적인 모션이 아니라 여러 단계에 걸쳐 진행되는 복합 작업임을 알 수 있다. 우선 그림 3.1(b)의 측면모션을 보면, (여기서, 터널굴진방향을 x축, 수직방향을 y축, 수평방향을 z축으로 정의하고 있다.) x방향으로 1단계 전진할 때마다 y방향으로도 약간의 상하모션(y1~y6)을 줘서 커팅헤드 자체부피보다 조금 더 큰 썸핑 공동을 형성하게끔 권장하고 있다. 이는 다음 쉬어링 공정 시작 전 공간을 확보해서, 커팅헤드 회전가속 시간을 확보하는 등 장비운행의 자유도를 제공하기 위한 것으로 추정된다.

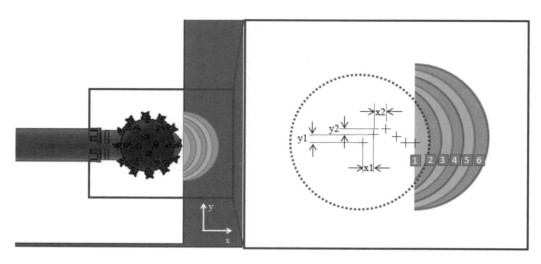

(a) 썸핑 작업 개시   (b) 커팅헤드 측면모션 예시

[그림 3.1] 썸핑 작업 매뉴얼(SANDVIK, 2006)

　실제 작업에서는 y방향의 상하모션뿐만 아니라 z방향의 좌우모션의 변동을 더 많이 줘야 한다. 드럼타입의 커팅헤드는 중앙부에 감속기어가 위치해 있는데, 이 부분은 암반이 절삭되지 않는 영역이므로, 단순히 x, y방향만의 2차원적인 모션 변동만 주게 되면 중앙부가 암반면에 접촉하여 더 이상 커팅헤드가 암반을 압입할 수 없게 된다. 따라서 일정깊이 이상 압입할 때 반드시 z축 방향으로 붐의 회전하여 중심부에 위치한 암반면을 절삭해야 드럼의 반경만큼의 압입깊이를 확보할 수 있다. 결국 작업자가 x, y, z 3방향 붐의 변위를 모두 모니터링하면서 커팅헤드를 면밀히 제어해야 썸핑 공정을 신속히 완료할 수 있다.

　이 썸핑 작업은 전체 터널절삭부피의 2~3% 미만에 불과하지만 전체 작업시간 대비 썸핑 작업시간은 10% 이상으로 알려져 있다. 그만큼 썸핑 작업이 모션 제어도 어렵지만, 양쪽 커팅헤드가 모두 암반절삭에 사용되기 때문에 절삭에 요구되는 토크의 수치도 매우 높기 때문이다. 썸핑 작업을 신속히 진행하는 것이 로드헤더 작동뿐만 아니라, 터널 굴진율을 좌우하는 키포인트이므로, 작업자는 암반강도에 따른 썸핑 작업에 대한 매뉴얼과 노하우를 제작사로부터 제공받은 후 터널굴착을 실시해야 한다.

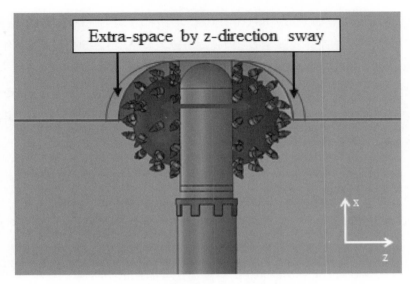

[그림 3.2] 썸핑홀 여유공간 형성방법

[그림 3.3] 썸핑 작업 완료 시 측면도

1.2 쉬어링 작업

썸핑 작업이 이후의 작업을 쉬어링 작업이라고 한다. 쉬어링 작업(Shearing process)은 말 그대로 막장면에 수직방향이 아닌 측면방향의 암반면을 절삭하는 과정을 의미한다. 실제 미시적 관점 혹은 물리적인 관점에서는 개별 픽이 암반면에 전단력을 가하는 것이 아니지만, 거시적인 관점에서 커팅헤드가 막장면에 전단력을 가해서 절삭하는 것처럼 보여서 이런 이름이 붙여졌을 것이라 예상한다. (장벽식 채탄장비의 커터를 쉬어러(Shearer)라고 부르는 것도 이와 같은 맥락일 것이다.) 즉, 썸핑 작업이 끝난 후 붐의 회전과 텔레스코픽 붐의 스트레치를 이용하여 썸핑 깊이만큼의 막장면을 모두 굴착하는 전체 과정이다.

1.2.1 쉬어링 : 초기 1단계

첫 번째 쉬어링 작업인 1단계를 다른 전체 쉬어링 과정과 굳이 구별한 이유는 1단계 작업이 2단계 이후 쉬어링 작업에 비해 절삭면의 높이 (혹은 쉬어링 단차=y_shear) 값이 고정되어 있기 때문이다. 이해를 위하여 그림 3.4에서 설명하였다. 썸핑이 완료되면 커팅헤드의 절반에 해당하는 부피만큼만 암반면이 오목하게 형성되는데, 여기서 수평방향 어느 방향으로 절삭을 진행하든 쉬어링 접촉면이 반드시 커팅드럼의 직경만큼 접촉하게 된다. 정확히 설명하자면 썸핑 작업 시 최종 접촉면적은 절반에 해당한다. (썸핑은 2개 드럼이 동시에 절반 접촉하고, 쉬어링 1단계에서는 1개 드럼만 측면으로 접촉한다.) 따라서 썸핑 작업과 쉬어링 1단계 작업까지는 작업자가 조정할 수 있는 운영변수가 거의 없으므로, 제작사의 매뉴얼에 따라서 작업을 진행해야 한다.

1.2.2 쉬어링 : 2단계 작업

1단계 이후부터는 작업자의 선택에 따라 상하 절삭높이를 선택할 수 있다. 즉, 1단계 쉬어링 작업 이후 수직으로 붐을 상향으로 올리면서 절삭할 막장의 수직 단차를 결정해야 한다. 전통적으로 쉬어링 단차는 커팅헤드 반경의 절반정도 수치(즉, 1/4D)를 선택하는데, 높이를 작게 조정하면서 굴착속도를 높이도록 작업 매뉴얼이 조정되고 있다. 접촉하는 면적을 감소시켜서 필요토크를 감소시키는 대신 이송속도(shearing speed)를 높여서 빠르게 치고 나가는 쪽이 굴착속도가 더 빨라진다는 사실을 작업자들이 경험적으로 체득했기 때문이다.

실제 S사의 매뉴얼(Sandvik, 2006)을 보면, 권장하는 쉬어링 단차(y_shear) 값을 약 150mm 정도로 제안하며 암석강도나 경도에 따라 달라진다고 부연되어 있다. 그만큼 암석강도에 따라 유연하게 단차값을 조정해야 최적의 작업효율과 최상의 굴진속도를 향상시킬 수 있다. 다시 말해, 암석강도가 높아질수록 단차를 낮게 조정해야 토크 상한치를 넘지 않는 선에서 쉬어링 작업을 신속히 진행되므로, 작업자는 쉬어링 작업을 면밀히 모니터링하여 최적으로 단차값을 조정해야 한다.

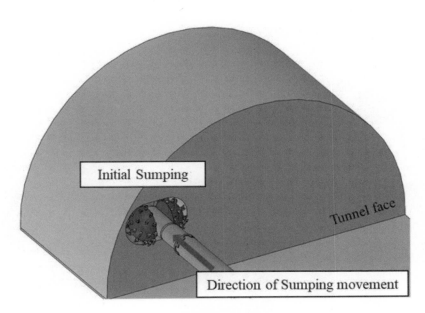

(a) 썸핑홀 형성모습

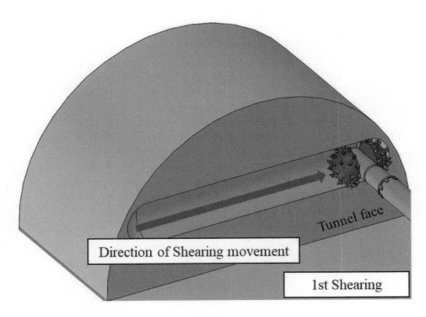

(b) 쉬어링 1단계 작업

[그림 3.4] 쉬어링 1단계 작업

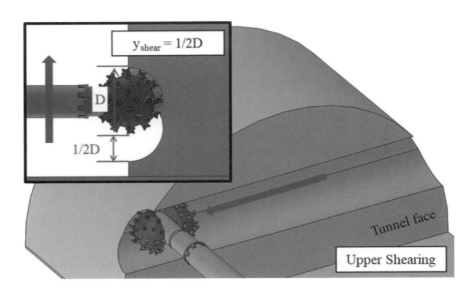

(a) 수직단차 1/2D

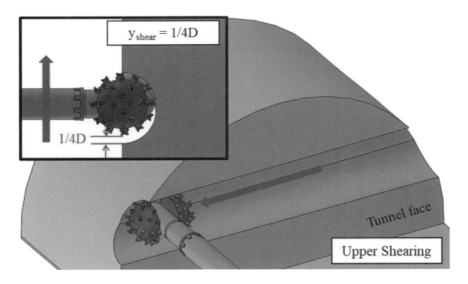

(b) 수직단차 1/4D

[그림 3.5] 쉬어링 작업 2단계

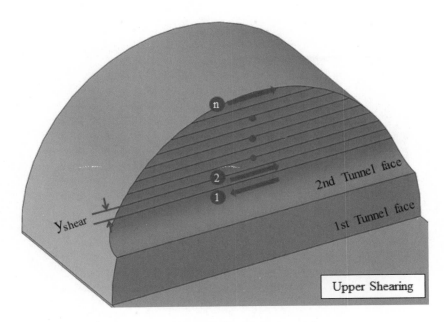

[그림 3.6] 쉬어링 2단계 연속절삭 작업

1.2.3 쉬어링 : 3단계 하단작업

쉬어링 2단계가 끝나면 터널 하단면이 남는다. 2단계 쉬어링 작업과 마찬가지로 수직단차를 조정해 가며 막장 아랫단을 절삭하는 작업이 쉬어링 3단계 작업이다. 그림 3.7에서 보는 바와 같이 역시 수직단차를 조절해가며 절삭해야 한다. 예를 들어, 만약 하단에 높은 강도의 암반이 출현했다면 수직단차를 축소하여 작업하는 것이 유리하다. 하단면을 절삭하여 막장의 수직면 굴착을 완료하면 전체 막장면 굴착이 완료된다. 3단계 이후 최초의 썸핑 작업이 다시 시작되고 이러한 썸핑－쉬어링의 반복작업 사이클을 가지면서 터널이 굴진된다.

여기서 주목할 만한 점은 하단 굴착작업은 발파진동이 지상으로 약하게 전달되므로 부분적으로 발파가 허용될 수 있다는 점이다. 이 경우 하단면을 길게 형성하여 발파작업 시 로드헤더 장비가 손상 없이 연속 작업이 가능하도록 터널시공 계획을 수립하는 것이 중요하다. 이러한 복합 작업은 아직 공개되거나 적용된 사례가 검색되지 않으므로 추가 연구, 실험이 필요하다.

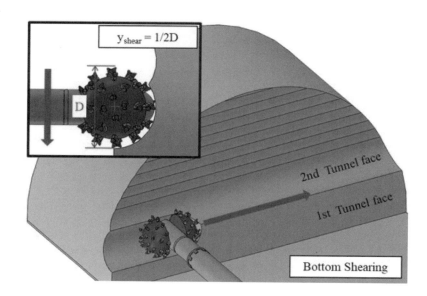

(a) 하단 첫 번째 쉬어링

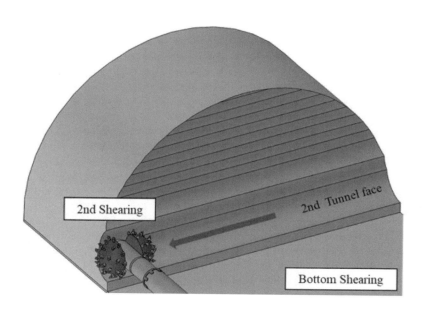

(b) 하단작업 완료

[그림 3.7] 쉬어링 3단계 작업

2. 작업부하 예측

로드헤더 암반굴착 시 커팅헤드에 작용하는 작업부하, 즉 회전절삭에 필요한 토크 값을 예측하는 방법을 소개하기로 한다. 장비와 암반에 대한 많은 경우의 수를 고려할 수는 없으므로 특정 로드헤더 모델과 작업 대상 암반터널의 강도를 설정한 후 모델링을 진행하였다.

2.1 대상 모델 선정

2.1.1 로드헤더 사양 선정

작업조건에 따른 부하를 계산하기 위해서 먼저 로드헤더 및 커팅헤드의 사양과 크기가 결정되어야 한다. 본 책에서는 한국 터널시장에 수입될 로드헤더 중 가장 큰 사양인 S사의 MT720 모델(그림 3.8)을 예시로 설명하기로 한다. 상세 사양은 표 3.1에 정리하였다. 장비 자중은 130톤으로 전체 전력량은 533kW이고 이 중 커팅헤드에 공급되는 전력량은 300kW이다. 표 3.1에서 마지막의 최대 컷팅 폭과 높이(각각 9.1, 6.6m)는 굴착 시 붐이 도달할 수 있는 최대 좌우폭과 천고를 나타낸다. 이는 기본 사양으로서 로드헤더는 주문제작 장비(Tailor made)이므로 붐의 작동 폭과 최대 높이 역시 제품 주문 시 설계 변경이 가능하다는 점을 알아두자.

[그림 3.8] MT720 완성차 모델 사진

[표 3.1] MT720 모델의 완성차 제원

Overall machine length	[mm]	~15,000
Weight[metric tones]	[t]	~130
Installed power(1000 [V], 50 [Hz])	[kW]	533
Overall height over operator stand	[mm]	~4,600
Loading table width	[mm]	4,560
Position of loading unit above track level, max.	[mm]	635
Position of loading unit under track level, max.	[mm]	230
Crawler width	[mm]	720
Width over crawler track, max.	[mm]	2,770
Ground pressure	[MPa]	0.23
Ground clearance	[mm]	335
Machine width without loading table	[mm]	4,030
Max. cutting width	[m]	9.1
Max. cutting height	[m]	6.6

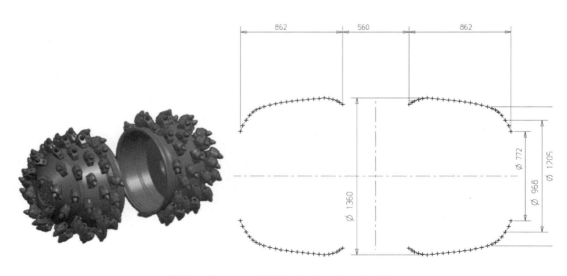

[그림 3.9] MT720 모델의 커팅헤드 형상 및 치수

MT720 모델의 커팅헤드 TC60은 듀얼 드럼타입으로서 60×2=120개의 픽이 부착되어 있다. 해당 모델은 경암(암반강도 40~100MPa)까지 굴착 가능한 것으로 제시되어 있다. 회전 시 선속도는 전력주파수 50Hz에서 1.38m/s으로 회전속도로 환산하면 20.0rpm이다. 국내 공급전력은 60Hz이므로 해당수치에서 약 20%를 가산하면 된다. 즉, 이 장비가 국내 터널현장에서 가동하게 된다면 무부하 작동 시 24rpm 정도로 커팅헤드가 회전하게 된다.

[표 3.2] MT720 모델 커팅헤드 주요 제원

Type	R400-TC60
No. of picks	60×2
Optimum range of operation (uniaxial compressive strength)	Rock with 40~100[MPa]
Cutting tool	2x60 pick boxes suitable for 38 mm shank-diameter picks. Locked by 1 clip-ring each in the pick holder.
Used with cutter gear box type	SG400
Diameter	1,300[mm]
Width(included gearbox)	2,260[mm]
Cutting speed	1.38[m/s]=at 50[Hz]
Slewing speed	0.17~0.19[m/s]=at 50[Hz]

2.1.2 작업 시나리오

로드헤더 작업대상은 암석강도는 75MPa 정도의 중경암 등급의 암반터널을 굴착하는 것으로 가정하였다. 썸핑은 최대깊이에 도달하는 시점부터 1차 쉬어링, 2차 쉬어링을 순서대로 진행한다고 설정하였다. 1차 쉬어링은 이론적으로 접촉면적이 썸핑공정의 0.5배에 해당하므로 분석하지 않았다. 단, 쉬어링 2차 작업부터는 작업자가 단차를 조정할 수 있으므로, 단차가 0.5D, 0.25D, 0.11D (150mm) 경우에 대해서 분석하였다. 결과적으로 다음 그림과 같이 썸핑 1가지, 쉬어링 3가지에 대해 커팅헤드와 접촉면을 모델링하였다.

(a) 썸핑

(b) 쉬어링(단차 : 0.5D)

(c) 쉬어링(단차 : 0.25D)

(d) 쉬어링(단차 : 0.11D)

[그림 3.10] 로드헤더 굴착공정에 따른 모델링

2.1.3 절삭하중

굴착 중 개별 픽커터에 가해지는 절삭하중(Ccutting force)은 Bilgin 등(2006)의 논문의 자료를 바탕으로 추정하였다. 그림 3.11의 그래프를 절삭하중(F_c)에 대해서 회귀하면 식 (1)과 같다. 여기서 각 계수를 소수점 둘째 자리까지 표시하면 $k=2.35$, $l=0.79$, $m=1.22$, $n=1.0$이다.

$$F_C = [k\,UCS^{(l)}]d \qquad\qquad 식\ (3)$$

$$F_N = [m\,UCS^{(n)}]d = [m\,UCS]d \qquad\qquad 식\ (4)$$

상기 수식에서 1회전당 절삭깊이(d : Cutting depth)를 4mm로 설정하면 절삭하중(F_C)이 약 3 kN, 수직하중(F_N)은 약 3.6kN 정도로 도출되는데, 계산의 편의를 위해서 절삭하중과 수직하중을 동일한 값으로 가정하였다.

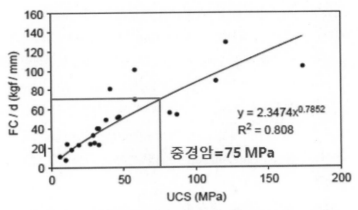

[그림 3.11] 암석강도에 따른 절삭하중 데이터(Bilgin et al., 2006)

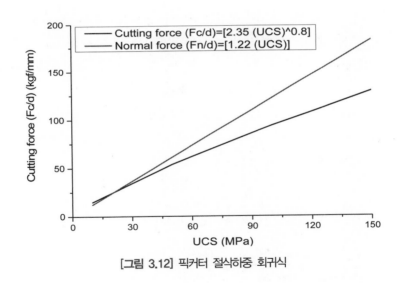

[그림 3.12] 픽커터 절삭하중 회귀식

2.2 동해석 프로그램(S/W) 소개

본 절부터는 직접 사용자가 직접 경험할 수 있도록 간단한 동해석 모델을 진행하는 과정을 설명하였다. 동해석 솔버로 RecurDyn을 사용하였다. RecurDyn은 다물체 동역학 소프트웨어로서, 다양한 구조물 또는 기계류의 강체운동을 해석하는 데 이용된다. 본 해석에서는 RecurDyn을 이용하여 커팅헤드가 암반면에 압압되어 회전할 때의 절삭력 및 토크 해석을 수행하였다.

2.2.1 RecurDyn 개요

RecurDyn은 강체동역학을 기반으로 한 해석툴로서 옵션모듈을 추가하면 여러 가지의 확장된 해석을 수행할 수 있다. 강체동역학에서는 각 부품(바디) 간의 운동을 정의하고 그 결과로서 반력(Force)을 도출하게 된다. 이렇게 구한 반력(외력)은 구조해석 소프트웨어인 Nastran, Abaqus, Ansys 등에서 입력값으로 변환하여 부품에 발생하는 응력을 구할 수 있다. 최종적으로 구한 응력을 평가하여 제품설계에 반영하는 프로세스를 거치는 것이 일반적인 시뮬레이션의 목표이다.

리커다인은 상대좌표계를 사용하기 때문에 타 소프트웨어에 비하여 해석속도가 빠르다는 데 강점이 있다. 그 외에 제어를 위한 Matlab, Amesim 등과의 연계도 가능하기 때문에 많은 사용자들을 확보하고 있다.

2.2.2 강체동역학 모델 구조

다음 그림은 동역학 모델의 트리구조를 정리한 표이다. 동역학모델(Mechanism)은 링크(Link)들로 구성되어 있다. 각 링크에는 조인트(Joint), 스프링(Spring), 댐퍼(Damper), 부싱(Bushing), 마커(Marker), 센서(Sensor), 힘(Force) 등을 부여할 수 있다. 마커는 특정위치에 좌표계를 생성하는 것이며, 센서는 2개의 바디간의 상대적인 거리변화를 측정하는 데 사용할 수 있다. 트리구조의 좌측하단에 있는 Torque는 Revolute 또는 Cylindrical 조인트에만 부여할 수 있다. 트리구조 하단의 Revolute, Slider, Cylindrical 조인트에는 스프링, 댐퍼, 부싱 등을 부여할 수 있다. 자동차의 서스펜션 시스템이 대표적인 적용 예이다.

[그림 3.13] 강체동역학의 트리구조

2.2.3 회전조인트(Revolute Joint)

동역학 해석에서 가장 많이 사용되는 조인트는 회전조인트이다. 본 해석에서는 커팅헤드를 회전시키는 데 사용한다. 회전조인트는 매우 중요한 부분이라 독자의 이해와 사용자의 편의를 위해 해당 내용을 좀 더 상세히 설명하고자 한다. 회전 조인트 아이콘 위치는 다음 그림과 같다. (사용자가 아니라면 이 절은 스킵해도 좋다.)

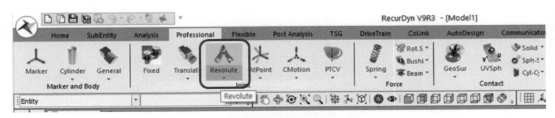

[그림 3.14] 회전조인트 아이콘 위치

1) Action Marker, Base Marker

먼저 RecurDyn에서는 Action과 Base라는 용어를 사용한다. 아래 그림에서 Action과 Base에 대한 개념이 표시되어 있다. 회전조인트의 경우 2개의 바디(Body)가 필요하다. 즉, 하나는 회전하는 바디이고, 나머지 하나는 회전하는 바디가 고정되어 있는 베이스(Base) 바디이다. RecurDyn에서는 이 2개의 바디에 각각 Maker를 부여한다. 그래서 회전바디에 Action Marker를 생성하고, 고정바디에 Base Marker를 생성한다. 반대로 부여해도 큰 상관은 없다.

마커(Marker)의 기능은 바디의 무게중심에 생성되어 그 중심에서의 변위, 속도, 가속도를 계산하는 데 사용된다. 이러한 Action, Base의 개념은 다른 조인트와 접촉모델에서도 사용된다.

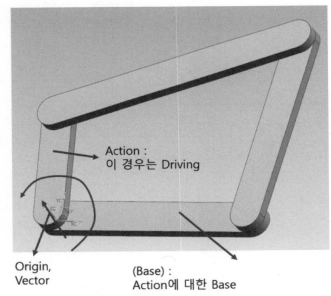

[그림 3.15] 회전체의 Action, Base 개념

2) Revolute Joint 생성

Revolute 아이콘을 클릭하여 회전조인트를 생성할 수 있는데, 클릭하면 화면에는 아무런 변화도 없으며 메뉴창도 표시되지 않는다. 즉, 먼저 창이 표시되고 그 창에서 필요한 항목들을 설정하는 방식이 아니고, 질문응답식으로 주어진 순서에 따라서 진행을 완료하면 회전조인트가 완성된다. 완성된 이후에 메뉴창을 열어 확인 및 수정을 할 수 있다. 회전(Revolute) 조인트를 생성하는 순서는 다음과 같다.

[표 3.3] 회전(Revolute) 조인트 생성 순서

단계	명령어 상태	사용자가 할 일
1	1. Revolute 아이콘을 클릭	
2	화면 좌측하단을 보면 대상을 선택하라는 메시지 "RevJoint⟨1⟩ Body : Input a body"가 다음 그림과 같이 표시된다. 	회전시킬 Body 하나를 선택한다.
3	"RevJoint⟨2⟩ Body : Input a body"가 표시	Base Body를 선택한다.
4	"RevJoint⟨3⟩ Point : Input point info"가 표시	회전 중심위치를 선택한다.
5	(화면)　　　(트리구조)	화면에 회색 실린더 생성 확인 트리구조에 RevJoint1 생성 확인

3) Revolute Joint 생성 정보 확인

앞 단계에서 정상적으로 Revolute 조인트를 생성하였다면, 화면의 데이터베이스 트리구조에서

"Revolute1"을 확인할 수 있다. (Joint→Revolute)

마우스를 "RevJoint1"에 위치시키고 우측버튼을 클릭하여 Properties를 선택한다. 그러면 다음과 같이 창이 표시된다. 해당 창에는 3개의 탭(General, Connector, Joint)이 있다. 위 General 탭에서는 단위 및 이름을 지정할 수 있다. Connector 탭에서는 Base Marker, Action Marker를 설정할 수 있다. 다음 Joint 탭에서는 회전 RPM을 입력할 수 있다. (Motion→Include Motion 체크→Motion 버튼→RPM 수식 입력)

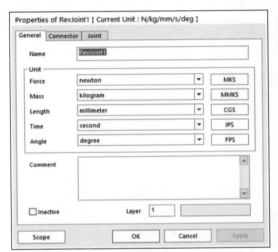

[그림 3.16] General 탭

[그림 3.17] Connector 탭

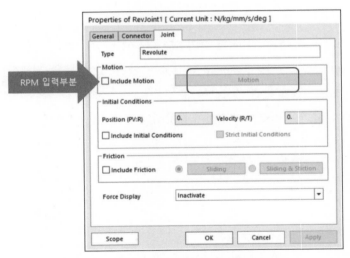

[그림 3.18] Joint 탭의 회전모션(RPM) 입력부분

2.3 모델의 접촉 정의

RecurDyn에서 제공하는 접촉모델은 다양하다. 다양한 이유는 접촉해석의 속도를 높이기 위함이다. 구(Sphere), 실린더(Cylinder) 같은 형상의 경우 치수가 정해져 있으므로 형상으로 접촉을 판단하지 않고 치수로 접촉을 판단하는 것이 더 효율적이다.

본 해석에서는 구, 실린더처럼 단순한 형상이 아닌 복잡한 형상이므로 Solid to Solid 모델을 사용하여 접촉모델을 생성하였다. 생성하는 방법은 앞에서 설명한 Revolute Joint 생성방법과 비슷하다. 즉, 좌측하단의 안내문에 따라서 생성하면 된다. 생성하고 나면 트리구조 우측에 SolidContact1이라고 접촉모델이 생성된다.

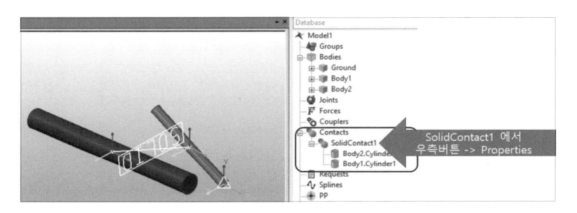

[그림 3.19] 접촉모델 생성 방법

생성된 SolidContact1의 Properties를 확인하면 다음과 같다. 해당 창에는 3개의 탭(General, Characteristic, Solid)이 있다. General 탭에서는 단위 및 이름을 지정할 수 있고, 그다음 Characteristic 탭에서는 접촉 관련 물성값을 설정할 수 있다. 해당 값들은 일반적인 접촉모델에서 사용되는 추천값이며, 조건에 따라서 변경하여 사용해야 한다. 표 3.4에서 각 변수의 명칭에 대하여 설명하였다.

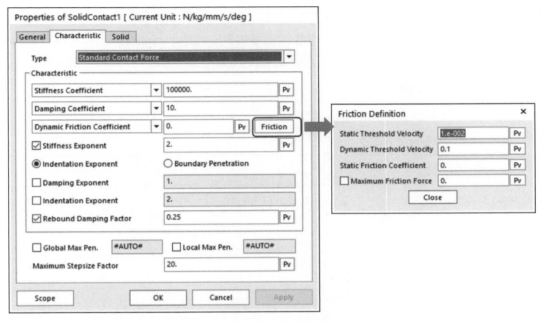

[그림 3.20] Characteristic 탭의 접촉변수 설정

RecurDyn에서는 모델에서 경계상의 간섭이 발생하면 접촉이 발생한 것으로 계산한다. 접촉수직력(Contact normal force)은 다음 수식에 의하여 계산된다.

$f_n = f_{ns} + f_{nd}$ $f_{ns} = K\delta^{m_s}$ $f_{nd} = C\dfrac{\dot{\delta}}{|\dot{\delta}|}\left\|\dot{\delta}\right\|^{m_d}\delta^{m_i}$ $f_{n\min} = R_{df} f_{ns}$ $f_n = Max[f_{ns} + f_{nd'} f_{n\min}]$	K : 스프링 상수 C : 댐핑 상수 $m_1,\ m_2,\ m_3$: 지수 δ : 압입깊이(Penetration) R_{df} : rebound damping factor

본 암반커터 해석에서는 기본 설정값 외에 다음 2가지 값을 변경하여 사용하였다.

－Stiffness Coefficient(강성계수)＝750N/mm

－Static Friction Coefficient(정마찰계수)＝1.0

상기값을 결정한 이유는 기존 개별 픽커터의 절삭하중을 강체 동역학에서 모사하고자 하였다. 이미 이해한 독자도 있겠지만, 설정된 상기 강성계수에 압입깊이 4mm를 입력하면 수직하중이 3.0kN이 되고, 여기서 마찰계수를 1.0으로 입력하여 커팅헤드 회전접촉 시 수직하중과 절삭하중이 동일한 값으로 도출되게끔 설정한 것이다.

[표 3.4] Characteristic 탭의 변수 설명

변수 명칭	내용
Stiffness Coefficient	Contact normal force의 강성 계수
Damping Coefficient	Contact normal force의 댐핑 계수
Dynamic Friction Coefficient	동마찰계수
Stiffness & Damping Exponent	비선형 Contact normal force 생성
Indentation Exponent	압입깊이가 매우 작으면 반대 힘인 댐핑력에 이해 접촉력이 '−'가 되는 경우가 발생하며, 이것을 방지하기 위해 '1'보다 큰 값을 사용한다.
Global Max Pen Local Max Pen	체크하면 사용자가 압입깊이를 지정할 수 있다. 체크하지 않으면 자동으로 계산한다.
Rebound Damping Factor	접촉 동안의 에너지 손실에 대한 히스테릭(Hysteric) 루프를 표현하며, 반발 순간의 Rebound damping force를 제어한다.

3. 동해석 모델 생성

앞서 설명한 바와 같이 동해석 대상 모델은 4가지로서 다음 표와 같다.

[표 3.5] 동해석 모델명

Case	모델명	내용
1	Sumping	Sumping 작업 해석 모델
2	Shearing 680mm(0.5D)	절삭깊이 방향으로 680mm 이동된 모델
3	Shearing 340mm(0.25D)	절삭깊이 방향으로 340mm 이동된 모델
4	Shearing 150mm(0.11D)	절삭깊이 방향으로 150mm 이동된 모델

3.1 썸핑 모델

Sumping 작업 시의 소요 토크를 계산하기 위하여 다음 그림과 같이 모델링하였다. 녹색 부분이 암반이며, 로드헤더는 암반쪽으로 0.5D만큼 압입된 상태이다. 노란색 면이 커팅헤드와 암반 모델이 상호접촉되는 면이다. 부연하자면, 해당 커팅헤드와 암반 모델은 중심축을 중심으로 거울대칭으로 모델링되어서 아래 그림에도 중심선이 나타나있다.

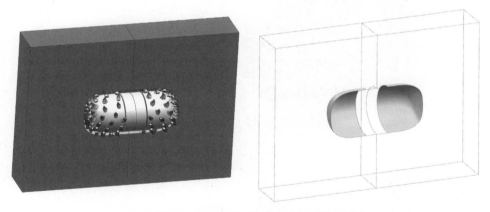

[그림 3.21] 썸핑 모델(Sumping 1.0D)과 접촉면 정의

3.2 쉬어링 모델

쉬어링 모델(1.0D)은 썸핑 모델의 절반의 접촉면에 해당하여 이론적으로 썸핑 모델의 절반의 절삭력이 도출될 것이므로 별도로 모델링하지 않았다. 그림 3.22는 쉬어링 모델(0.5D)의 형상이다. 파란색면은 기존 1차 쉬어링을 통해 미리 절삭된 평면을 나타낸다. 여기서 노란색 면이 쉬어링 작업 시 접촉이 인식되는 면이다.

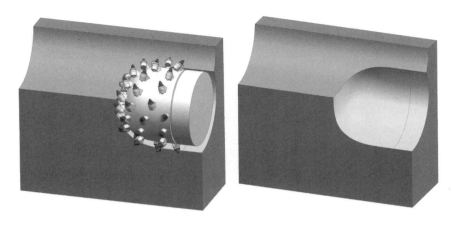

[그림 3.22] 쉬어링 모델(Shearing 0.5D)

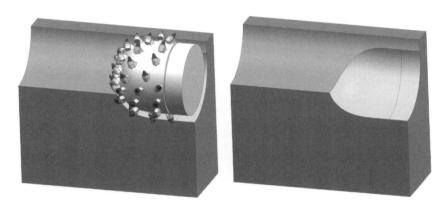

[그림 3.23] 쉬어링 모델(Shearing 0.25D)

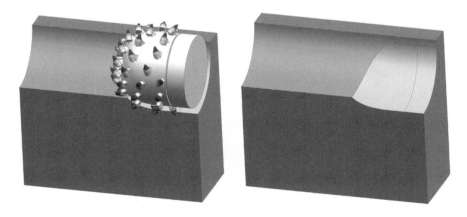

[그림 3.24] 쉬어링 모델(Shearing 0.11D)

4. 해석결과

해석결과는 다음과 같다.

Sumping	Shearing 680mm
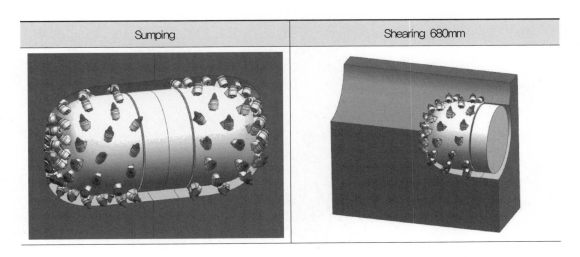	
Shearing 340mm	Shearing 150mm
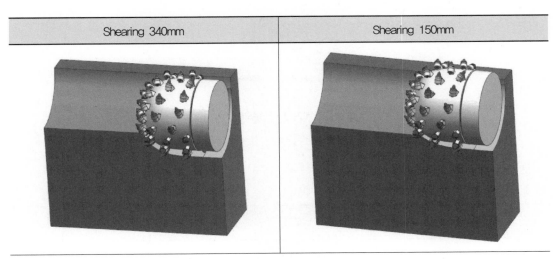	

4.1 절삭하중 분석

각 작업 시에 픽커터 1~60번에 발생하는 특정 순간의 절삭력은 다음 그래프와 같다. 썸핑 작업의 평균하중이 가장 높고, 쉬어링 단차가 낮아질 때 평균하중도 감소하는 양상을 보여주고 있다. 이는 쉬어링 단차에 따라 접촉시간이 감소하여 나타난 현상으로 분석된다. 즉, 쉬어링 단차가 낮아질수록 접촉시간이 낮아지므로 평균 커터 하중이 하락하는 것을 볼 수 있다.

쉬어링 340mm와 150mm 모델에서 절삭하중이 0으로 떨어지는 양상이 나타나는데, 이는 커팅헤드 측면의 중심부에 배열된 픽이 쉬어링 단차가 낮은 경우 암반면에 접촉하지 않기 때문에 발생하는 현상이다.

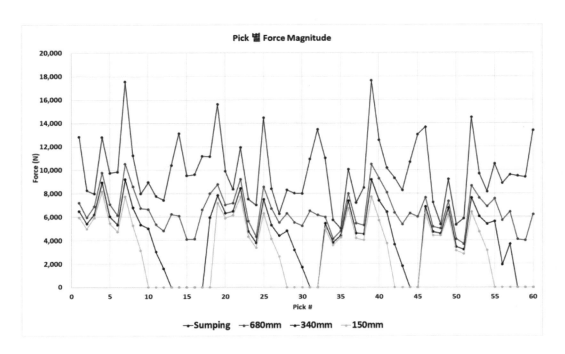

[그림 3.25] 픽커터 별 절삭하중의 변화

[표 3.6] 작업 종류별 평균 절삭력 분포(F_mag : 합력)

작업 모델명		F_mag(Average) (N)	Fd=Fc (N)
Sumping		9,912	7,010
Shearing	680mm	6,485	4,586
	340mm	4,307	3,046
	150mm	3,091	2,186

4.2 작업토크 예상치

커팅헤드 1회전 시 개별 절삭힘(F_c)의 평균치를 드럼반경으로 곱하고 이를 합산하면 각 작업에 소요되는 토크 평균치를 도출할 수 있다. 각 작업 시에 발생하는 토크는 다음 그래프와 같다. 쉬어링 작업 시 토크치는 로드헤더 상당히 낮은 값으로 안정적으로 유지하고 있다. 하지만, 썸핑 작업 시 일부 구간은 로드헤더의 최대 토크치를 상회하는 값이 도출되었다. 그만큼 썸핑 작업이 쉬어링 작업에 비해 2~3배 이상의 높은 출력을 요구한다는 사실을 의미한다. 따라서 썸핑 작업 시 1회전당 압입깊이는 초기 단계에만 유지되고, 썸핑깊이가 깊어질수록 점차적으로 감소할 것을 예상할 수 있다. 왜냐하면 압입깊이를 끝까지 4mm로 유지한다면 토크가 부족한 시점에 커팅헤드가 회전을 멈출 것이기 때문이다. 따라서 실제 현장 작업자의 설명과 같이, 굴착부피 대비하여 썸핑 작업의 굴진속도가 쉬어링 작업보다 훨씬 많은 느릴 것이라고 충분히 예측할 수 있다.

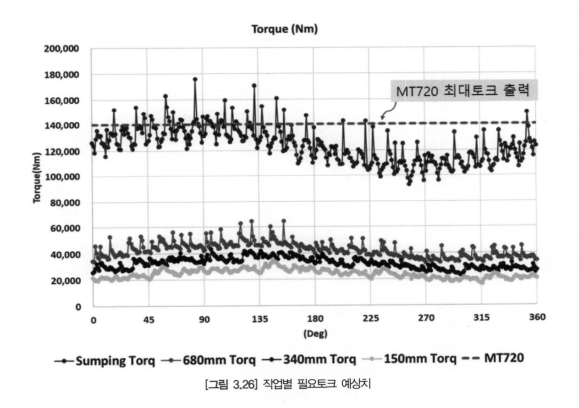

[그림 3.26] 작업별 필요토크 예상치

표 3.7에 작업별 평균 토크와 접촉면적을 동시에 기록하였다. 압입깊이가 동일할 때, 필요한 토크는 접촉하는 면적의 비율과 이론적으로 비례하는 것으로 나타났다. 따라서 필요토크를 계산할 때 단순히 쉬어링 단차를 통해서 계산하는 방법은 부정확하고, CAD를 이용해서 픽과 암석이 접촉하는 3차원 부피를 통해서 추산하는 것이 보다 합리적임을 보여준다.

[표 3.7] 작업별 평균 토크수치와 접촉면적의 비율

항목	단위	Sumping	Shearing		
			680mm	340mm	150mm
Torque	Average(Nm)	123,785	42,540	32,385	24,231
	Ratio	1.00	0.34	0.26	0.20
Contact Area	(m²)	4.20	1.36	1.01	0.74
	Ratio	1.00	0.32	0.24	0.18

5. 암석강도별 해석결과

5.1 암석강도 분류

국제암반역학회는 암석의 일축압축강도에 따른 분류를 표 3.8로 제시한 바 있다. 현재 출시 중인 로드헤더의 굴착 가능한 강도를 120~180MPa까지 제시하고 있으므로, 연암, 보통암, 중경암, 경암 까지 대표강도를 추출하여 그에 따른 커팅하중을 계산하면 표 3.9와 같다. 연암~중경암까지는 평균 강도를 대표강도로 추출하였다. 경암, 극경암은 로드헤더 굴착이 어렵다고 알려져 있으므로, 강도 범위 중 하한값을 대표강도로 결정하여 그 성능을 검증하였다.

[표 3.8] 국제암반역학회(ISRM)의 무결암 분류(1981)

용어	일축압축강도(MPa)	기준값(MPa)
극경암(very high strength)	240 이상	240
경암(high strength)	100~240	100
중경암(medium strength)	50~100	75
보통암(moderate strength)	25~50	35
연암(low strength)	5~25	20
극연암(very low strength)	1~5	

[표 3.9] 강도분류에 따른 픽커터 작용력 예측

분류	일축압축강도 범위	대표강도	커팅하중	수직하중
	(UCS, MPa)	(MPa)	(Fc, kgf)	(Fn, kgf)
극경암	240 이상	240	188	230
경암	100~240	100	94	114
중경암	50~100	75	74	91
보통암	25~50	35	40	49
연암	5~25	20	26	31
극연암	0~5	2.5	5	6

5.2 암석강도별 해석수행

앞서 중경암에 진행한 해석과 동일한 해석과정을 연암, 보통암, 경암에 대해 추가적으로 수행하여 강도에 따른 절삭하중과 필요토크를 서로 비교하였다(표 3.10).

[표 3.10] 암석강도별 평균작용력과 평균토크

평균 작용력 (kN)	Sumping	Shearing 1st	680mm	340mm	150mm
경암	10,709	10,709	7,000	4,648	3,337
중경암	6,285	6,285	4,111	2,730	1,960
보통암	3,446	3,446	2,258	1,500	1,076
연암	2,248	2,248	1,477	983	705
평균 토크 (N-m)	Sumping	Shearing 1st	680mm	340mm	150mm
경암	293,008	146,504	100,389	76,535	57,458
중경암	147,636	73,818	50,694	38,608	28,915
보통암	69,916	34,958	24,121	18,326	13,651
연암	40,870	20,435	14,188	10,745	7,945

5.2.1 평균 작용력(절삭력) 결과

그림 3.27은 해중 도출된 평균 절삭력의 픽 번호에 따라 도시한 것이다. 암석강도가 연암에서 경암으로 높아질수록 평균절삭력도 상승하는 양상을 확인할 수 있다. 또한, 쉬어링 단차에 따른 작용력 변화 경향도 확인할 수 있다. 단차가 150mm일 때(노란선), 픽커터 10~18번까지 작용력이 0으로 도출되는 것을 볼 수 있다. 이는 쉬어링 단차가 낮을 때 커팅헤드의 옆면(노우즈 부분)의 중심에 부착된 픽커터들이 암반면에 접촉하지 않기 때문에 발생하는 현상이다. 쉬어링 단차가 340, 680mm(흑색－적색)까지 증가하면서 모든 픽커터가 암반면에 접촉하면서 절삭력이 발생하는 것을 확인할 수 있다.

청색선은 썸핑 작업 마지막과 첫 번째 쉬어링 작업 시 작용력을 보여주는 그래프로서 커팅드럼의 전면부가 암반에 접촉하고 있으므로 이때의 쉬어링 단차는 1360mm로 동일하다고 가정하여 해석을 수행하였다. 이 경우 우리가 예상한 대로 대부분의 픽커터에서 최대 절삭력이 도출되었다.

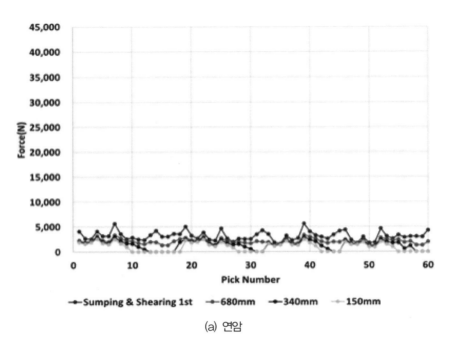

(a) 연암

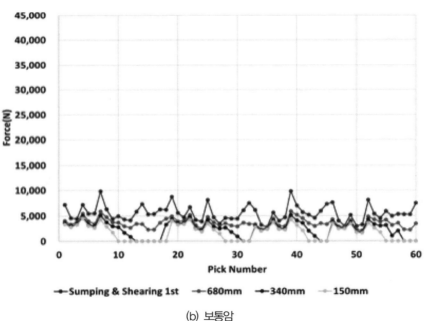

(b) 보통암

[그림 3.27] 암석강도별 절삭력 예상치

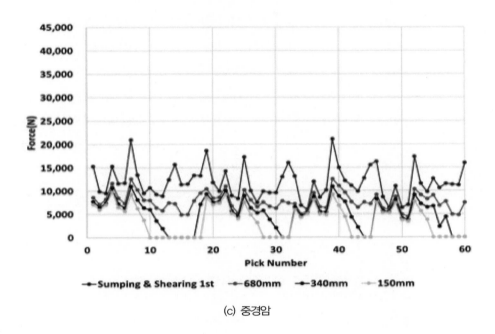

(c) 중경암

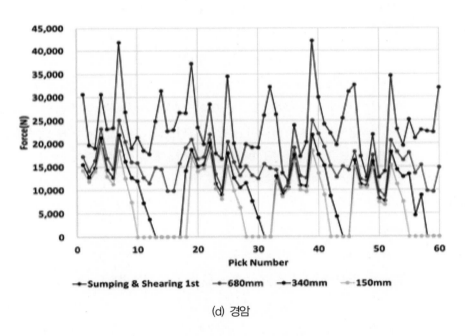

(d) 경암

[그림 3.28] 암석강도별 절삭력 예상치

픽커터의 절삭시험을 해본 독자라면 여기서 한 가지 의문을 가질 수 있다. 압입깊이가 일정하게 적용되었는데, 같은 번호의 픽커터에 따라서 각기 다른 절삭력이 도출되고 있기 때문이다. 즉, 쉬어링 단차 680mm(적색선) 작업과 썸핑 작업(청색선)은 모든 픽커터가 암반면에 접촉하고 있다. 그런데 썸핑 작업의 절삭력이 전자에 비해서 더 높으면서 비교적 고른 형태로 나타나고 있다.

이는 미리 형성된 암반의 반구면과 커팅헤드의 외곽면을 압입, 접촉시키는 조건 때문에 나타나는 지오메트리상의 현상이다. 즉, 쉬어링 단차가 낮은 조건에서 커팅드럼을 암반면으로 가상으로 압입하게 되면 측면 노우즈 면에 부착된 픽커터는 압입깊이가 상대적으로 작게 형성된다. 이처럼 쉬어링 단차가 작을 때에는 암반의 일부 곡면에만 픽커터가 얕게 접촉하므로 그만큼 절삭력이 낮게 도출되는 것이다. 필자는 이러한 해석결과가 실제와 유사한 면이 있다고 판단하여 이런 형상조건과 접촉조건을 가정하여 해석을 수행하였다.

5.2.2 필요토크 결과

그림 3.29에 커팅헤드가 1회전(360도)할 때 발생하는 실시간 토크 결과를 도시하였다. 여기서 그래프 상단의 상수함수(녹색선)로 MT720모델의 최대 가용 토크 수준(140kN-m)을 표현하여(Sandvik, 2006), 암석강도에 따른 작업가능 범위를 비교, 조사하였다.

커팅드럼의 크기가 일정할 때 평균 작용력에 평균토크는 비례하므로, 암석의 강도가 증가하면 실시간 토크도 상승하게 된다. 그림 3.29는 이러한 경향을 그대로 보여주고 있다. 연암, 보통암 절삭시 썸핑 작업의 최대토크는 100kN-m 이하로 도출되어 작업에 무리가 없음을 보여주고 있다. 하지만, 중경암 작업 시 썸핑의 최대토크는 130~180kN-m까지 상승하여 썸핑 작업 마지막 구간에서 토크가 부족할 수 있음을 보여준다. 따라서 썸핑 작업의 썸핑 깊이를 커팅드럼의 반경보다 20% 정도 작게 설정해서 필요토크를 최대출력(140kN-m)보다 낮게 유지하는 것이 터널굴착 시 유리할 수 있다. 마지막 경암 작업 시 커팅드럼의 필요토크는 350kN-m를 상회하였고, 1차 쉬어링에서도 200kN-m까지 상승하여 1회전당 압입깊이를 4mm로 설정하연, 당초 설정된 썸핑길이에 도달할 수 없을 것으로 분석되었다.

암석강도가 설계치보다 높은 경우 2가지 해결책이 있다. 첫 번째는 1회전당 압입깊이를 2mm 이하로 낮게 설정하여 천천히 썸핑 작업을 수행한 후 쉬어링 진행속도도 당초보다 1/2 수준으로 진행하는 것이다. 두 번째는 절삭깊이를 유지하되, 썸핑깊이를 커팅드럼의 50% 이하 수준까지만 진행한 후 쉬어링 작업을 시작하는 방법이다. 하지만 이 2가지 방법 모두 굴착속도가 매우 느려지므로, 터널시공자는 다른 굴착공법을 사용하는 대안을 검토해야 한다.

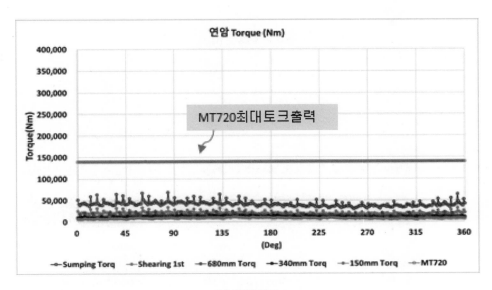

(a) 연암 토크

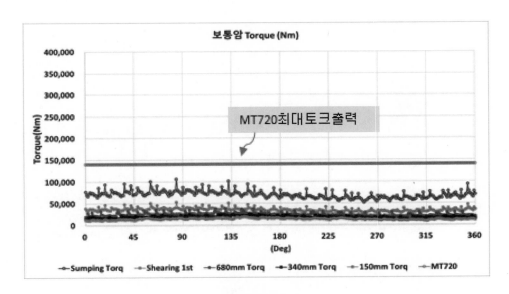

(b) 보통암 토크

[그림 3.29] 암석강도별 절삭력 예상치(계속)

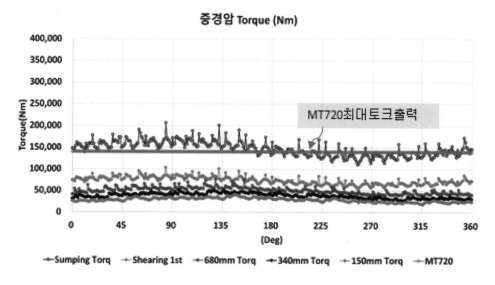

(c) 중경암 토크

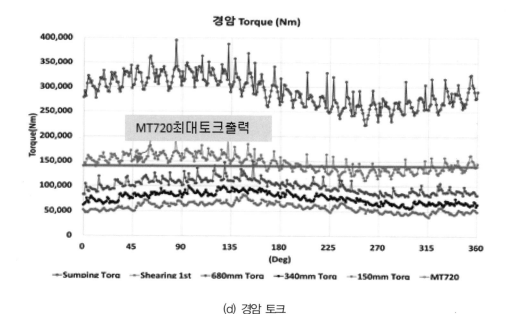

(d) 경암 토크

[그림 3.29] 암석강도별 절삭력 예상치

6. 로드헤더 선정가이드

6.1 커팅헤드 선정정보

그림 3.30은 로드헤더 제조사에서 제공하고 있는 커팅헤드의 사양 정보이다. 이 그림들은 암석강도에 따라 커팅헤드의 관계를 주로 설명하고 있다. 즉, 대상 터널의 암석강도 정보가 있을 때 그에 따른 픽의 개수와 적합한 커팅헤드를 선정하여 사용자가 원하는 순굴진율을 추정하는 데 도움을 주기 위한 것이다.

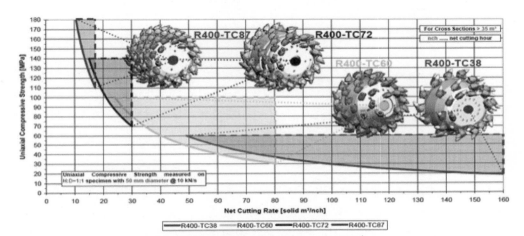

(a) 드럼타입 커팅헤드의 사양(Sandvik, 2006)

Type of cutting head	No. of cutting teeth	Rock hardness(Mpa)	Optional models
0348-101-001-000-000	47	≤70	CTR323 Standard Edition
0348-101-001-000-000HR	40	≤80	
0348-101-001-000-000G	53	≤80	
0348-909-001-000-000	75	≤90	CTR323 Enhanced Edition
0375-101-001-000-000	42	≤70	CTR260 Standard Edition CTR300A Standard Edition CTR300R Standard Edition CTR300D Standard Edition
C300-101-001-000-000	22	≤50	
C302-101-001-000-000	54	≤80	
C302-101-001-000-000A	53	≤80	
C307-101-001-000-000	48	≤80	CTR300S

(b) 콘타입 커팅헤드의 사양(CREG, 2019)

[그림 3.30] 암석강도별 커팅헤드 선정방법

이상의 내용을 간단히 요약하면, 현존하는 커팅헤드는 80MPa 이하의 암반을 굴착하는 데에 적합하다는 것을 알 수 있다. 100MPa 이상의 암반을 굴착할 수는 있으나, 굴진속도가 $10\sim15m^3/hr$ 이하로 떨어지고, 픽의 마모도 급속히 빨라지므로 작업효율성과 경제성이 떨어진다.

암석강도가 커질수록 1회전당 압입깊이를 낮게 설정할 수밖에 없으므로, 그만큼 픽커터 배열간격이 감소한다. 이 때문에 경암용 커팅헤드의 픽의 개수가 증가할 수밖에 없고, 픽의 증가는 필요 토크의 증가로 이어지기 때문에 결국 낮게 설정된 압입깊이로 인해 절감된 토크를 픽의 개수가 다시 상승시킨다. 이는 일정한 크기의 커팅헤드와 일정 출력의 커팅모터로 특정 강도 이상의 암반을 굴착하기에 한계가 있음을 의미한다. 결국 경암 이상의 암반을 굴착하기 위해서 커팅헤드를 줄이거나 장비의 토크출력을 높여야 한다.

6.2 로드헤더 선정가이드

이 경향을 도표로 나타내면 그림 3.31과 같다. 이 그림에서 대상재료에 따른 필요자중과 커팅모터 등급을 박스형태로 구분지어 표현하였다. 수직축은 장비의 자중등급(ton)이고, 수평축은 커팅모터의 출력(kW)을 의미한다.

아스팔트는 풍화암 정도(10MPa 이하)에 해당하므로 10톤급 이하의 장비로 충분히 절삭시공이 가능하며, 석탄채굴용 장비는 20~30톤급 장비로 가능할 것으로 판단된다. 연암과 콘크리트를 굴착하거나 절삭하기 위하여 50~60톤급의 장비가 필요한 것으로 분석된다. 그러므로 연암 굴착까지는 대형 굴착기의 드럼커터로도 가능할 것으로 판단된다.

일반적으로 $40\sim50m^3/hr$ 정도의 굴진속도가 도출되어야 국내 터널굴착 시 시공 경제성이 나오는 것으로 알려져 있다. 이를 기준으로 판단하면, 보통암을 시공하기 위해서 70~90톤급의 로드헤더 완성차가 꼭 필요하며, 현재 도입예정인 130톤급 로드헤더는 중경암(60~70MPa) 이하의 암반을 굴착하는 데에 적합한 것으로 분석된다. 100MPa 이상의 경암을 굴착하기 위해서는 적어도 180톤급, 커팅모터 400kW급 이상의 로드헤더가 필요한 것으로 분석된다.

따라서 최근 터널 시공 시 발파적용이 어렵고, TBM 설치가 불가한 도심지 현장이 지속적으로 등장하고 있으므로, 이를 위한 로드헤더의 대형화, 커팅모터의 고성능화 추세가 지속적으로 진행될 것으로 예상된다.

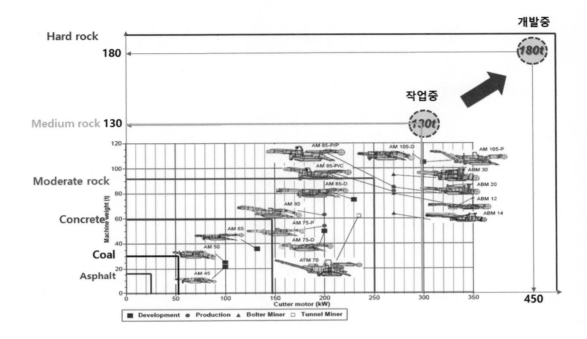

[그림 3.31] 로드헤더 장비사양에 따른 굴착가능 암반등급

로드헤더를 이용한 터널 굴착설계

Tunnel Excavation Design using Roadheader

CHAPTER 01 로드헤더 적합 암반특성

고성능 대형 기계굴착 장비인 로드헤더(Roadheader)는 최근 터널 굴착설계에 활용빈도가 증가하면서 관심도가 매우 높아졌다. 특히 로드헤더를 이용한 굴착공법은 기존의 발파공법에 비하여 여러 가지 장점이 많아 도심지 굴착에 새로운 트렌드로 자리매김하였으며, 이에 따른 굴착설계 과정 및 절차 등에 대한 개념정립의 필요성이 높아졌다. 따라서 본고에서는 굴착설계 시 암반특성에 따른 로드헤더의 굴착성능과 각종 지표들의 산출방법 등을 소개하고, 로드헤더 장비운영에서 유의할 점과 각종 리스크 대처방안 등을 자세히 다루기로 한다.

터널공사에서의 기계굴착은 상부에 지장물이 많아 발파를 수행할 수 없을 경우 혹은, 지반의 파쇄가 심하고 강도가 약해 발파를 수행할 수 없을 경우에 주로 적용되어왔다. 이러한 기계굴착은 브레이커, 드럼커터, ITC 및 로드헤더 등 여러 장비들이 고안되고 사용되어왔으며 현재는 TBM(Tunnel Boring Machine)이 기계굴착의 상당 비중을 차지하고 있다. 하지만 기본적으로 TBM은 대형장비이기 때문에 발진을 위한 작업장을 확보할 수 없다면 로드헤더가 효과적인 대안으로 각광받는다. 로드헤더는 국내에서 흔히 관찰되는 풍화암부터 연·경암까지 다양한 강도의 암석에 적용할 수 있으며, 별도의 부대설비 공간도 필요하지 않다. 로드헤더 기계굴착이 국내 지질조건에 적합한지를 살펴보기 위해 국내에 분포하는 대표적인 암종과 강도 특성을 요약하면 다음과 같다.

1. 국내 대표적 암종 및 특징

한반도 지표면 가운데 2/3를 덮고 있는 흔한 암종은 화성암과 변성암이다. 지질구조도를 보면 북동방향 구조선을 따라서 많은 화성암이 분포하는 것을 알 수 있다(그림 1.1(a) 참조). 또한 화성암의 일종인 화강암이 오랜 세월 침식을 받아 지표 밖으로 드러나면서 변성되는데, 이를 편마암이라 하며, 편마암과 화강암이 국토의 70%를 넘을 정도로 광역적으로 넓게 분포하고 있다.

특히 수도권에서도 빈번히 출현하는 편마암과 화강암에는 석영, 운모, 장석 성분이 포함되어 있는데, 이 가운데 이산화규소(SiO_2), 즉 석영 성분은 로드헤더 굴착에 불리한 요소로 작용한다. 즉, 석영 성분이 많을수록 암석의 강도가 크게 나타나는 경향 때문에 픽(Pick)커터의 소모량이 많아지면서 작업시간도 길어지게 된다. 하지만 편마암과 화강암에 파쇄가 많고 불연속면이 발달할수록 기계 굴착이 용이해질 수 있는데, 특히 수도권 지역의 파쇄 정도가 두드러진다.

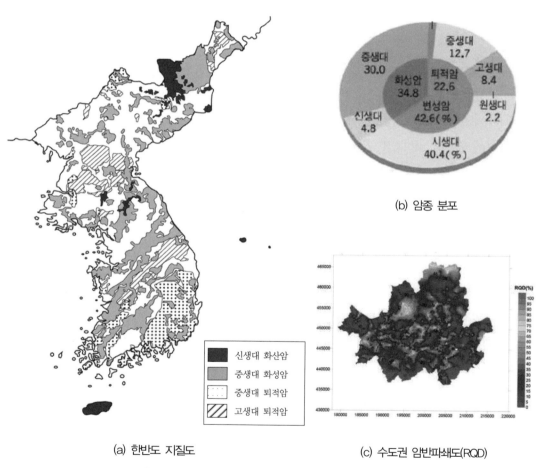

(b) 암종 분포

(a) 한반도 지질도

(c) 수도권 암반파쇄도(RQD)

[그림 1.1] 지질도 및 국내 암종분포(국토교통부, 2016)

RQD, 불연속면의 발달상태 및 풍화정도 등에 따라 로드헤더 굴착공사도 수월해지기 때문에 공사구간의 분포 암종, 심도별 강도 및 RQD 등을 사전에 파악한다면 로드헤더의 굴착설계를 효율적으로 수행할 수 있다. 표 1.1은 국내의 107개 터널현장 실내시험자료(4,280개)를 분석하여 풍화 정도에 따라 암종별 일축압축강도를 분류한 자료이다. 석영함유량에 따라 강도의 차이가 뚜렷함을 알 수 있으며 석영함유량이 작은 암석들은 강도가 낮아 로드헤더 굴착이 상대적으로 유리한 편이다.

[표 1.1] 국내에 분포하는 편마암, 화강암의 강도특성(서용석 등, 2016)

편마암(gneiss)		화강암(granite)	
[UCS 범위, MPa] 풍화암 : 25.8(L)~75.1(U) 연　암 : 31.2(L)~100.8(U) 보통암 : 45.5(L)~98.6(U) 경　암 : 64.0(L)~107.7(U)		[UCS 범위, MPa] 풍화암 : 47.6(L)~74.6(U) 연　암 : 33.5(L)~85.0(U) 보통암 : 62.9(L)~81.6(U) 경　암 : 94.6(L)~189.7(U)	

※ L : 석영함유량 소, U : 석영함유량 대

2. 로드헤더 굴착에 적합한 강도특성

기계굴착에 유리한 암종은 이암, 셰일, 사암, 석회암 등과 같이 일축압축강도가 크지 않은 퇴적암 계열의 암석으로 알려져 있다. 그러나 사암 중에서도 석영의 함유량, 장석의 함유량에 따라 공학적 특성이 달라지는 것과 같이, 주된 성분이 무엇인지에 따라 굴착공사의 난이도가 좌우되기도 한다. 로드헤더 역시 암석의 일축압축강도가 작고 석영함유량이 적을수록 굴착작업성은 용이해진다.

기계화굴착에 적합한 기종을 지반의 강도별로 나타내면 표 1.2와 같다. 로드헤더의 경우 풍화암부터 경암 일부까지 굴착이 가능한 것으로 보고되고 있다. 즉, 풍화암에서 보통암 범위까지 효율이 양호하며 경암 등은 굴착효율이 현저히 저하되므로 TBM 등 기타 기종들의 적용을 함께 검토하는 것이 바람직하다. 한편, 점토의 경우 로드헤더 픽커터 부분에 머드(Mud) 성분이 달라붙어 작업효율이 저하될 수 있으므로 유의해야 한다.

로드헤더의 국가별 시공사례와 각종 문헌자료를 분석한 결과는 표 1.3과 같다. 조사된 시공현장별 암석의 일축압축강도는 다소 편차가 있으나 원활한 작업 성능을 확보하고 경제적인 굴착을 위해서 통상적으로 100MPa 이하의 일축압축강도(UCS)가 적합하다는 주장(Copur and Rostami, 1998)이 설득력을 얻고 있다. 이는 국내 분포하는 화강암 계통의 경암(100MPa 이상)을 제외하고 모든 암종에 대해 로드헤더의 적용을 검토해볼 수 있다는 의미로 해석할 수 있다.

[표 1.2] 지반의 강도별 기계화굴착 적합기종(ITA, 2000)

지반분류	일축압축강도(MPa)	오픈 TBM	토압식 쉴드 TBM	이수식 쉴드 TBM	로드헤더
극경암	> 200	○	×	×	×
경암	120~200	○	△	△	×
	60~120	○	△	△	△
보통암	40~60	○	△	△	○
	20~40	○	△	△	○
연암	6~20	△	○	○	○
풍화암	0.5~6	×	○	○	○
	< 0.5	×	○	○	○
점성토	–	×	○	○	△

※ ○ : 양호, △ : 보통, × : 불량

[표 1.3] 국가별 로드헤더 시공사례별 암석의 강도(한국암반공학회, 2020)

터널명	국가	일축압축강도(UCS, MPa)	암종
Premadio II	이탈리아	27~129	편마암
Airport Link Brisbane	오스트리아	40~80	응회암
Sonnenburg Tunnel	독일	30~85	사암
Durango project	스페인	20~100	이암, 사암
Bilbao Metro	스페인	50~70	석회암, 사암
West Connex	호주	20~50	셰일, 사암
Ottawa LRT project	캐나다	50~90	석회암
Pozzano	이탈리아	90~100	–
Montreal Metro	캐나다	평균 100	셰일
Anei-Kawa Tunnel	일본	143	화강암

[그림 1.2] 시공사례 : Durango(좌) 및 PremadioII(우) Project

CHAPTER 02 로드헤더 굴착설계(공법설계)

로드헤더 설계는 핵심부품과 관련된 'PART III 장비설계'와 이를 운용하는 'PART IV 굴착설계'
로 크게 나뉘며, 굴착설계에 앞서 로드헤더에 장착되는 각종 부품들에 대한 경험적인 정보를 수집하
고 실험·검증하는 절차가 선행되어야 한다. 즉, 픽커터의 최적배열과 제원들을 결정해야 하며, 커
팅헤드의 RPM, 토크 등도 암석의 조건에 맞게 디자인하는 과정이 요구된다.

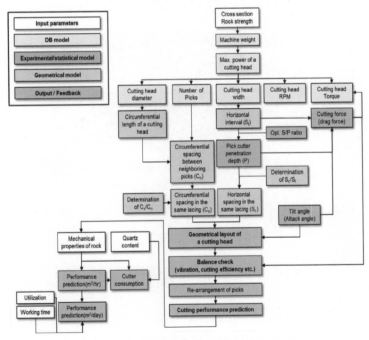

[그림 2.1] 로드헤더 설계과정(장수호 등, 2013)

장수호 등(2013)은 그림 2.1과 같이 다양한 로드헤더 설계정보를 수집하여 이를 데이터 베이스화하고 설계정보들 사이의 상관관계를 분석함으로써 로드헤더의 설계방법과 설계절차를 제시한 바 있다. 최적의 픽커터 간격과 관입깊이의 비율 등을 실험이나 예측식 등을 토대로 도출하게 되며 데이터의 신뢰성을 높이기 위해서 다양한 자료수집과 지속적인 연구가 필요하다고 소개하고 있다.

그러나 로드헤더는 국내에서 개조, 양산하기 어려운 대형장비이고 국내 도입 초기라는 특수성을 감안할 필요성이 있다. 즉, 완제품 형태의 로드헤더로 굴착설계(공법설계)를 수행하는 방향으로 초점을 맞추면 전반적인 공법설계의 흐름은 그림 2.2와 같이 단순화할 수 있다.

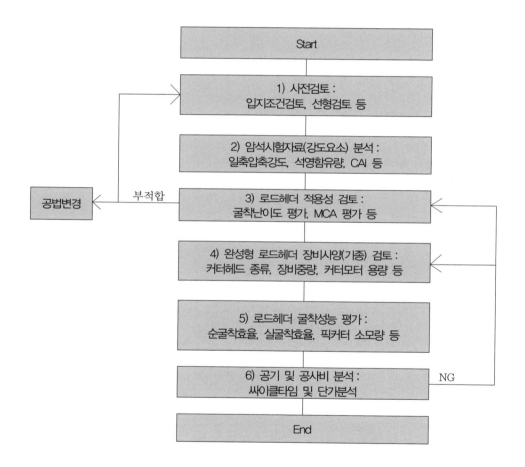

[그림 2.2] 로드헤더 굴착설계 절차(한국암반공학회, 2020)

상기의 간편 플로우차트에 대한 항목별 내용은 국내외 발표된 문헌자료, 최근 국내 설계사례 및 국외 시공사례 등을 중심으로 자세히 소개하기로 한다.

1. 사전검토

사전검토라 함은 계획을 위한 조사 성과에 기초하여, 입지조건 및 선형조건 등을 검토한 후 터널의 기능 및 굴착공사의 안전을 확보함과 동시에 건설비뿐만 아니라 장래의 유지관리를 포함한 경제성 있는 구조물 계획을 목표로 한다.

1.1 입지조건 검토

계획노선 주변의 지장물 현황, 교통 현황, 전력 및 급배수 시설의 용이성 파악을 위한 내용 등이 포함된다. 지상 및 지하구조물들에 대한 저촉 여부와 영향 정도를 사전에 검토하고 관계기관과의 협의를 거쳐 지장물 이설 가능 여부와 보호대책을 수립해야 한다. 또한 도심지 터널공사에서 발파로 인한 진동·소음 민원발생이 빈번하므로 그림 2.3과 같이 발파로 인해 발생하는 제반 문제점들을 줄이기 위한 노력을 기울여야 한다. 최근에는 환경단체에서 적극적으로 성명서를 내고 소음, 진동, 분진 최소화 및 이완영역 최소화 측면에서 탁월한 공법(고성능 기계굴착)이 선정될 수 있도록 발주처 등에 선제적인 노력을 요청하고 있다.

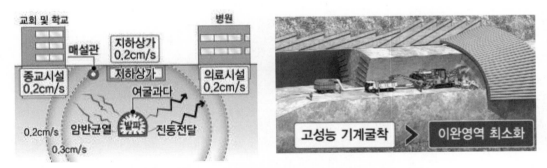

[그림 2.3] 입지조건 검토 사례 및 대안(동탄~인덕원 ○공구 사례)

1.2 선형검토

선형 선정 시 입지조건, 지장물, 지반조건 및 용지조건 등의 제약을 받게 되나, TBM 등의 대형기계굴착은 곡선반경이 또 하나의 제약조건이 될 수 있다. 로드헤더의 경우는 TBM 장비와는 달리 곡선반경의 제약이 없기 때문에 평면선형 계획 시 다양한 노선계획이 가능하다. 로드헤더를 이용한 선형검토에서는 평면선형과 함께 종단선형을 여러 안으로 검토하고, 기계굴착이 용이한 지층을 통과하도록 종단선형을 적절히 들어 올려 계획하는 것도 고려해볼 수 있다.

종단선형 계획 시에는 토피와 종단구배 등이 중요한 요소이다. 로드헤더를 이용한 굴착공사 시, 작업효율과 버력처리의 용이성들을 고려할 때, 토피는 얕은 쪽이 유리하나 상부구조물의 영향 최소화를 위해 함몰, 융기 등의 영향이 없도록 적정 토피고를 확보하는 종단계획을 수립해야 한다. 필요한 최소 토피고는 일반적으로 1.5D~2.0D(D : 굴착외경) 이상이라고 알려져 있으나 적정 토피고는 지층조건, 이완영역에 따라 신중하게 선정되어야 한다.

종단구배는 용도나 시공성을 고려하여 선정해야 한다. 즉, 도로 및 철도터널의 경우 노선 및 도로 등급별 선형 선정기준에 의거하여 종단구배가 선정되는 경우가 많으며, 급구배의 종단이 예상되는 환기구 및 수직구 등은 본선굴착의 작업용이성 등을 감안하여 결정하는 것이 좋다. 즉, 그림 2.4와 같이 전체적인 굴착난이도를 기계굴착에 유리하게끔 조정하기 위해 환기구의 위치를 들어 올리는 것(A사)도 하나의 방법이 될 수 있다.

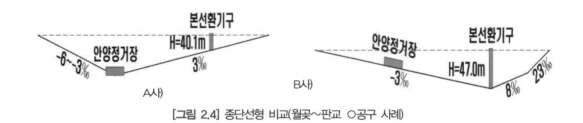

[그림 2.4] 종단선형 비교(월곶~판교 O공구 사례)

2. 암석시험자료(강도요소) 분석

로드헤더를 적용하기 위해서는 각종 암석시험 자료가 필요한 데, 이 중 중요하게 사용되는 것은 암석의 일축압축강도(UCS)와 석영함유량 및 세르샤 마모지수(CAI) 등이다. 터널이 통과하는 심도의 일축압축강도를 파악하면 굴착난이도를 평가하는 데 도움이 되며 석영함유량은 픽커터의 소모량을 추정하는 데 필요하다.

2.1 일축압축강도 분석

그림 2.5는 터널구간에 분포하는 암석의 일축압축강도를 암반등급, 불연속면 분포 등과 함께 표시한 것이다. 일축압축강도를 Contour 형태로 표현하면 미시추 구간에 대한 터널막장면의 강도를 유추할 수 있기 때문에 구간별 굴착계획을 수립하는 데 유용하다.

유의해야 할 점은 터널심도(막장면)에 해당하는 암석의 일축압축강도가 로드헤더로 굴착하기 용이한가를 살펴봐야 한다는 것이다. 강도가 약하고 파쇄대나 풍화대를 많이 통과하는 노선일수록 로드헤더의 적용구간은 넓어진다. 이는 로드헤더로 굴착할 수 있는 암석의 강도를 100MPa 이하로 보는 견해(Copur and Rostami, 1998)가 지배적이기 때문이며, 이 강도를 초과하는 구간에 대해서는 별도의 대책이 요구된다.

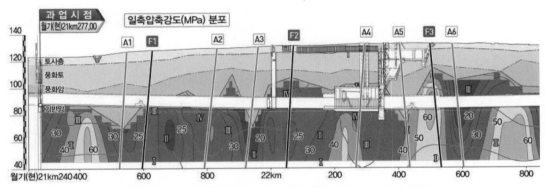

[그림 2.5] 암석의 일축압축강도 분포 조사사례(월곶~판교 ○공구 사례)

2.2 석영함유량 분석

절삭에 사용되는 픽(pick)의 마모원인은 이산화규소(SiO_2), 즉 석영함유량이 지배적이므로 터널심도에 해당하는 암석을 XRD 분석으로 광물성분을 조사하고 성분별 퍼센티지를 파악하는 것이 필요하다. 그림 2.6과 같이 석영함유량의 검출 양상은 암종에 따라 차이가 날 수 있는데, 각종 실험결과에 따르면 픽의 마모도는 암반 내 석영함유량 및 석영입자의 크기에 비례하며 화강암이 많이 분포할수록 석영함유량이 증가하여 픽의 마모도는 심해진다고 알려져 있다.

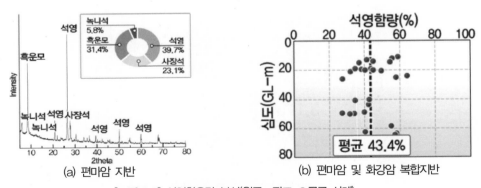

[그림 2.6] 석영함유량 분석(월곶~판교 ○공구 사례)

2.3 세르샤 마모지수(CAI) 분석

프랑스 광업연구소에서 개발된 세르샤 마모시험(Cerchar Abrasivity Test)을 통해 정량적 지수 값(CAI)을 얻을 수 있는데, 석영함유량과 함께 픽 소모량을 예측하는 중요한 지표로 활용된다. 시험은 연한 철제 Tip(또는 다이아몬드 Tip)으로 암반을 10mm 길이로 긁어 발생되는 절삭 홈의 직경과 모양으로 암석의 마모도를 측정하는 방법으로, 이때 암석 긁기에 적용되는 수직하중은 7kgf, 절삭 홈의 크기는 0.1mm 단위로 측정한다.

$$마모도 = \frac{닳은\ bit의\ SE\ -\ 새\ bit의\ SE}{굴삭거리} \tag{2.1}$$

여기서, 비에너지(Specific Energy, SE) = (동력/절삭홈 단면적) / 굴진율을 의미하며, CAI 값은 수회의 평균값을 사용한다.

(a) 세르샤 마모시험 기구

(b) 세르샤 마모시험 모습

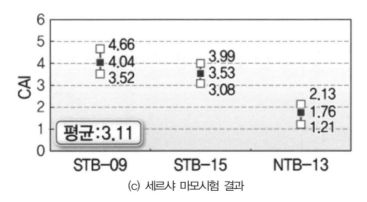

(c) 세르샤 마모시험 결과

[그림 2.7] 세르샤 마모시험 전경 및 실험데이터(동탄~인덕원 ○공구 사례)

석영함유량과 세르샤 마모지수(CAI)를 이용한 픽 소모량 산정방법은 3.4절 '로드헤더 굴착성능 평가' 편에서 자세히 다루도록 한다.

3. 로드헤더 적용성 검토

지반조건을 토대로 기계화굴착 가능성 여부를 사전에 검토하는 내용으로서 '굴착난이도 평가'와 각 종 지표를 활용해 평점을 산출하는 'MCA 기법'을 토대로 로드헤더의 적용성을 판단할 수 있다.

3.1 굴착난이도(Rippability) 평가

암석의 일축압축강도, 절리간격 등으로 굴착난이도를 평가하는 방법으로서, 기계굴착, 발파 등의 한계영역을 구분하고 해당 암석의 실험결과가 기계화굴착에 적합한 영역에 있는지 사전 점검하는 절차 이다. 그림 2.8은 인천지역 내 도시철도에 적용한 굴착난이도 평가사례이며, 기계굴착이 용이한 ❷ 및 ❸ 구간에 위치할 경우 로드헤더 적용이 유리하며 ❶ 구간의 경우 발파 또는 TBM 공법을 검토하는 것이 합리적이다.

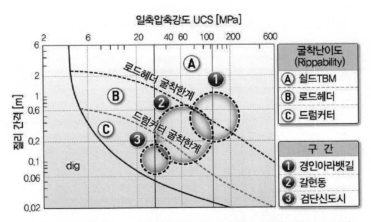

[그림 2.8] 굴착난이도 평가사례(인천도시철도 1호선 검단연장선 ○공구)

3.2 Multi Criteria Analysis(이하 MCA)에 의한 평가

MCA 평가는 굴착방법을 결정하는 요소를 크게 그림 2.9와 같이 5가지 인자(터널길이, 단면크기, 지반조건, 터널심도, 지하수위)로 나누고 각 인자별 세부조건에 가중치를 곱하여 종합평점을 합산하는 방식이다(한국암반공학회, 2020). 세부조건을 살펴보면, 터널길이는 3km 초과 여부, 단면크기는 마이 크로터널 및 대형터널 등으로 나누고 터널심도는 20m 초과 여부, 지반조건과 지하수위 아래 굴착조건 등에 따라 각각 차등 점수를 부여하여 적합공법을 결정한다.

5개 인자에 대한 가중치(ω)는 9개국 전문가 36명의 설문 집계를 근거하여 그림 2.10(a)와 같이 제안되었으며 인자별 세부조건에 가중치를 곱하여 종합점수를 산출한다.

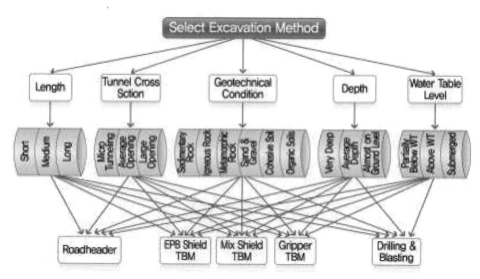

[그림 2.9] Multi Criteria Analysis 개요도(한국암반공학회, 2020)

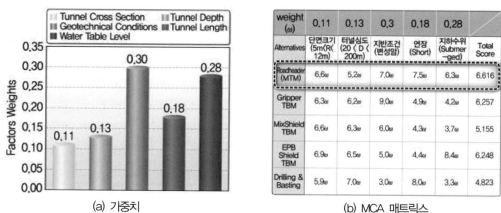

(a) 가중치

weight (ω)	0.11	0.13	0.3	0.18	0.28	
Alternatives	단면크기 (5m⟨R⟨ 12m)	터널심도 (20⟨D⟨ 200m)	지반조건 (변성암)	연장 (Short)	지하수위 (Submer -ged)	Total Score
Roadheader (MTM)	6.6ω	5.2ω	7.0ω	7.5ω	6.3ω	6,616
Gripper TBM	6.3ω	6.2ω	9.0ω	4.9ω	4.2ω	6,257
MixShield TBM	6.6ω	6.3ω	6.0ω	4.3ω	3.7ω	5,155
EPB Shield TBM	6.9ω	6.5ω	5.0ω	4.4ω	8.4ω	6,248
Drilling & Basting	5.9ω	7.0ω	3.0ω	8.0ω	3.3ω	4,823

(b) MCA 매트릭스

[그림 2.10] Multi Criteria Analysis 적용사례(월곶~판교 ○공구)

그림 2.10(b)의 사례를 살펴보면, 단면반경은 5~12m, 터널심도는 20m 이하, 지반조건은 변성암, 터널연장은 3km 미만, 지하수위 아래 굴착조건 등에서 종합평점을 산출한 결과, 로드헤더가 가장 높은 적합성을 나타내고 있다. 참고로 단선철도 규모의 터널에서는 로드헤더가 진입할 수 없기

때문에 적용이 곤란할 수 있으며 대단면 터널에서는 굴착이 가능한 높이(권장 5.5m)에 맞춰 분할굴착 계획을 수립하는 것도 고려해야 한다.

3.3 완성형 로드헤더 장비사양 검토

완성형 로드헤더의 장비사양 검토 시 중요한 요소는 커팅헤드이다. 커팅헤드에는 암반을 절삭할 수 있는 픽커터가 다수 부착되어 있는데, 회전방향에 따라 축방향(Axial 또는 Longitudinal)과 횡방향(Transverse) 커팅헤드로 구분된다(그림 2.11). 축방향 커팅헤드는 붐의 방향과 커팅헤드의 중심축이 일치하는 것이며 횡방향 커팅헤드는 붐 방향과 커팅헤드의 중심축 방향이 직각을 이루는 것으로 정의된다. 일반적으로 커팅헤드의 회전과 장비 자중의 균형을 유지하는 데 횡방향 커팅헤드가 보다 유리하며, 상대적으로 높은 강도의 암반을 굴착할 때도 횡방향 커팅헤드가 주로 사용된다(장수호, 2015).

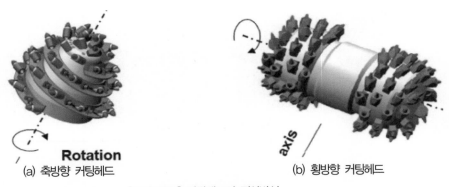

Rotation
(a) 축방향 커팅헤드

axis
(b) 횡방향 커팅헤드

[그림 2.11] 커팅헤드의 절삭방식

3.3.1 커팅헤드의 절삭방식에 따른 장비사양 검토

축방향 커팅헤드 및 횡방향 커팅헤드가 장착된 완성형 로드헤더의 장비사양과 주요 부위별 명칭을 소개하면 표 2.1과 그림 2.12~그림 2.13과 같다.

[표 2.1] 로드헤더 장비제원 비교(SANDVIK, 2010)

Axial Type	Transverse Type
• 총중량 : 120t • Cutter Motor 동력 : 315kW • 규격 : L=20m H=5.1m W=4.56m • 최대 커팅높이 : 7.1m • ϕ22mm Pick 주로 사용	• 총중량 : 130t • Cutter Motor 동력 : 300kW • 규격 : L=19.35m H=4.62m W=4.56m • 최대 커팅높이 : 6.6m(권장 5.5m) • ϕ22mm Pick 주로 사용

구체적으로 횡방향 커팅헤드에서는 암반 굴착 시에 발생하는 반력의 대부분이 굴착기의 몸체 방향으로 작용하기 때문에 안정적이며, 비균질 암반이나 경암에서도 굴착성능의 변화가 작다. 반면, 축방향 커팅헤드는 굴착방향과 회전방향이 같기 때문에 픽커터의 배열설계가 용이하고 굴착속도가 상대적으로 낮으므로 픽커터의 소모가 상대적으로 적은 편이다.

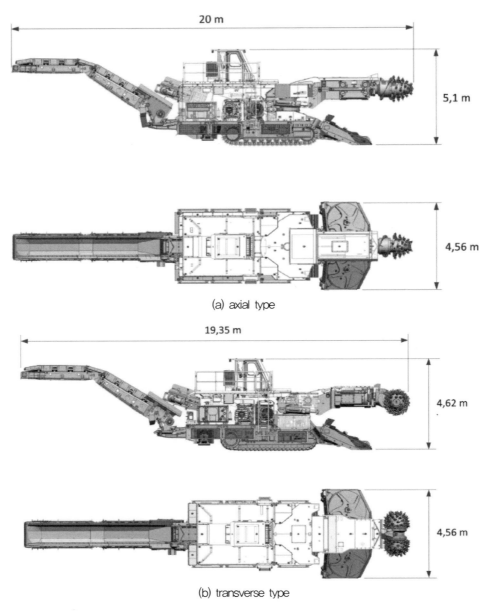

(a) axial type

(b) transverse type

[그림 2.12] 완성형 로드헤더의 제원(SANDVIK, 2010)

| ① Cutter Head |
| (transverse type) |
| ③ Telescopic Boom |
| ④ Water Spray |
| ⑤ Operator's Cabin |
| ⑥ Loading Table |
| ⑧ Crawler track |
| ⑨ Cutter Motor |
| ⑩ Belt Conveyer |

[그림 2.13] 완성형 로드헤더 주요 부위별 명칭

3.3.2 암석강도에 따른 커팅헤드 종류 검토

우리나라와 같이 편마암과 화강암이 많이 나오는 지형에서는 석영함유량이 많고 강도가 비교적 크기 때문에 횡방향 커팅헤드 방식인 TC60(픽 60개)~TC72(픽 72개) 트윈헤드가 적합하다는 것이 중론이다. 암석강도에 따른 커팅헤드의 모델은 그림 2.14와 같으며 강도가 클수록 필요한 픽커터의 개수가 많아지며 굴착효율은 점점 낮아짐을 알 수 있다. 현재 국내 도입 예정인 대부분의 장비는 TC72를 장착한 모델이 주종이며, 일축압축강도가 100MPa보다 큰 경우에는 굴착효율이 현저하게 낮아지기 때문에 특수한 경우를 제외하고 TC87 헤드는 잘 사용하지 않는다.

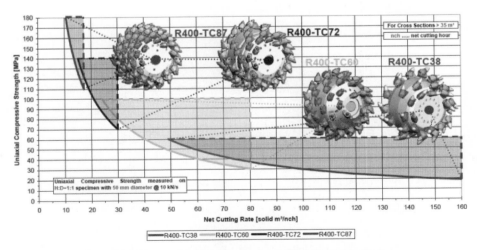

[그림 2.14] 암석강도에 따른 커팅헤드의 종류(SANDVIK, 2010)

이와 같이 로드헤더의 성능은 커팅헤드의 종류에 좌우되며 썸핑(Sumping)과 쉬어링(Shearing)의 반복과정을 통해 지반을 절삭해낸다. 썸핑(Sumping)은 그림 2.15와 같이 터널의 굴진면에 커팅헤드를 관입시키는 작업으로서, 관입깊이는 커팅헤드 직경의 50~60%이다. 일반적으로 커팅헤드는 텔레스코픽(Telescopic) 붐을 움직여서 관입시킨다.

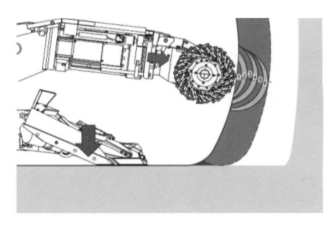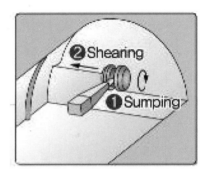

[그림 2.15] 썸핑(sumping) 과정과 쉬어링(shearing)

일정깊이까지 썸핑이 완료되면 상하 또는 좌우 방향으로 굴진면을 절삭하는 작업, 즉 쉬어링(Shearing)을 수행한다. 완성형 로드헤더 장비는 상하 또는 좌우방향으로의 쉬어링이 가능하게 제작된 반면, 일반 굴삭기(Backhoe)에 소형 커팅헤드를 달아 절삭하는 방식(Attachment, 또는 Drum cutter)은 굴삭기 붐의 구조적 한계 때문에 좌우로 힘을 가할 수 없어 수평방향 쉬어링은 불가능하며 상하방향으로의 쉬어링만 가능하다.

3.3.4 장비중량 및 커터모터 용량 확인

로드헤더는 TBM(Tunnel Boring Machine)과 달리 그리퍼와 같은 고정 지지대가 없으므로 굴착시 버틸 수 있는 자중이 클수록 굴착효율이 좋아지며 커터모터의 용량도 크게 운용할 수 있다. 국내 주력 굴삭기의 자중이 30~50톤이고 모터용량이 50~80kW 범위임을 감안한다면, 130톤급, 300kW 장비의 굴착능력은 어느 정도인지 짐작할 수 있다(그림 2.16 참조).

요약하면, 터널단면 규격에 투입이 가능한 장비제원을 절삭방식별로 검토하고 현장의 암석강도와 파쇄 정도에 따라 커팅헤드의 종류를 선정하면 장비중량, 커터모터 용량(kW) 등을 참조하여 굴착효율을 평가할 수 있다.

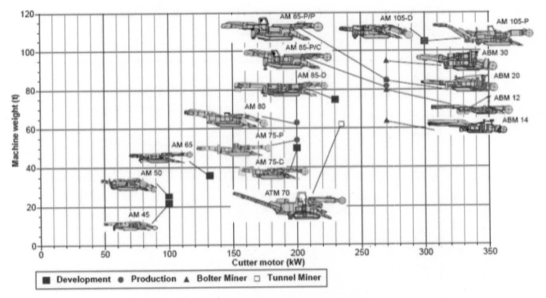

[그림 2.16] 장비중량과 커터모터 용량

3.4 로드헤더 굴착성능 평가

로드헤더의 굴착성능을 평가하기 위한 지표는 순굴착효율(NCR, Net Cutting Rate)과 픽소모량 (SPC, Specific Pick Consumption)이 대표적이며 대부분의 경험적 예측방법들은 암석의 일축압축 강도(UCS, Uniaxial Compressive Strength)를 가장 중요하게 활용하고 있다. 일축압축강도 이외 에도 굴착저항성을 나타낼 수 있는 암석의 물성이나 지표가 활용될 수 있으나 일축압축강도를 활용 하는 것이 효용성과 간편성 측면에서 유리하므로 일축압축강도를 기반으로 한 예측식들이 주로 제 시되고 있다(장수호 등, 2013).

3.4.1 순굴착효율(Net Cutting Rate)

연구자들마다 사용하는 용어가 조금씩 다르긴 하지만 NCR(Net Cutting Rate), ICR(Instantaneous Cutting Rate) 및 Net Cutting Performance 등은 모두 로드헤더의 순굴착효율을 의미한다. 로드 헤더의 순굴착효율은 로드헤더의 용량, 특히 동력과 자중 등에 영향을 받기 때문에 기계적인 용량과 일축압축강도를 함께 고려하는 것이 적정하다.

Thuro and Plinninger(1998, 1999) 등은 암석의 일축압축강도, 로드헤더의 동력과 굴착효율 간의 상관관계를 그림 2.17과 같이 제시하였다. 도해적으로 구할 수 있는 간편하고도 빠른 방법으로 써 불연속면에 대한 굴착작업성(High performance~Low performance)에 따라 순굴착효율을 예측할 수 있으며 현재 생산되고 있는 300kW의 로드헤더에도 적용이 가능하다.

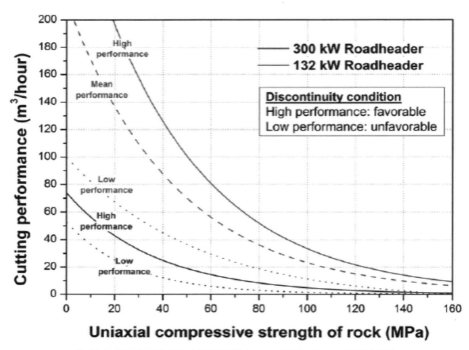

[그림 2.17] 로드헤더의 순굴착효율(Thuro and Plinninger, 1998,1999)

또한 그림 2.18과 같이 Copur 외(1998)와 Ocak and Bilgin(2010)은 암석의 일축압축강도를 기반으로 로드헤더의 순굴착효율을 예측하기 위한 식들을 제안했는데, RQD(Rock Quality Designation)에 따라 굴착효율을 보정하는 개념이다. 제안된 식들을 정리하면 식 (1)~식 (3)과 같다.

$$ICR = 444.35 \times UCS^{-0.8377}$$ 식 (1)

$$ICR = 0.28HP(0.974)^{RMCI}$$ 식 (2)

$$RMCI = UCS(RQD/100)^{2/3}$$ 식 (3)

여기서, ICR은 로드헤더의 순굴착효율(m^3/hr)
  UCS는 암석의 일축압축강도(MPa)
  RQD는 암질지수

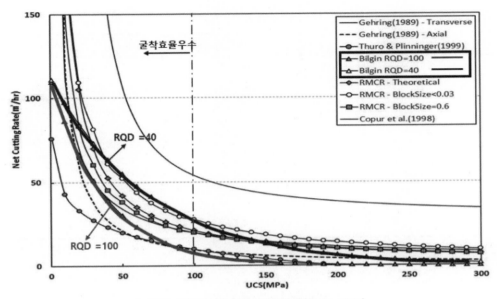

[그림 2.18] RQD에 따른 순굴착효율(Bilgin, 2010)

또한 Gehring(2000)은 커팅헤드의 종류에 따라 다음과 같은 순굴착효율을 제안하였다.

$$ICR = 719/UCS^{60.78} \text{ for transverse type} \qquad \text{식 (4)}$$

$$ICR = 1739/UCS^{1.13} \text{ for axial type} \qquad \text{식 (5)}$$

Restner와 Plinninger(2015)는 RMCR(Rock Mass Cuttability Rating) 모델을 소개한 바 있으며 암반 내 각종 불연속면 정보를 고려하여 유효굴착효율(NCR$_{eff}$)을 산정하기 위한 시도로 평가된다.

$$NCR_{eff} = k_1 \cdot k_2 \cdot k_3 \cdot \frac{7}{UCS} \cdot P \qquad \text{식 (6)}$$

$$k_2 = 45.6 \cdot CR^{-0.9821} \text{ for low cutting speed} \qquad \text{식 (7)}$$

$$= 9.43 \cdot CR^{-0.5614} \text{ for high cutting speed} \qquad \text{식 (8)}$$

$$RMCR = R_{ucs} + R_{BS} + R_{JC} + R_{Ori} \qquad \text{식 (9)}$$

[표 2.2] 강도계수(TC=UCS/BTS)에 따른 강도 분류와 보정계수 k_1

강도계수(TC)	강도분류	보정계수
≤6	very tough	−25%(k_1=0.75)
6~8	tough	−15%(k_1=0.85)
8~15	normal	±0%(k_1=1.0)
15~20	brittle	+10%(k_1=1.1)
>20	very brittle	+20%(k_1=1.2)

주) BTS : Brazilian Tensile Strength, P는 커팅헤드의 동력(kW)

[표 2.3] UCS, 블록 크기, 절리 상태, 절리군 방향에 따른 RMCR 등급 계수

R_{UCS}-일축압축강도에 따른 등급		RB_S-블록 크기에 따른 등급	
UCS(MPa)	등급	블록 크기(m³)	등급
1~5	15	>0.6	20
5~25	12	0.3~0.6	16
25~50	7	0.1~0.3	10
50~100	4	0.06~0.1	8
100~200	2	0.03~0.06	5
>200	1	0.01~0.3	3
		<0.01	1

R_{JC} - 절리 상태에 따른 등급				R_{ori} - 절리군의 방향	
표면	간격	면/충진	등급	방향	등급
거침	closed	견고, 건조	30	매우 유리	−12
약간 거침	<1mm	견고, 건조	20	유리	−10
		연약, 건조	10	보통(블록 크기<0.03m³)	−5
매끄러움	1~5mm	연약, 습윤	5	불리	−3
매우 매끄러움	>5mm	연약, 젖음	0	매우 불리	0

이론적 분석과 실험에 의한 경험적 분석에 의하면, 지하굴착을 하는 동안 강도뿐만 아니라 주변지반의 응력상태(k_3, Stress condition factor)가 장비마모에 추가적인 요인으로 작용할 수 있다 (Gehring, 2000; Alber, 2008). 즉, 막장면에 작용하는 높은 2차 응력상태에서는 굴착효율이 감소하고 장비 마모율이 증가할 수 있다. 그러나 아직까지 이용 가능한 데이터가 부족하므로 일반적인 범위 내에서 적용한다면 k_3는 1.0의 사용을 권장한다.

그림 2.19는 여러 불연속면의 정보를 토대로 RMCR 값을 평가한 예시이다. 그림 2.20의 그래프에서 알 수 있듯이 RMCR 평점이 30 정도이면 이론적인 순굴착효율에 비해 60% 정도 굴착효율이 향상됨을 알 수 있는데, Restner and Plinninger(2015)는 이를 유효굴착효율(Effective Net Cutting Rate, NCR_{eff})이라 정의하였다. 여기서, RMCR 평점이 40 이상이면 굴착효율 향상에 미치는 효과가 거의 없음을 알 수 있다.

Rating of uniaxial compressive strength		Rating of block size	
		Block size [m³]	Rating
UCS [MPa]	Rating	> 0,6	20
1 - 5	15	0,3 - 0,6	16
5 - 25	12	0,1 - 0,3	10
25 - 50	7	0,06 - 0,1	8
50 - 100 →	4	0,03 - 0,06 →	5
100 - 200	2	0,01 - 0,03	3
> 200	1	< 0,01	1

Rating of joint conditions				Rating of orientation of joint set	
Surface	Aperture	Wall/Fill	Rating	Influence on cuttability	Rating
rough	closed	hard, dry →	30	very favorable →	-12
slightly rough	< 1 mm	hard, dry	20	favorable	-10
slightly rough	< 1 mm	soft, dry	10	fair (and if block size <0,03m³)	-5
smooth	1 - 5 mm	soft, damp	5	unfavorable	-3
very smooth	> 5 mm	soft, damp to wet	0	very unfavorable	0

Calculated RMCR = 27

[그림 2.19] RMCR 평점 산출 예시(한국암반공학회, 2020)

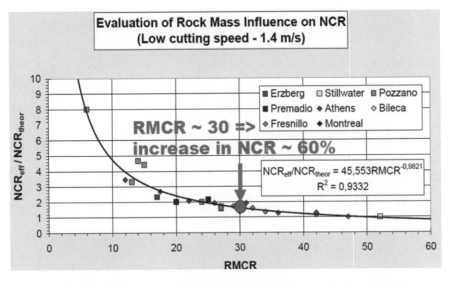

[그림 2.20] RMCR에 의한 굴착효율 증가 분석(Restner and Plinninger, 2015)

한편, 암석의 일축압축강도 및 불연속면의 정보만 가지고 굴착에 대한 암반의 저항성을 정확히 평가하기 어려운 것이 사실이다. McFeat-Smith and Fowell(1977)은 로드헤더의 순굴착속도, 동력, 픽커터의 소모율 등에 대한 현장 및 실험데이터를 분석하여 다음과 같은 관계식들을 제시한 바 있다.

$$SE = -4.38 + 0.14(CI)^2 + 3.30(UCS)^{1/3} + 0.000018(SH)^3 \qquad \text{식 (10)}$$

$$CW = 0.55 + 4.25(SH)^3 10^{-5} - 1.88(SH)^2 + 1.98(CC)^{-3} + 1.20(QC)^3 10^{-6} \qquad \text{식 (11)}$$

여기서, SE는 픽커터에 작용하는 절삭력으로부터 계산되는 절삭 비에너지(단위 : MJ/m³), CI는 콘 인덴터지수(cone indenter index), UCS는 암석의 일축압축강도(단위 : MPa), SH는 암석의 쇼어경도, CW는 픽커터의 마모율(cutting wear, 단위 : mg/m), CC는 시멘테이션 계수(cementation coefficient) 그리고 QC는 석영함유량(단위 : %)이다.

Rostami(2011)는 앞선 절삭 비에너지 SE, 커팅헤드 동력 및 로드헤더의 순굴착속도 사이의 상관관계를 다음과 같이 제시하였다.

$$ICR = k\left(\frac{P}{SE}\right) \qquad \text{식 (12)}$$

여기서, P는 커팅헤드의 동력(kW)
$\quad\quad\quad SE$는 절삭 비에너지(kW·hr/m³)
$\quad\quad\quad k$는 기계의 효율을 나타내는 계수(0.6~0.8)

궁극적으로, 로드헤더는 하루 동안 작업가능한 모든 시간을 굴착에만 쓸 수 있는 것이 아니므로 픽 교체시간, 장비 이동시간, 고장수리 시간 등을 고려한 실굴착효율(Operating Cutting Rate, OCR)을 산출해야 한다.

3.4.2 실굴착효율(Operating Cutting Rate) 및 굴진속도(Advance Rate) 산정

전술한 바와 같이 로드헤더의 순굴착효율(ICR, NCR 및 NCR$_{eff}$)을 예측할 수 있으면, 가동률(Utilization)을 곱하여 실굴착효율(OCR, Operating Cutting Rate)을 구할 수 있다.

$$OCR = NCR \times U \qquad \text{식 (13)}$$

또한 TBM의 굴진율 산정과정과 유사한 방식으로 단면적을 곱하면 시간당 로드헤더의 관입깊이, 즉 순관입속도(PR)를 얻을 수 있다. 따라서 로드헤더의 실굴진속도(AR)는 가동률(U)과 일작업시간(T_w)을 고려함으로써 산출할 수 있다(장수호 등, 2013).

$$PR = ICR \times A \qquad\qquad\qquad 식 (14)$$

$$AR = PR \times U \times T_w \qquad\qquad\qquad 식 (15)$$

여기서, PR은 로드헤더의 순관입속도(m/hr)
$\qquad\quad A$는 굴착단면적(m^2)
$\qquad\quad AR$은 로드헤더의 실굴진속도(m/day)
$\qquad\quad U$는 로드헤더의 가동률(%)
$\qquad\quad T_w$는 로드헤더의 1일 작업시간(hr)

여기서, 로드헤더의 가동률(U)은 장비의 이동, 픽교체, 장비수리 등을 고려하여 총가동시간 대비 실제 가용 시간을 퍼센트로 나타낸 것이며 표 2.4와 같이 암석의 종류나 강도에 따라 15~40%의 가동률을 권장하고 있다(Rostami, 2011).

[표 2.4] TBM 및 로드헤더의 가동률(Rostami, 2011)

Machine types	Rock type / Strength	Specific Energy (kW · h/m³)	Mechanical Efficiency(%)	Utilization(%)
TBM	Soft (<100MPa)	5~7	80~85	25~50
	Medium(100~200MPa)	8~12		
	Hard(>200MPa)	12~17		
Roadheader	Soft (<40MPa)	2~5	80~90	15~40
	Medium(40~70MPa)	5~8		
	Hard(70~100MPa)	8~11		

1일 작업시간(T_w)은 국가별로 차이는 있으나 로드헤더가 주야간 작업을 병행하므로 24시간 가동이 가능하며, 호주 현장은 주야간 작업조를 교대하면서 하루 20시간을 작업하는 것으로 조사되었다. 자세한 내용은 표 2.5를 참조하길 바란다.

[표 2.5] 각국의 로드헤더 시공사례(Restner, 2007)

현장명(국가)	암종	암석정보	굴착효율(m³/hr)	장비운영	비고
Metro Montreal (캐나다)	셰일, 석회암	UCS=90MPa 이하 CAI=0.7 RMCR=0~30	NCR=27 NCReff=40 실굴착효율=30.8	기종 MT-720 (10시간, 굴착교대 2회) 가동률=77%	픽소모량 0.1 Pick/m³
San Sebastian (스페인)	셰일, 사암	UCS=25~50MPa CAI=0.2~0.4 RMCR=unknown	NCR=unknown 실굴착효율=27.8	기종 MT-720 (24시간, 굴착교대3회) 가동률=unknown	픽소모량 0.1 Pick/m³
Mont Cenis (프랑스-이탈리아)	편암, 석회암 사암	UCS=평균 65MPa CAI=1.6 RMCR=32	NCReff=45 실굴착효율=22.5	기종 ATM105 (10시간, 굴착교대 2회) 가동률=50%	픽소모량 (직경22mm) 0.07 Pick/m³
Aarburg (스위스)	석회암	UCS=75MPa 이하 CAI=1.3 이하 RMCR=0~29	실굴착효율=46	기종 MT-720 가동률=unknown	픽소모량 0.04 Pick/m³

(a) Metro Montreal(터널폭 16m)

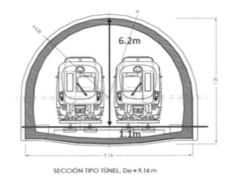

(b) San Sebastian Metro

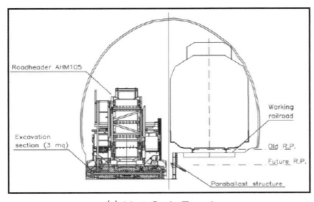

(c) Mont Cenis Tunnel

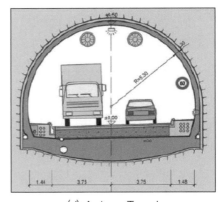

(d) Aarburg Tunnel

[그림 2.21] 로드헤더 시공사례(Restner, 2007)

3.4.3 픽커터의 구조와 소모량(Specific Pick Consumption) 산정

픽커터의 두부(Head)와 샤프트(Shaft)는 열처리 강재로 만들어지며, 텅스텐 카바이드 삽입재를 지지하고 커터박스(Bbox 또는 Holder)를 보호하는 역할도 한다. 또한 커터박스는 암반을 절삭하는 픽커터의 위치를 결정하며 커팅헤드에 용접된다. 커터박스는 특수 열처리강으로 제작되며 적용지반에 따라 교환이 가능한 내마모성 슬리브(Sleeve)를 삽입한다. 암반이 약할 경우에는 두부가 좁은 형태의 픽커터를 사용하여 관입성능을 높이는 반면, 경암에서는 큰 충격에 대한 저항성과 내구성을 확보할 수 있도록 두부와 삽입재의 폭이 넓은 픽커터를 사용한다(그림 2.22).

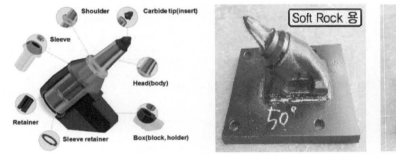

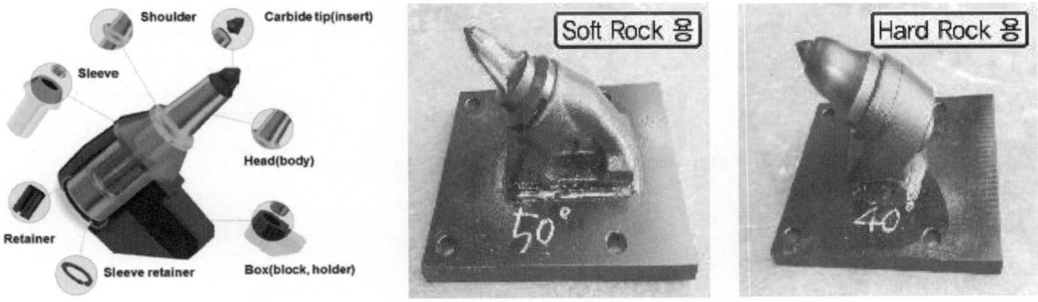

(a) 픽커터의 구조   (b) 픽커터의 종류

[그림 2.22] 픽커터의 구조 및 종류

TBM의 디스크커터와 마찬가지로 픽커터는 일정한 깊이만큼 암반 내로 관입되어 절삭하게 되며 이때 픽커터 선단에는 연직력, 절삭력 및 암반과의 마찰에 의한 구동력이 발생하게 된다. 픽커터가 암반면과 이루는 절삭각(Attack angle)은 그림 2.23과 같이 커터 작용력 성분의 합력방향과 절삭력이 이루는 각도와 동일하게, 즉 픽커터의 방향이 합력방향과 평행하도록 설계해야 한다(Rostami, 2013).

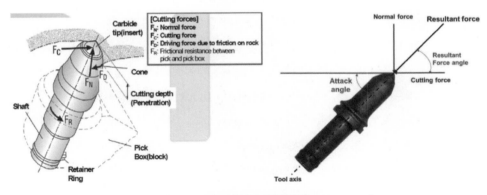

[그림 2.23] 픽커터의 작용력과 합력방향(Rostami, 2013)

커팅헤드 설계에서 또 한 가지 중요한 사항 중 하나는 픽커터의 간격(s)을 결정하는 것으로 최소의 절삭비에너지(Specific Energy)로 최적의 절삭 성능을 얻을 수 있도록 해야 한다(그림 2.24). 픽커터의 간격은 선형절삭시험기(linear cutting machine)에 의한 실험이나 현장자료에 기반한 데이터베이스 등을 활용할 수 있는데, 완성형 로드헤더의 픽커터 간격 및 배열 등은 암반조건에 따른 제조사별 노하우로 제작되기도 한다(한국암반공학회, 2020).

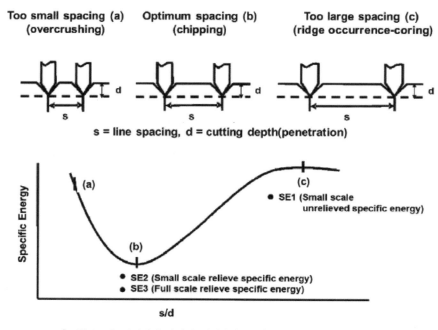

[그림 2.24] 픽커터의 간격과 비에너지 관계(Balci and Bilgin, 2007)

이러한 픽커터의 소모량은 로드헤더의 굴착효율과 함께 가장 중요한 부분이다. 픽커터의 소모량이 과도하게 늘어나면 굴착속도가 느려질 뿐만 아니라 공사비도 증가하기 때문이다. 픽커터의 소모량을 예측하기 위한 도표들은 대부분 경험적인 것들이며 그림 2.25와 같이 암석의 일축압축강도와 이산화규소(SiO_2), 즉 석영함유량을 고려하여 산정하는 것이 합리적이다. 또한 픽커터의 소모량은 그림 2.26과 같이 세르샤 마모지수(Cerchar Abrasivity Index, CAI)를 통해서도 예측할 수 있는데, 이때 일축압축강도를 측정하기 위한 공시체의 비율(H:D)은 1:1을 사용해야 하며 장비제조사에서 제안하는 방식이기도 하다. 참고로 공시체의 표준은 2:1이며, 1:1로 성형하여 시험할 경우 일축압축강도가 크게 산출되는 경향이 있으므로(Bieniawski, 1968), 이 결과로부터 픽커터의 소모량을 예측하면 다소 보수적인 결과를 가져올 수 있다.

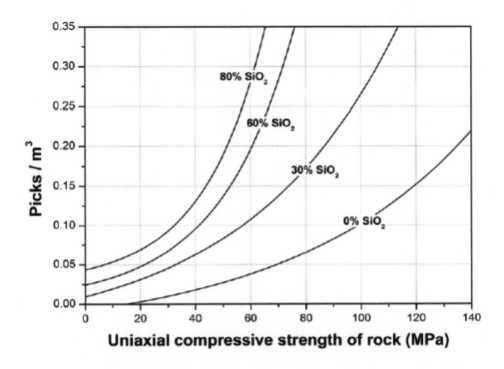

[그림 2.25] 석영함유량에 의한 픽커터 소모량 예측(Thuro and Plinninger, 1998)

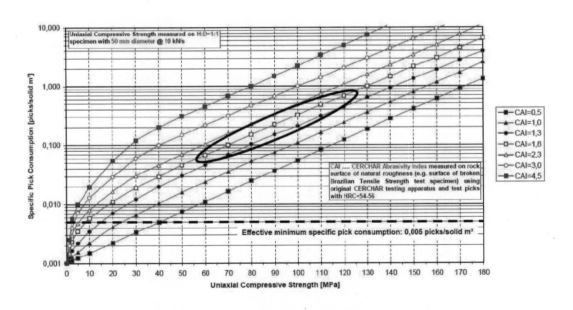

[그림 2.26] CAI에 의한 픽커터 소모량 예측(SANDVIK, 2014)

4. 공기 및 공사비 분석

로드헤더 굴착공사의 싸이클 타임은 터널 굴착공기 산출의 중요한 요소이다. 로드헤더의 일작업시간(T_w)은 10~24시간 정도이나 암질과 강도에 따라 다르고, 장비의 노후도, 기기를 운영하는 국가별 근무조건별에 따라 다소 차이가 있다.

4.1 로드헤더 싸이클 타임

스페인 San Sebastian Metro 현장의 경우, 1shift, 8시간을 기준으로 하루 최대 3shift를 운용 중이며, 주 6일(일요일 휴무)의 작업일수가 공기산정에 포함된다. 호주 WestConnex 현장은 주야간 작업조를 교대하면서 하루 20시간 작업하는 것으로 조사되었으며 주 7일 근무, 3일 휴식의 교대근무제를 실시하고 있다.

[표 2.6] 작업시간 조사사례(스페인 San Sebastian Metro, 2019)

구분	현장	Site A	Site B
	장비명	MT720(SANDVIK사)	ATM105(SANDVIK사)
현장 지반 조건	암종	셰일, 사암	석회암, 사암
	암질	Soft rock	Soft rock~Hard rock
	UCS	50MPa(슈미트해머 기준)	80~160MPa(1:1 시편기준)
	CAI	Shale, Sandstone : 0.4 (석영함유량 : 15%)	Sandstone : 1.2 (석영함유량 : 40%)
1일 굴진장		10m(굴진장 5m, 2cycle)	6m(굴진장 4m, 1.5cycle)
싸이클타임		11시간(굴착 9~10hr, 지보설치 2~3hr)	15시간(굴착 12hr, 지보설치 3~4hr)
일작업시간		24시간	12시간(∵ 노후장비)
실굴착량(m³/hr)		27.8	18.2
운영	필요인원	7명(운전원 1명,지보설치 4명, 정비공 2명)	5명(운전원 1명, 지보설치2명, 정비공 1명, 전기공 1명)
	작업일수	6일/주(일요일 휴무)	6일/주(일요일 휴무)

※ 터널 굴착단면적 : 상반 50m², 하반 10m²

로드헤더는 소음진동이 작고 주야간 작업이 가능하므로 주간 발파(1cycle)만 가능한 국내 NATM 현장에 비해 공기단축의 장점을 지니고 있다.

[표 2.7] 작업시간 조사사례(호주 WestConnex, 2019)

구분	현장	M4-M5 Link	관련 자료	
	장비명	MT720(SANDVIK사)		
현장 지반 조건	암종	셰일, 사암	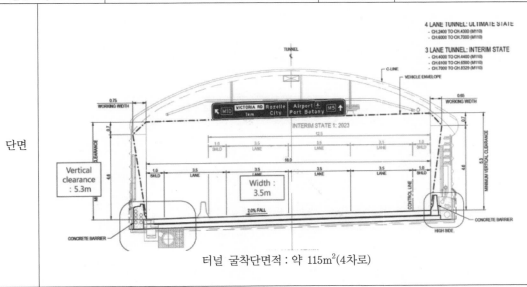	
	암질	Soft rock		
	UCS	20~80MPa		
	CAI	unknown (석영함유량 : 75%)		
1일 굴진장		5m 싸이클타임=unknown	일작업시간	20hr
실굴착량(m³/hr)		30~40	작업일수	7일/주(주야간 교대)

단면	

터널 굴착단면적 : 약 115m²(4차로)

국내의 복선터널에 적용한 지보패턴별 로드헤더 싸이클타임 산출사례는 표 2.8과 같다. 주의할 점은 로드헤더의 굴착량은 순굴착효율(Net Cutting Rate)이 아닌 실굴착효율(Operating Cutting Rate)을 적용하여야 한다는 것이다. 커팅헤드에 달려 있는 픽(pick)이 닳거나 파손될 경우 이를 교체하는 시간이 필요할 것이며, 막장면을 반복굴착하기 위한 장비이동과 세팅에 필요한 시간들도 고려해야 하기 때문이다. 패턴 PD-4B를 기준으로 상반 1막장(굴진장 1.2m)을 굴착하는 데 필요한 싸이클 타임은 약 450분(7.5시간) 내외가 소요됨을 알 수 있으며 이는 지보재 설치시간과도 연관이 있다.

[표 2.8] 싸이클타임 조사사례(월곶~판교 ○공구)

구분	패턴		단위	PD-4B		비고
				상반	하반	
굴착 조건	암 종			연암	연암	편마암
	터 널 단 면 군			C	C	
	굴 착 공 법			로드헤더	로드헤더	
	굴 진 장		m	1.2	2.4	
	록 볼 트 규 격		m	4	4	
장비 능력	로 드 헤 더 의 굴 착 량		m³/hr	56.80	56.80	실굴착효율(O.C.R.)
	적 재 장 비 (로 더) 능 력		m³/hr	136.34	136.34	버킷규격 5.0m³
	숏 크 리 트 타 설 능 력[1]		m³/hr	6.02	6.02	q=12.5m³/hr
	록 볼 트 천 공 속 도		m/min	0.80	1.00	점보드릴
단위 수량	굴 착 량		m³/m	57.026	27.376	
	여 굴 량		m³/m	1.334	0.320	
	숏 크 리 트		m³/m	3.333	0.787	
	면 정 리		m²/m	19.148	4.568	
	격 자 및 강 지 보 재		set/m	1.000	1.000	
	록 볼 트		ea/m	12.917	3.333	
굴진장당 수량	굴 착 량		m³	68.431	65.702	
	여 굴 량		m³	1.601	0.768	
	버 력 량		m³	70.032	66.470	
	숏 크 리 트		m³	4.000	1.889	
	면 정 리		m²	22.978	10.963	
	격 자 및 강 지 보 재		set	0.833	0.833	
	록 볼 트		ea	15.500	8.000	
싸이클타임	착암	천 공 준 비	min	30	19.5	하반 65%
		측 량 및 마 킹	min	17.5	11.3	하반 65%
		고 성 능 기 계 굴 착	min	72.29	69.40	굴착량/굴착능력×60
		환 기	min	0	0	
		소 계	min	119.79	100.2	
	버력 처리	버 력 처 리 준 비	min	10	10	
		버 력 처 리	min	9.25	8.78	버력량/로더능력, 로드헤더30%
		부석제거 및 뒷정리	min	45	29.2	하반 65%
		운 반 차 입 환	min	0	0	차량교행가능시 "0"
		소 계	min	64.25	47.98	
	숏크 리트	타 설 준 비	min	10	10	
		바닥청소 및 면정리	min	21.54	10.27	면정리/(64m²/hr)×60
		지 보 설 치	min	42.50	27.62	하반 65%
		숏 크 리 트 타 설	min	39.86	18.83	타설량/타설능력×60
		리 바 운 드 제 거	min	20	13	하반 65%
		장 비 점 검 및 기 타	min	10	10	
		소 계	min	133.90	79.72	
	록볼트	설 치 준 비	min	10	10	
		천 공 시 간	min	25.83	10.67	개수×길이/천공속도/3(붐)
		공 내 청 소	min	15.50	8	개수×1분
		충 진	min	31	16	개수×2분
		정 착	min	31	16	개수×2분
		이 동 및 기 타	min	15	15	
		소 계	min	128.33	75.67	
	싸이클타임 계		min	446.27	303.57	

※ 1) 숏크리트 타설능력(Q)=q×E×(1-손실율)(m³/hr)
   • q : 뿜어 붙임 기계 능력=12.5m³/hr, E : 효율=0.55
   • 손실율=(상반숏크리트 수량×0.13+하반숏크리트 수량×0.10)/전단면 숏크리트 수량

4.2 로드헤더 단가산출

로드헤더의 굴착 단가산출은 최근의 표준품셈을 적용하여 표 2.10과 같이 예시로 수록하였다. 노무비 단가와 픽의 단가를 확인하고 굴착인건비와 픽소모비의 합으로 굴착단가를 산출한다.

굴착단가 내 버력처리 싸이클은 로드헤더에 장착된 벨트 컨베이어(belt conveyer)에 의해 버력이 트럭에 상차되는 것을 고려하되, 발생된 버력의 70%를 덤프에 직상차하고 상차과정이나 채집과정에서 바닥에 흘린 버력은 로더에 의해 별도 상차하는 것으로 고려하는 것이 바람직하다.

표준품셈의 기계굴착에 필요한 작업인원은 풍화암 굴착의 경우, 장약공과 록볼트 천공작업에 필요한 점보드릴 운전원을 작업조에 포함하지 않는데, 암반굴착이 가능한 로드헤더 기계굴착은 록볼트 시공을 위한 점보드릴 운전원을 함께 포함시켜 적용하는 것이 유리하다.

또한 굴착인건비는 작업여건에 의한 할증을 포함시켜야 하며, 장대터널 할증율과 야간작업 할증률을 더하여 추가 계상하도록 한다. 장대터널의 연장에 대한 할증률은 표준품셈을 참고하되, 야간작업 할증률은 철도설계기준(KRQP C-12070, 표 2.9)을 참조할 수 있다.

[표 2.9] 야간작업 할증률(철도설계기준, KRQP C-12070)

구 분		야간작업 할증율
1일 2교대 (1일 20시간)	1교대	07:00 ─ 12:00 13:00 ─ 16:00 ─ 18:00 주간 / 휴식 / 주간 / 시간외 8시간 1(P) - 휴식 1시간 제외 / 2시간 1.5(P) 구속시간 11시간(실작업시간 10시간)
	2교대	18:00 ─ 20:00 ─ 22:00 23:00 24:00 ─ 05:00 시간외 / 주간 / 야간 / 휴식 / 야간 2시간 1.5(P) / 2시간 1(P) / 6시간 1.5(P) - 휴식 1시간 제외 구속시간 11시간(실작업시간 10시간)
	할증 계수	노임 : (8/8×1.0+2/8×1.5)+(2/8×1.5+2/8×1.0+6/8×1.5)=3.125 작업량 : (8/8×1.0+2/8×1.0)+(2/8×1.0+2/8×1.0+6/8×0.8)=2.35 할증계수=노임/작업량=3.125/2.35-1=0.3297≒0.329(P)
1일 3교대 (1일 24시간)	1교대	07:00 ─ 12:00 13:00 ─ 16:00 주간 / 휴식 / 주간 8시간 1.0(P) - 휴식 1시간 제외 구속시간 9시간(실작업시간 8시간)
	2교대	15:00 ─ 19:00 20:00 ─ 22:00 ─ 24:00 주간 / 휴식 / 주간 / 주간 4시간 1.0(P) / 2시간 1.0(P) / 2시간 1.5(P) 구속시간 9시간(실작업시간 8시간)
	3교대	23:00 ─ 03:00 04:00 ─ 06:00 ─ 08:00 야간 / 휴식 / 야간 / 주간 4시간 1.5(P) / 2시간 1.5(P) / 2시간 1.0(P) 구속시간 9시간(실작업시간 8시간)
	할증 계수	노임 : (8/8×1.0)+(6/8×1.0+2/8×1.5)+(4/8×1.5+2/8×1.5+2/8×1.0)=3.50 작업량 : (8/8×1.0)+(6/8×1.0+2/8×0.8)+(4/8×0.8+2/8×0.8+2/8×1.0)=2.80 할증계수=노임/작업량=3.50/2.80-1=0.250(P)

[표 2.10] 로드헤더 단가산출(월곳~판교 ○공구 사례)

공종	단위	단가 산출(예시)	비 고 [품셈]

고성능기계굴착 상반굴착 (PD-4B, 로드헤더)	m³	1. 굴착조건
		 1) 굴착 단면 : A1=57.026m²
		 2) 여굴 단면 : A2=1.334m²
		 3) 1발파당 진행장 : L1=1.2m
		 4) 1발파당 굴착량 : V1=57.026m²×1.2m=68.431m³
		 5) 1발파당 버력량 : V2=(57.026m²+1.334m²)×1.2m=70.0318m³
		 6) 굴착장비 : 고성능 기계굴착장비 1대
		2. 싸이클타임
		 1) 굴착
		  A) 천공 준비 : T11=30분
		  B) 측량 및 마킹 : T12=17.5분
		  C) 굴착 :
		   - 고성능 기계굴착장비 : T02=56.8m³/hr
		   - 굴착시간 : T03=68.431m³/56.8m³/hr×60분=72.29분
		    소계 : T=30+17.5+72.29=119.79분
		 2) 버력처리
		  A) 버력처리 준비 : G1=10분
		  B) 버력처리(5.0m³ 로더+24ton 덤프트럭)
		   qo=5.0m³, f=1/1.4=0.71, k=0.90, E=0.55
		   t21=18, t22=14, l=8, m=1.8
		   Cm=1.8×8+18+14=46.40 sec
		   Qp=(3,600×5.0×0.9×0.71×0.55)/46.4=136.34m³/hr
		   70%는 직상차, 30%는 로더상차
		   버력처리 : G2=70.0318m³/136.34m³/hr×60×0.3=9.25분
		  C) 운반차 입환 : G3=0분
		  D) 부석 제거 및 뒷정리 : G4=45분
		   소계 : G=10+9.25+0+45=64.25분
		 3) 숏크리트 타설 : 133.9분(숏크리트타설 참조)
		 4) 록볼트 설치 : 128.33분(록볼트설치 참조)
		  ∴ 굴착 싸이클 타임 계
		   계 : CM=119.79+64.25+133.9+128.33=446.27분
		3. 뚫기 1발파당 소요인원
		  M=446.27분/480분=0.930인
		4. m³당 기본품률
		  R=0.930인/68.431m³=0.0136인/m³
		5. 터널굴착 인건비
		  작업반장 : 1인×0.0136인/m³=0.0136인/m³
		  점보드릴 운전원 : 1인×0.0136인/m³=0.0136인/m³
		  고소대차 운전원 : 1인×0.0136인/m³=0.0136인/m³
		  로더 운전원 : 1인×0.0136인/m³=0.0136인/m³
		  굴삭기 운전원 : 1인×0.0136인/m³=0.0136인/m³
		  숏크리트머신 운전원 : 1인×0.0136인/m³=0.0136인/m³
		  보통 인부 : 7인×0.0136인/m³=0.0952인/m³
		6. 작업 할증률 계산
		  기본 : Lf0=100.0%
		  야간작업 할증 : Lf1=0%
		  장대 할증 : Lf2=0%
		  ∴ 작업 할증율 : Lf=(0+0)/100=0
		   노무비 할증율 : 0
		7. 잡재료비(노무비의 3%)
		8. 중기 사용료
		  1) 고성능기계굴착장비 구입운용 : 별도계산
		  2) 픽(pick) 소모비 : 0.08 pick/m³
			[토목] 3-2-1
			
			[토목] 3-2-1
			[공통] 8-2-5
			
			컨베이어 직상차
			
			[토목] 3-2-1
			[토목] 3-2-1
			
			[토목] 3-2-5
			록볼트천공
			
			[토목] 3-1-1
			
			[토목] 3-2-5

CHAPTER 03 장비반입, 운전, 환기 및 진동

1. 장비반입

로드헤더는 중형 굴삭기보다 4~5배 정도 규모가 크기 때문에 터널 내에 쉽게 진입할 수 없다. 즉, 터널의 단면크기를 고려하여 장비분할과 현장반입계획을 검토해야 하며, 상황에 따라 장비 투입을 위한 수직구 및 횡갱 계획도 수립해야 한다.

1.1 분할

로드헤더는 공장에서 제작되는 장비이므로 현장까지 운송하려면 여러 개의 부품으로 분할하여 운반한 후 조립하는 과정이 필요하며 발주사의 요구와 현장상황에 따라 팩킹 개수가 달라질 수 있다. 분할 가능한 최대 개수는 30여 개 정도이며 대칭구조의 부품은 같이 팩킹하므로 축소하면 10여 개 내외의 팩킹파트로 구성하기도 한다.

선박 또는 항공편으로 운송해야 하므로 여러 개로 팩킹하면 운반·이동하기는 용이하나 다시 조립하는 데 1~2개월의 시간이 필요하고 별도의 조립공간도 확보해야 한다. 반면 최소한의 개수로 팩킹하면 재조립은 용이하나 운반부품의 크기와 하중이 커지므로 트레일러 운반 시의 제약사항이 생긴다. 현행법상 일반도로의 차량운행제한은 축하중 10t, 총중량 40t이며, 너비 2.5m, 높이 4.0m, 길이 16.7m를 초과해서는 안 되기 때문이다.

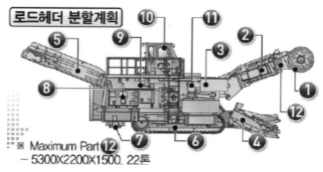

[그림 3.1] 분할계획 사례(인천도시철도 1호선 검단연장선 ○공구)

1.2 장비반입

로드헤더를 활용하고자 하는 현장은 산악터널보다는 도심지 천층터널이며 도심지, 주택가, 상가와 인접해 있는 경우가 많다. 그림 3.2(a)와 같이 로드헤더 장비를 개착구조물로부터 점진적으로 지하공간으로 진입시킨다면 별 어려움은 없겠지만, 도심지에 별도의 조립 야드를 구할 수 없고 정거장 부지와 같이 오픈된 대형공간이 없다면 반입계획은 복잡해진다. 그림 3.2(b)와 같이 수직구에 의한 투입계획을 수립하여야 하며 로드헤더의 각종 부품을 수직구로 내려 지하공간에서 조립할 수 있다.

(a) U형 구조물을 통한 진입(West Connex, 호주)

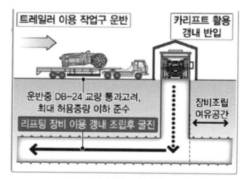

(b) 수직구를 통한 진입(월곶~판교)

[그림 3.2] 현장반입 방법

수직구에는 카리프트를 설치하는 것이 좋은데, 로드헤더의 각 부품들을 소정의 심도까지 운반할 수 있고 갱내에서 상차된 버력을 외부로 반출하기 쉬워지기 때문이다. 참고로 GTX-A에서 사용한 카리프트의 제원은 4,000W×11,000L×6,815H(정격하중 45t) 정도이므로, 수직구의 직경은 이러한 카리프트 크기를 수용할 만큼 충분히 커야 한다.

1.3 장비조립

수직구를 이용해 지하공간으로 부품을 운반하고 나면 '장비조립 여유공간' 내에 다음의 그림과 같이 오버헤드 레일트렉 3라인(CTC 1.2m)을 설치하고 각 부품들을 들어 올려 정위치에 조립할 수 있다.

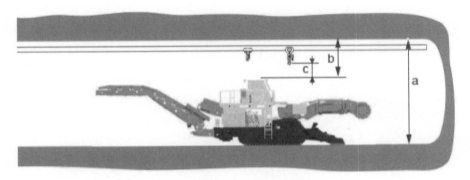

[그림 3.3] 오버헤드 레일트렉

여기서, 최소높이 a는 장비의 최대높이에 최소 여유고 1m를 고려해야 하며, b는 레일과 리프팅 호이스트 설치를 위한 최소공간이다(c는 리프팅 체인의 거리). 또한 장비조립 여유 공간의 최소폭원은 '장비폭+여유폭 2m'이므로 횡갱 단면계획 시 이를 고려해야 한다(SANDVIK, 2014).

2. 운전(Operating)

2.1 Guidance System

로드헤더의 가이던스 시스템은 로봇 스테이션(Robotic total station)에서 측량된 좌표계로부터 커팅헤드의 위치와 방향을 자동으로 결정할 수 있다. 그림 3.4와 같이 장비에 부착된 각종 센서(경사계 2개, 각도 센서 2개, 붐 텔레스코프 위치를 위한 붐 센서 1개 등)들과 측정된 데이터에 의해 커팅헤드의 3차원적 위치 및 방향을 연속적으로 결정하게 되며, 캐빈 내의 모니터에 그림 3.5와 같이 표시된다.

2.2 Auto Cutting System

자동커팅 시스템은 가이던스 시스템에 의해 입력한 터널단면(윤곽)을 자동굴착한다. 조작수

(Operator)가 있어야 하며 숙련도가 요구되지만 수동운전에 비해 큰 장점이 있다. 독일 광산에서 입증될 만큼 굴착효율 향상과 공기단축에 성과가 검증된 바 있다. 수동 작업에 비해 반응시간이 빨라 단면윤곽 관리에 대한 정확도도 뛰어나다. 커팅헤드를 좌우로 움직이는 쉬어링(Shearing) 작업의 상하간격(y)은 5~10cm 정도가 적정한 것으로 알려져 있다.

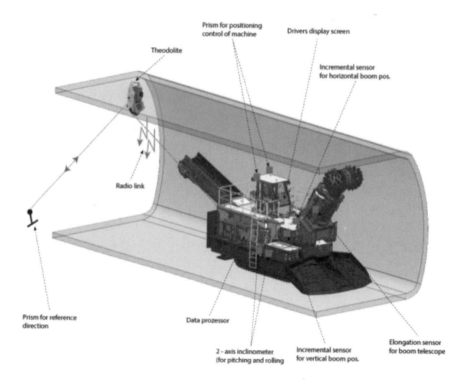

[그림 3.4] 로드헤더 가이던스 시스템(SANDVIK, 2014)

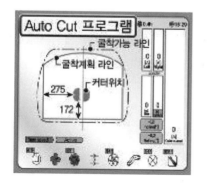
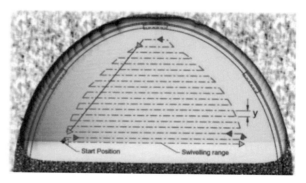

[그림 3.5] Auto Cutting System(SANDVIK, 2014)

2.3 Spray System

굴착 시 발생하는 분진을 저감시키기 위해 운전 시 스프레이 시스템(살수장치)을 작동시킨다. 분당 50리터의 물이 필요하기 때문에 점보드릴과 마찬가지로 워터펌프로 물을 공급해주어야 한다.

커팅헤드 부분에서 살수(Spray)하기 때문에 커팅헤드에 분진 및 머드(Mud) 성분이 달라붙기 쉽다. 굴착 시 커팅헤드에 머드가 달라붙어 있으면 편마모가 생길 수 있으므로 주기적으로 제거해주는 작업이 필요하다.

[그림 3.6] Spray System(SANDVIK, 2014)

2.4 장비 전진, 후진 및 교행

터널 막장에서는 '굴착-버력처리-숏크리트 타설-록볼트 설치-재굴착' 등 일련의 작업들이 반복적으로 수행되기 때문에 로드헤더는 공종 및 작업 시퀀스에 맞춰 전후진과 이동을 반복해야 한다. 전진 및 후진 속도는 10m/min 정도여서 단거리를 이동하는 데 큰 문제는 되지 않으며 숏크리트 머신, 점보드릴, 덤프트럭과의 교행 가능 여부 등도 확인하여야 한다(그림 3.7). 단, 이동 시에는 장비의 회전반경을 고려하여 회차용 횡갱 또는 일부 기재갱 단면을 크게 하는 것이 좋다.

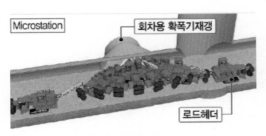

(a) 확폭 기재갱을 이용한 회전   (b) 2붐 드릴과 로드헤더 교행(복선)

[그림 3.7] 장비의 회전 및 이동 시뮬레이션 사례(월곶~판교 ○공구)

2.5 운전 시 필요 전력

로드헤더는 일반적인 굴삭기와는 달리 자체 동력으로 구동이 불가능하므로 외부전기 인입이 필요하다. 로드헤더의 사이즈가 크고 무거워서 점보드릴 사용전력(380~440V)보다 높은 1,000V를 사용한다. 일반적으로 점보드릴에는 440V의 변압기를 설치하고 배전판을 이동하면서 최대 500~700m 거리까지 전력을 공급하지만 로드헤더의 경우에는 6,600V를 수전하여 1,000V 이동식 변압기를 설치해야 한다. 전력의 손실을 줄이기 위해 로드헤더와 변압기 최대 거리는 200m 이내로 권장한다.

3. 환기

로드헤더 굴착의 단점은 굴착 시 연속적으로 발생하는 분진이다. 암석을 고속의 픽커터로 분쇄하는 작업이기 때문에 분진과 먼지가 많이 발생하며 이를 터널 작업장 내에서 적절히 제어하지 못하면 근로자의 건강을 위협하게 된다. 따라서 분진이나 먼지를 흡입하여 배출하는 시설을 설치하여야 하며 로드헤더의 운영 특성상 이동식 집진설비 등이 유용하게 활용된다.

3.1 집진설비

막장면에서 작업하고 있는 굴착기계로 인해 분진이 다량으로 발생하면 후방으로 빠르게 배출하는 것이 필요하며 그림 3.8과 같이 집진설비를 설치하면 효과적으로 제어할 수 있다. 이때 급기를 위한 덕트는 적정한 이격거리를 두는 것이 중요하며, 석션 관은 막장면 가까이에서 먼지를 빨아들이듯이 분진을 흡입함으로써 막장 내 작업환경을 개선시킬 수 있다.

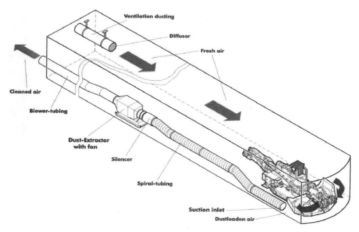

[그림 3.8] 로드헤더 집진설비 개요도

3.2 이동식 집진기

터널작업의 특성상 굴착, 지보, 버력처리 등 일련의 작업들이 반복적으로 이루어지기 때문에 굴착작업이 앞쪽으로 진행될수록 집진설비의 이동은 필수적이다. 이러한 경우 이동식 집진기를 활용하면 작업이 수월해진다. 이동식 집진기를 후방에 배치하고 로드헤더를 따라가면서 집진작업을 수행하는 것이 일반적인 조합이다. 이동식 집진기의 비용은 비교적 고가이므로 로드헤더 굴착공정 계획과 집진기 활용계획을 적절하게 수립하면 집진기의 수를 최소화할 수 있다.

[그림 3.9] 이동식 집진기

4. 진동

터널굴착으로 인한 진동치의 크기는 발파 보다 기계굴착이 작다는 사실은 익히 잘 알려져 있다. 그렇다면 로드헤더 굴착이 발파굴착보다 소음 및 진동 감소 측면에서 어느 정도 유리한지에 대한 물음이 생긴다.

그림 3.10은 Hiller 및 Crabb(2000) 등이 제안한 도표로써 굴착방법에 따른 개략적인 진동치의 크기를 가늠해볼 수 있다. 다만 다양한 암종과 강도를 고려할 수 없고, NATM과 로드헤더의 굴착 시 진동크기를 유사하게 평가하고 크기도 작아 실제 적용에는 한계가 있다. 따라서 로드헤더 굴착으로 인한 굴착 및 진동치의 크기를 예측하기 위해서는 계측을 통한 다양한 사례축적과 데이터의 회기분석 등이 필요하다.

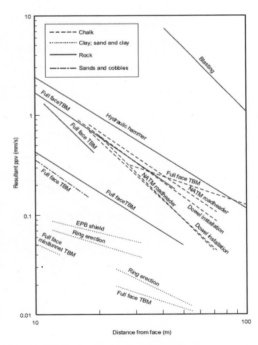

[그림 3.10] 터널굴착 시 발생하는 지표면 진동치 비교

최근 로드헤더 현장에서는 다양한 계측들이 시도되고 있는데, 굴착 시 발생하는 진동치의 크기는 암종, 암반의 상태와 밀접한 관련이 있을 뿐만 아니라 작업기종, 터널의 크기와도 연관이 있다는 것을 보고하고 있다. 호주의 계측사례에 의하면 로드헤더(MT-720) 굴착 시에도 소규모의 진동은 발생하며 그 크기는 TBM 굴착 시의 진동치와 유사한 수준인 것으로 보고하고 있다(그림 3.11). 참고로 주택에 대한 국내의 허용기준치 0.2cm/sec를 만족하려면 터널과 주택의 최소 이격거리는 약 14m 정도가 필요함을 알 수 있다.

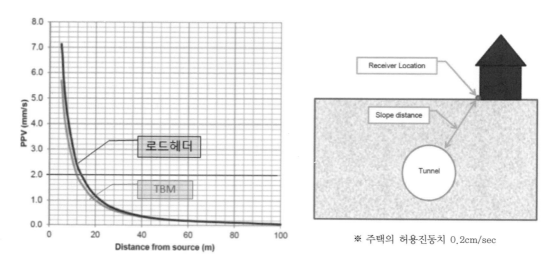

[그림 3.11] 진동측정사례(Melbourne Metro Rail Project, 2016)

그림 3.12는 건물이 밀집되어 있는 도심지 굴착설계 사례이며, 이격거리 확보 측면에서 로드헤더가 일반발파나 제어발파보다 유리하다고 분석하고 있다.

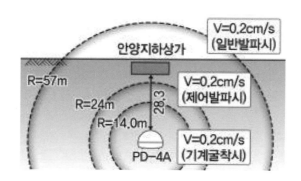

[그림 3.12] 진동치 비교(월곶~판교 ○공구 사례)

CHAPTER 04 로드헤더 주요 리스크 및 대처방안

로드헤더를 이용해 터널을 굴착하면서 마주치는 리스크는 다양하다. 장비고장, 픽의 과도한 소모, 예상보다 높은 강도의 암석출현 등 시공 전 예측했던 분석내용과 다를 경우에 나타난다. 실제로 각국의 시공사례들을 분석해보면 시공 중에 나타난 각종 문제점과 리스크 등을 소개하고 있는데, 이러한 리스크에 대해 발생 빈도, 중요도에 따라 대응 가능한 대책을 수립하고 발생 시 즉시 조치할 수 있도록 하여야 한다.

1. 사고사례를 통한 리스크 유형 분석

로드헤더는 기계굴착이므로 발파굴착처럼 낙반 방지를 위한 부석정리 등이 필수공정은 아니나 암맥 및 불연속면에 의한 낙반사고 등이 간혹 보고되곤 한다. 또한 환기시스템이 제대로 작동하지 않아 분진에 장시간 노출되어 작업 로스타임이 발생하는 등 크고 작은 문제 등이 발생할 수 있다. 이러한 문제들은 각종 리스크에 대한 충분한 대비를 하지 않은 것이 주된 원인이다.

[표 4.1] 로드헤더 굴착현장의 주요 리스크 사례

현장명(국가)	암종	UCS(MPa)	굴착효율(m^3/hr)	주요 리스크	리스크 분류
Durango(스페인)	셰일	20~100	49.3	경암에서의 픽 소모량 증가	지반+시공
WestConnex(호주)	사암	30~50	30~40	분진 발생으로 대형집진기 투입	환경
Ottawa LRT(캐나다)	셰일	50~90	30~50	픽과다 손상에 의한 굴진율 저하	지반+시공
Premadio II(이탈리아)	안산암	27~129	83.0	운영시간 과다로 장비고장	시공
Kajima Tunnel(일본)	응회암	120이하	40.0	굴진율 저하로 픽형상 교체	지반+시공

표 4.1은 해외 굴착현장의 주요 리스크 항목을 정리한 것이며 지반리스크, 환경리스크 및 시공리스크 등으로 분류할 수 있다. 이러한 리스크의 주요 인자와 대응방안을 소개하면 다음과 같다.

(a) 지반침하 발생   (b) 낙반 및 막장 붕괴

(c) 다량의 분진 발생   (d) 홀더파손 및 픽마모

[그림 4.1] 로드헤더 굴착현장의 각종 리스크(한국암반공학회, 2020)

2. 리스크 요인별 정성적 분류

국제터널협회에 따르면, 로드헤더 굴착 시 발생할 수 있는 리스크는 지반리스크(G), 환경리스크(E) 및 시공리스크(C) 등 3개의 범주로 분류할 수 있는데, 이 중 가장 적극적인 대책이 필요한 수준은 G1~G2 및 C1~C2 등이며 원인 및 대응책에 따라 현장에서 유연하게 대처하는 것이 중요하다.

주요 Risk Register	
지반 Risk (G)	G1 극경암 조우
	G2 복합지반 출현
	G3 취약지반 통과
환경 Risk (E)	E1 분진과다 발생
	E2 유출수 혼탁
	E3 장비 소음진동
시공 Risk (C)	C1 피크과다 손상
	C2 로드헤더 고장
	C3 부분 과다굴착

Risk 분석 및 평가 (국제 터널협회 ITA 기준)

Frequency	Consequence				
	Disastrous	Severe	Serious	Considerable	Insignificant
Very Likely	Unacceptable	Unacceptable	Unacceptable	Unwanted	Unacceptable
Likely	Unacceptable	Unacceptable	Unwanted	Unwanted	Negligible E1
Occasional	Unacceptable	Unwanted	Unwanted	Acceptable G3	Negligible E2
Unlikely	Unwanted	Unwanted	Acceptable	Acceptable G1, G2, C1, C2	Negligible E3, C3
Very Unlikely	Unwanted	Acceptable	Acceptable	Negligible	Negligible

• E1~E3, C3는 경미한 수준의 대책필요, G1~G3, C1~C2는 적극적 대책방안 수립으로 대응가능

[그림 4.2] 주요 리스크 항목 및 정성적 평가(ITA, 2006)

3. 리스크별 대처방안

3.1 지반리스크(G)

먼저 지반리스크는 로드헤더 굴착 시 겪게 될 리스크 중 많은 빈도와 비중을 차지하며 사전에 충분한 지반조사와 시공 중 조사를 통해 제거할 수 있다. 대심도 터널 또는 천층의 터널을 굴착하면서 언제든지 복합지반과 무수한 불연속면의 조합을 만날 수 있으며 이러한 지반조건에 대한 적절한 대응이 가능한 것이 로드헤더의 장점이라 할 수 있다. 굴착이 부진한 원인은 예상보다 강한 암반이 출현한 경우이고 그림 4.3과 같이 단계별 대처방안을 통해 극복해가는 것이 중요하다.

[표 4.2] 지반리스크의 유형 및 대처방안(한국암반공학회, 2020)

지반리스크의 유형	리스크 내용	대처방안
G1 : 단일지질	예상과 다른 지질, 암반조건 변화로 굴진 불가	• 충분한 지반조사 및 시험수행(시공 중 포함) • 강한 암반 : 강도가 장비성능을 벗어날 경우 대처방안 수립(ex : 1~3단계) • 약한 암반 : 막장안정에 유의하며 분할굴착 및 즉시 지보 계획
G2 : 복합지질	복합지질에 따른 굴진율 저하 및 안전성 저하	• 충분한 지반조사 및 시험수행(시공 중 포함) • 막장 전방지질 사전 보링 • 터널안정에 주된 영향인자(암종, 불연속면 상태 등) 분석 후 순차적 대응 • 막장면 매핑 및 분석역량 확보(연속작업)
G3 : 취약지반	형식적인 막장면 관찰조사로 인한 낙반사고	• 연속적인 막장면 매핑, 해석전문성 확보 • 암반이 매우 불량한 구간에는 보조공법 적용

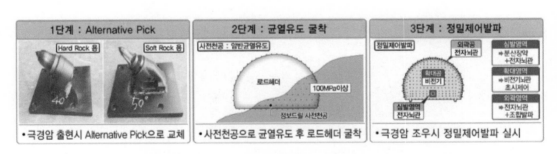

[그림 4.3] 지반리스크(G1) 단계별 대처방안(동탄~인덕원 ○공구 사례)

3.2 환경리스크(E)

환경리스크 E1~E3는 보건, 안전 및 위생과 직결된 문제이며 경미한 수준의 대응으로 해결이 가능하다. 분진 과다 발생, 유출수 혼탁, 장비의 소음진동 등과 같은 리스크이며 굴착 중 소음 등으로 인해 장비운영자(OP)의 청력감퇴 등을 유발할 수 있다. 따라서 장비 내 살수장치를 설치하고 이동식 집진기로 비산먼지를 포집하고 보호용 룸(cabin)을 이용하면 상당 부분 리스크를 감소시킬 수 있는 것으로 알려져 있다. 사전에 분진에 대한 시뮬레이션과 환기계획을 수립하면 리스크 제거에 도움이 된다.

[그림 4.4] 환경리스크 대처방안(월곶~판교 ○공구 사례)

3.3 시공리스크(C)

시공리스크 중 C1과 C2는 적극적인 대처가 필요하고 C3는 오토컷(Auto cut) 시스템을 이용할 경우 과다굴착에 대한 위험을 최소화할 수 있다. 특히 장비고장은 불특정 원인에 의해 언제든지 일어날 수 있으므로 고장에 대비한 예비부품 확보 및 신속한 교체가 가능한 정비센터망 확충에도 관심을 기울여야 한다.

[그림 4.5] 시공리스크 대처방안(월곶~판교 ○공구 사례)

이 밖에 장비사양을 임의로 결정하여 현장에 적용할 경우, 각종 리스크에 노출될 수 있으므로 제조사별 장비의 특징을 이해하고 지반 및 현장조건에 맞는 장비사양과 동선을 검증해야 함을 명심해야 한다.

[표 4.3] 시공리스크의 유형 및 대처방안(한국암반공학회, 2020)

시공리스크의 유형	리스크 내용	대처방안
C1 : 피크 손상	급격한 지반조건 변화에 따른 픽소 모량 증대	• 충분한 지반조사(석영함유량 조사) 및 시험(CAI)으로 소요량 사전 예측 • Pick커터 성능 데이터 기록, 관리 및 피드백 • 국내외 Pick커터 공급업체 확보
C2 : 고장, 장비밀림 버력처리 효율저하	• 장비부품 고장으로 인한 지체시간 발생 • 장비밀림으로 성능 저하 • 버력처리시스템의 지체시간 증가	• 일상점검, 정기점검 항목선정, 수행 및 기록 • 장비사가 제안한 예비부품 구매, 주요부품 현장 보관(필요시 정비센터 운영) • 공사기간 중 장비사 Supervisor 상주 • 밀림 방지를 위한 유도배수, 바닥에 Apron 설치 • 추가지지 Stabilizer 적용 • 터널연장, 기울기, 상차회수 등을 고려한 버력운반 시스템 계획/적재 및 대기시간 최소화
C3 : 과다굴착 및 굴착성능 저하	• 숙련된 오퍼레이터 미확보로 과다 여굴량 발생 • 다양한 양상의 굴진율 저하 발생	• 장비운영자(OP) 최적 인원 확보 • 체계적인 교육을 통한 OP 육성 • 상하 좌우 여굴량 허용값 이내 관리 • Human error 최소화를 위한 Auto cut 시스템 운영 • 굴진율 저하를 고려한 공정계획 수립 • 주요지장물 구간 비상대책 사전수립

(a) 피크손상

(b) 여굴 발생과 균열

[그림 4.6] 시공리스크에 의한 문제 유형들

P·A·R·T

V

도심지 터널에서 로드헤더 설계 및 적용사례
Case Review of Roadheader Application in Urban Tunnelling

CHAPTER 01 국내 도심지 터널에서 로드헤더 설계사례

■ 국내 터널 프로젝트에서 로드헤더 설계 적용

로드헤더는 1949년 헝가리에서 개발된 이후로 구소련, 유럽과 미주 등을 을 중심으로 전 세계적으로 터널과 광산에서 널리 활용되고 있으며, 특히 유럽의 경우에는 연장이 짧은 도심지 터널에 많이 사용되고 있다.

국내에서는 1990년대 초 서울지하철 5호선 신길역부터 여의도까지의 샛강 터널 구간에서 로드헤더가 처음 적용되었다. 사용된 장비는 폴란드 PAURAT사의 206 모델로 Longitudinal 커팅 방식이며 자중은 76톤이다. 토사, 풍화암 지층에서 굴착에는 문제가 없었으나 터널 안정성 확보를 위해 5분할 굴착을 적용하여 후속 장비 교행이 어려워 시공속도 저하가 발생하였다. 국내에서 최근까지도 로드헤더 적용이 많지 않은 것은 최초 시공된 지하철에서의 시공속도 저하의 영향도 있다.

[그림 1.1] 지하철 5호선 로드헤더 시공전경

2010년대 초반에는 로드헤더 장비의 기계적 발달로 암반에서 시공이 가능한 고성능 로드헤더가 개발되어 설계반영이 점차 증가하였다. 울산~포항 고속도로는 발파 굴착 시 천공 홀의 공벽 붕괴와 빈번한 낙석의 발생이 예상되어 기계화시공을 검토하였고 미국 PB(Parsons Brinkerhoff)사의 굴착공법 자문결과, 로드헤더 적용이 적정하다고 판단되어 설계에 반영하였으나, 준비과정에서 장비 발주와 인도에 10개월 이상이 소요됨에 따라 공기 준수가 어려워 최종적으로 적용되지 못했다.

2010년대 후반에는 도심지 터널이 증가하면서 도로, 철도, 지하철과 같은 여러 교통수단의 굴착 설계에 광범위하게 반영되기 시작하면서 적용사례가 증가하고 있다. 특히 도심지 터널의 경우 GTX, 신안산선 등의 대심도 터널을 제외한 대부분 사업이 천층 터널로 계획되면서 로드헤더 설계사례가 증가하고 있다. 아직 일반발주 설계에서는 반영사례가 없으며 경쟁설계(T/K, 기술제안 및 민자 경쟁)에서는 경제성과 안정성, 민원 최소화 효과 등 발파 굴착과의 비교우위가 집중적으로 부각되면서 반영이 증가하고 있는 추세이다.

따라서 본 장에서는 국내 로드헤더 시공 사례가 없는 점을 고려하여 표 1.1과 같이 설계사례를 중심으로 사업의 특성, 현장의 여건을 고려한 적용 사유와 그에 따른 개선사항 등을 다루고자 한다. 앞에서 언급한 바와 같이 설계사례는 모두 경쟁설계에 해당한다.

또한 추가적으로 현장 암반조건의 특성을 보다 상세하게 반영할 수 있는 장비사 적용성 평가방식을 소개하여 기존의 국내 설계사례에서 적용된 일반적인 일축압축강도 위주의 장비 적용성 평가에 더해 실제 현장에서 보다 유용하게 사용할 수 있도록 하였다.

[표 1.1] 국내 고성능 로드헤더 설계사례

구분	발주처	굴착 단면적	비고
서울~세종 고속도로 프로젝트 방아다리 터널	한국도로공사	116.88m²	로드헤더 기계굴착 검토
			NATM 공법 선정
동탄~인덕원 O공구 도시철도 프로젝트	한국철도시설공단	69.82m²	로드헤더 기계굴착 선정
			실시설계 중
검단 연장선 O공구 도시철도 프로젝트	인천지하철공사	69.86m²	로드헤더 기계굴착 선정
			시공 준비 중
월곶~판교 O공구 도시철도 프로젝트	한국철도시설공단	90.42m²	로드헤더 기계굴착 선정
			실시설계 중
위례신사선 프로젝트	서울시	47.65m²	로드헤더 기계굴착 선정
			실시설계 중

1. 서울~세종 고속도로 방아다리 터널

1.1 현황

서울~세종 고속도로 O공구는 설계/시공 일괄입찰 방식 사업으로 서울특별시 강동구 일원을 통과하는 고속도로 사업이며, 사업목적은 경부 및 중부고속도로 기능을 보완하고 주요 신도시를 연계하여 고속교통망의 기능적 체계를 강화, 수도권 교통수요 증가에 능동적으로 대처하는 데 있다.

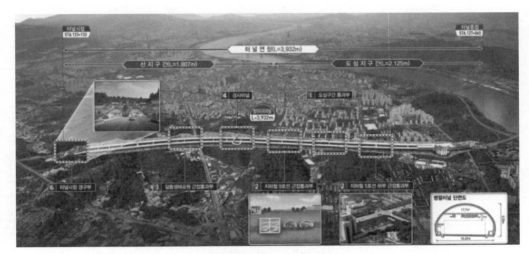

[그림 1.2] 서울~세종 고속도로 O공구 사업노선 조감도

주 경유지는 강동구 일원으로 길동생태공원, 한영외고, 아파트, 상가 밀집지역, 경희대 병원, 지하철 5호선 등의 하부를 통과하며 향후 도심구간에서 신설 터널과 초 근접하여 9호선 4단계가 계획되어 있다. 사업시설의 규모는 총연장 3,985m 중 터널이 3,785m, 개착 200m이고 3차로 고속도로 양방향 터널이며, 환기 방식은 반횡류식으로 계획하였다.

[그림 1.3] 서울~세종 고속도로 O공구 평면도

1.2 지반조건

사업구간의 지층은 선캠브리아기 호상편마암, 운모편암을 기반암으로 이를 관입한 중생대 쥬라기 화강암으로 구성되어 있으며, 총 14개의 단층 파쇄대가 터널과 교차하는 것으로 조사되었다. 파쇄대 폭 10m 내외의 주요 단층 파쇄대가 1개소이고, 단층등급 II등급은 2개소이고 그 외는 11개소는 III등급으로 분류된다.

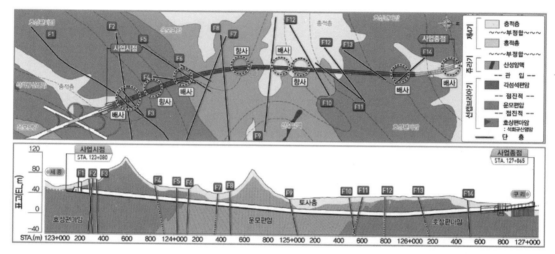

[그림 1.4] 지질 종평면도

실내시험과 통계기법을 통한 분석결과, 터널 통과구간의 일축압축강도는 I등급이 114MPa 이상, II등급은 86~113MPa 정도로 예상되었으며, 도심지 터널은 대부분 II등급 이하로 최대 일축압축강도는 113MPa 이하일 것으로 검토되었다. 또한 Pick 소모율과 직접 관련이 있는 석영함유율은 편마암에서 37.3%, 운모편암에서 33.7%로 나타나 편마암 구간이 다소 높게 분석되었다.

[표 1.2] 사업구간 일축압축강도 및 석영함유율

암반 등급별 일축압축강도		흑운모 편마암	운모편암
RMR	q_u(MPa)	각섬석 2.7% / 녹렴석 9.1% / 견운모 8.9% / 방해석 3.4% / 백운모 5.5% / 불투명광물 2.8% / 흑운모 13.1% / 석영 37.3% / 사장석 17.2%	견운모 13.3% / 불투명광물 5.4% / 백운모 27.4% / 석영 33.7% / 사장석 20.2%
I등급 ≥80	≥ 114		
II등급 61~80	86~113		
III등급 41~60	58~84		
IV등급 21~40	30~56		
V등급 ≤20	≤ 28		
II등급에서 최대 113MPa		석영함유율 37.3%	석영함유율 33.7%

1.3 굴착공법 선정

사업구간은 아파트, 병원, 학교 및 빌딩 상가 등의 도심을 통과하여 발파굴착 적용 시 다수의 민원발생이 예상된다. 또한 신설 터널과 매우 근접하게 지하철 9호선 4단계 공사가 계획되어 모암 손상 방지가 필요한 구간이다. 터널은 평균심도 30m 내외에 형성되며 다양한 지층과 단층 파쇄대 등과 교차하는 복합지반을 통과한다. 따라서 굴착공법 선정에서 산지와 도심을 이원화하였으며 이 중 도심구간은 민원 최소화 및 보안물건에 대한 안정성 확보를 위해 기계굴착을 검토하였다.

[표 1.3] 구간별 특성에 고려한 굴착공법 선정

구분	발파굴착	기계굴착(로드헤더, 커터 등)	TBM+확공발파
개요도			
원리	• 화약에 의한 굴착 및 지보 • 불량지반 사전, 사후 대처 용이	• 커터에 의한 회전으로 암반 절삭 • 경암 이상 장비 적용 제한적	• TBM 자유면 확보 후 확공 발파 • 복합지반 적용성 및 안정성 저하
특징	• 발파 시 진동/소음 발생 • 모암 손상 및 원지반 침하 우려	• 굴착 시 진동/소음 발생 미미 • 정밀 굴착으로 여굴 최소화	• TBM 굴착 시 진동/소음 최소 • 복합 공종으로 시공성 확보 곤란
적용	산지구간	도심구간	복합지반에서 안정성 저하로 배제

기계굴착은 로드헤더, 커터 및 유압파쇄공법 중 자중이 충분(135톤)하고, 고출력으로 암반 강도에 따른 제약이 적어 보통암 이상에서도 굴착효율이 우수하며, 프로파일을 활용한 정밀굴착으로 안정성이 우수하고, 컨베이어 벨트 사용으로 후방 버력 반출이 용이한 로드헤더 공법을 선정하였다.

[표 1.4] 현장 특성을 고려한 기계굴착 공법 선정

구분	로드헤더	Hydraulic Cutter	유압 파쇄 공법
개요도			
원리	자중에 의한 커터 굴착	커터에 의한 밀링 및 스케일링	천공 후 유압 쐐기에 의한 파쇄
적용	급속시공 가능, 강도 제약 없음	연암 이하 보조굴착 장비로 적용	공기 증가로 적용 불가

1.4 시공성 향상계획

사업구간 지반조사결과 일축압축강도 114MPa 이상의 I등급 구간도 확인되었다. 로드헤더는 180MPa까지 굴착이 가능하나, 150MPa 이상인 암반에서는 굴착효율 저하와 과다한 Pick 소모가 발생한다. 따라서 극경암이 예상되는 구간에서는 점보드릴로 천공하여 선 균열을 유도한 후 Pick 굴착을 시행하여 시공성을 향상하도록 계획하였다.

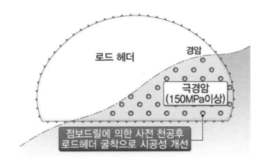

[그림 1.5] 극경암 출현 시 시공성 향상계획

1.5 환기 시스템

로드헤더 굴착은 필요 단면적을 연속적으로 굴착하기 때문에 막장 내에 원활한 환기가 이루어져야 한다. 1단계는 막장 내 신선한 공기를 압송하는 송기(급기)시스템을 구축하고, 2단계는 굴착 중 분진 저감을 위해 커터헤드에 장착된 노즐로 연속살수를 실시하며, 3단계는 막장 후방에서 미분무 시스템을 이용하여 분진 확산 차단을 시행한다. 4단계는 이동식 집진기를 설치하여 3단계 분진 확산에서 차단되지 않은 분진을 재차 처리한다.

[그림 1.6] 굴착 중 환기 시스템 개념도

2. 동탄~인덕원 도시철도 터널

2.1 현황

본 사업의 목적은 수도권 서남부 지역(수원, 화성, 안양, 의왕)과 서울시 동남부 지역(동작, 사당) 간의 광역교통 기능 확충을 통해 대중교통 서비스 개선 및 이용률을 제고하고, 주변 철도 노선의 활성화와 대규모 주택개발에 따른 교통체증 해소하는 데 있다.

[그림 1.7] 동탄~인덕원 O공구 사업노선 조감도

주 경유지는 인덕원 일원으로 상업시설 밀집 지역, 과천선, 인덕원교, 평촌지하차도 및 주거밀집 지역 하부를 근접 통과한다. 사업시설의 규모는 총연장 2,474m 중 터널이 2,337m이고 중형전철이 운행되며 굴착 단면적은 64㎡이다. 산악과 도심의 특성을 고려하여 굴착공법을 나누어 적용하였으며 도심의 경우 안정성, 시공성 및 경제성을 중점적으로 고려하였다.

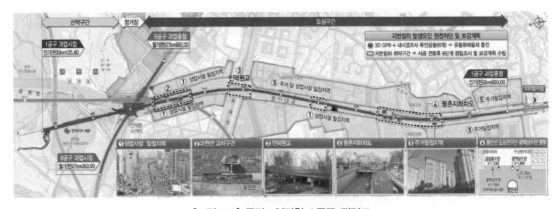

[그림 1.8] 동탄~인덕원 O공구 평면도

2.2 지반조건

사업구간의 지반은 선캠브리아기 흑운모상 편마암이 기저를 이루며, 인근에 안구상 편마암 및 우백색 편마암, 반상변정질 편마암 등의 변성암류가 분포하고, 시추조사 및 각종 물리탐사 결과를 종합 분석하여 사업노선과 교차하는 단층 파쇄대 9개소를 확인하였다. 파쇄대 폭 10m 내외의 주요 단층 파쇄대는 총 1개소이고, 단층등급 II등급은 1개소, III등급 4개소, IV등급 4개소이다.

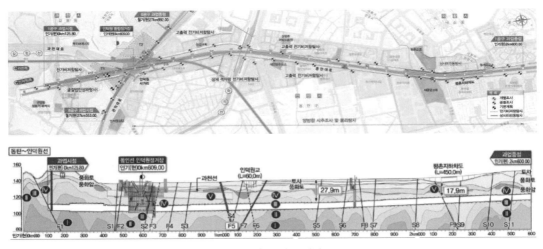

[그림 1.9] 지질 종평면도

기본설계 실내시험과 통계기법을 통한 분석결과, 터널 통과구간의 일축압축강도는 최대 100MPa 이하이며, 평균은 43.5MPa로 나타났다. 또한 Pick 소모율과 직접 관련이 있는 석영함유율은 21.1~52.6%, 평균 38.2%이며 마모시험 결과 CAI 분포는 1.76~4.04, 평균 3.11로 분석되었다.

[표 1.5] 사업구간 일축압축강도 및 석영함유율

도심구간 일축압축강도	석영함유율	마모시험
일축압축강도 10~85MPa, 평균 43.5MPa	석영함유율 21.1~52.6%	CAI 1.76~4.04

2.3 굴착공법 선정 및 기기 선정

사업 구간은 대규모 주거, 상업 시설이 밀집되어 있고 인덕원교, 평촌지하차도 등의 주요구조물이 지상에 위치하며, 지하구조물로는 과천선, 광역 상수관, 공업용수관 등의 지장물이 다수 분포하고 있어 도심 통과구간 발파 굴착 적용 시 다수의 민원 발생 및 인접 구조물의 안정성 저하가 우려된다. 터널 평균심도는 30m 내외이며 다양한 지층과 단층 파쇄대 등의 출현하는 복합지반을 통과한다.

따라서 지반조건 및 도심지 특성을 고려해볼 때 기존의 발파 굴착은 시공성, 안정성, 경제성 측면에서 매우 불리한 것으로 검토되었다.

[표 1.6] 기존 굴착공법 검토

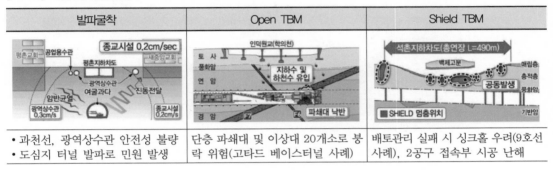

발파굴착	Open TBM	Shield TBM
• 과천선, 광역상수관 안전성 불량 • 도심지 터널 발파로 민원 발생	단층 파쇄대 및 이상대 20개소로 붕락 위험(고타드 베이스터널 사례)	배토관리 실패 시 싱크홀 우려(9호선 사례), 2공구 접속부 시공 난해

굴착 중 상부, 지중 구조물에 발파진동 영향이 없으며, 전방 갱내 사전보강 등의 지반변화 적응성이 우수하고 타 공구와의 접속 인터페이스 등을 고려하여 고성능 로드헤더를 적용하였다. 또한 일축압축강도 180MPa까지 굴착이 가능한 기종을 선정하였고, 절리가 발달한 편마암 조건을 고려하여 커터헤드를 적용하였다.

[표 1.7] 로드헤더 기기 및 커터헤드 선정

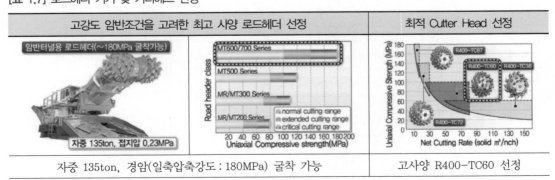

고강도 암반조건을 고려한 최고 사양 로드헤더 선정		최적 Cutter Head 선정
자중 135ton, 경암(일축압축강도 : 180MPa) 굴착 가능		고사양 R400-TC60 선정

2.4 시공성 향상 및 Risk 대처방안

정밀 지반조사를 수행하였음에도 지반조사의 한계, 지반의 불확실성 등을 감안하여 극경암 출현 구간에 대해서는 2단계의 시공성 향상 대책을 수립하였다. 1단계는 부분적으로 극경암 출현 시 점보 드릴로 사전 천공하여 암반균열 유도 후 로드헤더로 굴착하며, 2단계는 극경암 이상 구간이 연속 출현 시 보안물건별 허용기준 이내로 정밀 제어발파를 계획하였다. 제어발파는 도심구간 보안물건 을 고려하여 전자뇌관으로 초시 오차를 최소화하였다.

[표 1.8] 시공성 향상계획

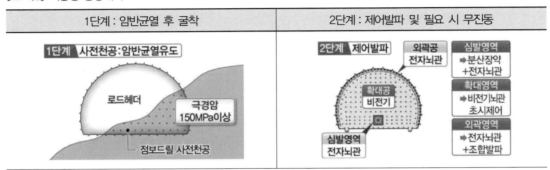

또한 장비사양 결정, 굴진율 저하에 대비한 발파 병행을 통한 공정 만회계획과 Pick 소모량 증대, 예측 외 장비 고장을 대비한 Supervisor 상주와 작업자 환경 개선, Supervisor 노하우 전수를 통한 장비운영 향상 등 각종 Risk에 대해서 대처방안을 수립하였다.

[표 1.9] 기타 Risk 대처방안

예상 Risk	대처방안	
장비사양 결정	상세조사 및 Contingency 반영한 고사양 장비 결정	
굴진율 저하	굴진율 저하를 고려한 공정계획 및 발파굴착 공정 만회	
Pick 소모량 증대	마모시험 및 Contingency 반영한 소모량 반영	
예측 외 장비 고장	Supervisor 상주(경력 15년 이상) 및 부품 여분 구매	
작업자 환경	Closed Cabin 적용(비산, 공기정화, 소음 등 안전)	
장비운영	Supervisor를 통한 노하우 전수(3인 이상 운영자 육성)	
장비밀림 현상	Rear Stabilizer 적용 및 유도배수(작업장 관리)	

2.5 분진저감 대책 및 장비 정비 계획

암반 굴착 시 발파 굴착과 로드헤더 굴착 모두 분진을 수반하게 된다. 갱내 막장 내 분진 및 미세먼지는 작업효율을 저하시키고 민원의 원인이 되므로 적극적인 저감 대책을 수립하였다.

1단계는 굴착 중 분진 저감을 위해 커터헤드에 장착된 노즐로 연속적인 살수(스프레이) 시스템을 적용하고 2단계는 미분무 살수차를 활용하여 막장 후방에서 확산을 차단한다. 3단계는 이동식 집진기를 설치하여 2단계에서 차단되지 않은 분진을 재차 처리한다.

[표 1.10] 공사 중 분진 저감 대책

1단계 : 스프레이 시스템	2단계 : 미분무 살수차	3단계 : 이동식 집진기

공사 중 막장 내에서 장비가 고장 날 경우 굴착이 중단되어 공기 지연이 발생한다. 따라서 일상 또는 예상 불가 상황에서 장비 고장을 대비하여 장비사가 제안한 주요 부품을 현장 보관하고, 공사 초기 장비사의 Supervisor가 상주하며, 상주 이후 주기적인 장비사 점검 시행, 장비사와 Hot-Line 구축 등으로 공기 지연요소를 최소화할 수 있도록 계획하였다.

또한 고가의 주요 부품(메인베어링, 커터헤드 등)은 장비사와 사전계약으로 공사 종료 시까지 장비사에서 보관하며, 국내 현장에서 필요시 3일 이내 반입이 가능토록 조치하였다.

[표 1.11] 장비 정비방법 및 부품 소진 시 조달방법

장비 정비방법	부품 소진 시 조달방법
• 조립, 해체, 정비는 장비사 주관으로 시행 • 장비사 정비인력 서울 상시 대기 및 필요 시 즉시 현장 투입	• 주요 부품 및 소모품은 장비구매 시 사전 구입 후 현장 비치 • 부품 소진 시 장비사 여유분 사전확보(동남아)분 항공 선적 후 3일 이내 국내 반입

3. 검단 연장선 도시철도 터널

3.1 현황

본 건설공사는 인천검단지구 택지개발사업으로 발생되는 신규 교통수요를 효과적으로 처리하고 인천광역시 북부지역의 철도망 구축으로 광역교통 수요에 능동적으로 대처하여 지역주민의 교통편의 제공 및 지역경제 활성화를 위하여 추진하는 사업으로 도시교통 혼잡을 완화하고 균형 있는 도시발전을 도모하는 데 그 목적이 있다.

[그림 1.10] 검단연장선 O공구 사업노선 조감도

주 경유지는 인천 계양역을 출발하여 다남로를 따라 진행하면서 인천공항철도와 공항고속도로, 경인아라뱃길 하부를 통과하며 조성중인 검단신도시 구간에서는 계양천과 매천을 통과한다.

사업의 규모는 총연장 3,305m 중 터널이 2,799m이고 크게 아라뱃길 구간과 검단신도시 구간으로 분류하였으며 마을, 축사, 검단신도시 구간의 특성을 고려하면서 굴착공법을 선정하였다.

[그림 1.11] 검단연장선 O공구 평면 노선현황도

3.2 지반조건

사업구간의 지반은 전체적으로 편마암이 분포하며 과업노선에 총 12개의 단층 및 4개의 저비저항 이상대가 교차하는 것으로 분석되었다. 단층 파쇄대는 STA.0km600~1km120에서 소규모 단층 파쇄대가 분포하며 검단신도시 진입 전 STA.1km770 인근에서는 폭 29.5m의 F10 확인되었다.

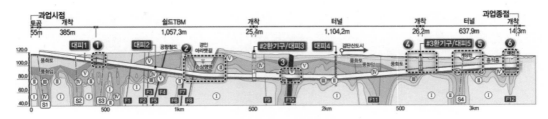

[그림 1.12] 지질 종평면도

실내시험과 통계기법을 통한 전 구간 분석결과 터널 통과구간의 일축압축 강도는 최대 165MPa 이하이며, 전 구간을 4개 Zone으로 나누어 적정 굴착공법을 선정하였다. 암반의 강도특성 및 굴착 위험성을 고려하여 굴착 장비별 적용 구간을 선정하였다.

3.3 굴착공법 선정 및 기기 선정

검단연장선 O공구는 인천공항철도와 공항고속도로, 경인아라뱃길 하부와 조성중인 검단신도시 구간에서는 계양천과 매천하부를 통과하는 사업으로 우사, 양계장 등 발파진동 민감 시설과 민원이 우려되는 검단신도시 아파트 입주가 예정되어 있어 발파 굴착이 곤란하다. 또한 검단신도시 내 일부 지역의 복합지층 구간에서는 안정성 저하도 우려된다.

[표 1.12] 시공성 향상계획

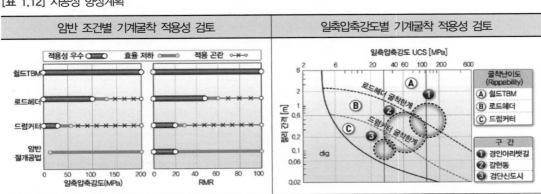

터널굴착공법 선정은 전체 구간을 지반상태와 위험요소에 따라 구분하여 암반 100MPa 이상 고강도 암반구간 및 공항철도, 경인아라뱃길 등 위험 구간에서는 쉴드 TBM, 암반강도 100MPa 이하인 구간에서는 로드헤더, 종점 풍화암 및 토사층에서는 드럼커터를 적용하였다.

[표 1.13] 암반특성 및 위험요소를 고려한 기계굴착 선정

Shield TBM	로드헤더	드럼커터
지반종류에 무관 평균굴진장 5.9m/일	구분 / 굴착효율 경암 15~25㎥/hr 보통암 25~40㎥/hr 연암 40~70㎥/hr 풍화암 70~160㎥/hr	구분 / 굴착효율 경암~보통암 굴착불가 연암 5~15㎥/hr 풍화암 15~30㎥/hr
• 커터헤드 회전에 의한 암반굴착 • 막장면 소요압력으로 굴착면 안정 • 토사~경암, 하상구간 굴착 유리 • 경암(100MPa 이상) 및 고위험 구간	• 자중에 의한 커터(pick) 파쇄 • 지반 자체와 지보력으로 막장안정 • 강도 100MPa 이하 암반에 유리 • 연암~보통암(100MPa 이하) 구간	• 커터에 의한 굴삭 및 스케일링 • 지반 자체와 지보력으로 막장 안정 • 굴삭기 장착으로 풍화암 이하 유리 • 토사~풍화암(30MPa 이하) 구간

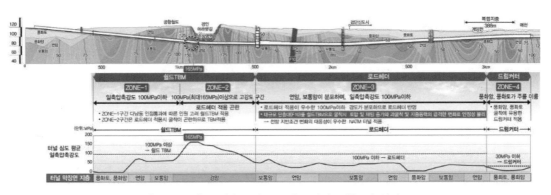

[그림 1.13] 노선상 구간구분 및 구간별 굴착공법 선정

3.4 시공성 향상 및 Risk 대처방안

지반의 불확실성 등을 고려하여 로드헤더 굴착이 곤란한 경우에 대비한 굴진율 만회 대책을 수립하였다. 1단계는 부분적으로 극경암 출현 시 점보드릴에 의한 사전 다천공으로 암반균열 유도 후 로드헤더로 굴착하며, 2단계는 극경암 이상 구간이 전단면 또는 연속 출현 시 보안물건별 허용기준 이내로 8단계 진동제어발파를 적용하도록 계획하였다.

공사 중 작업환경 개선과 굴진율 향상을 위한 분진 방지대책으로 1단계 스프레이 시스템, 2단계 미분무 살수, 3단계 이동식 집진기 설치를 반영하였다.

[표 1.14] 시공성 향상계획

4. 월곶~판교 도시철도 터널

4.1 현황

월곶~판교 복선전철사업으로 경기도 안양시 만안구 안양동에서 동안구 비산동 일원을 통과하는 사업이며, 사업목적은 동서축 철도 네트워크의 단절구간을 연결하여 수도권과 서남부지역에 철도망을 확충하고, 수도권 지역 간 직접연계를 통해 철도 교통편의를 제공하며 지역개발 촉진을 도모하여 안양시에 철도 수혜확대와 대중교통의 편의를 증진하는 데 있다.

[그림 1.14] 월곶~판교 O공구 사업노선 조감도

주 경유지는 안양동 일원으로 도심지 상권 밀집 지역, 과천선, 인덕원교, 평촌지하차도 및 주거 밀집 지역 하부를 통과한다. 사업시설의 규모는 총연장 3,139m 중 터널이 2,952m이고 굴착단면적이 87m²이다. 굴착공법은 도심구간의 특성을 고려하면서 안정성, 시공성 및 경제성을 확보할 수 있는 공법을 선정하였다.

[그림 1.15] 월곶~판교 ○공구 평면도

4.2 지반조건

사업구간의 지반은 경기변성암 복합체 편마암류와 쥬라기 화강암류로 구성되어 있다. 추가령 단층대 구성단층인 포천 단층이 노선과 교차하며, 포천 단층은 규모 및 활성위험도 1등급으로 분석되었다. 시추조사 및 각종 물리탐사를 종합 분석하여 노선과 교차하는 단층 파쇄대 19개소를 확인하였다. 파쇄대 폭 10m 내외의 주요 단층 파쇄대는 총 1개소이고, 최대 31m 두께의 차별 풍화대가 시점부에, 안양천 구간에는 폭 11m의 단층 파쇄대와 교차하며 복합지반으로 위험요소가 집중되어 있다.

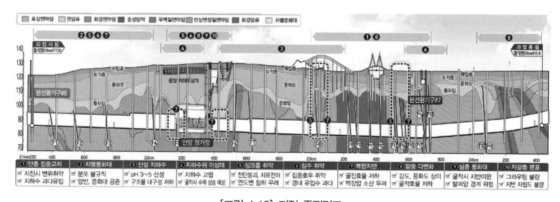

[그림 1.16] 지질 종평면도

실내시험과 통계기법을 통한 전 구간 분석결과 터널 통과구간의 일축압축강도는 최대 120MPa 이하이며, 평균 일축압축강도는 56.2MPa로 나타났다. 또한 Pick 소모율과 직접 관련이 있는 석영 함유율은 편마암 평균 43%, 화강암 평균 45.6%이다. 마모시험 결과 CAI 분포는 편마암 4.0~4.2, 화강암 2.7~4.4로 분석되었다.

[표 1.15] 터널 통과심도 일축압축강도 및 석영함유율

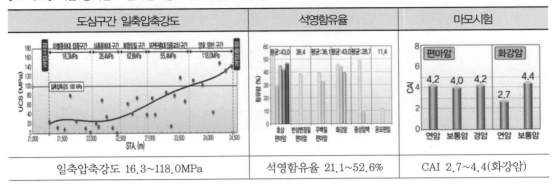

도심구간 일축압축강도	석영함유율	마모시험
일축압축강도 16.3~118.0MPa	석영함유율 21.1~52.6%	CAI 2.7~4.4(화강암)

4.3 굴착공법 선정 및 기기 선정

사업구간은 대규모 주거, 상업 밀집 지역 등의 구조물이 지상에 위치하며, 중앙 지하도 상가, 비산 고가교 및 비산대교 말뚝 등의 지하구조물로과 지장물이 다수 분포하고 있어 도심통과 구간에서 발파 굴착 적용 시 다수의 민원 발생과 안정성 저하가 우려된다. 터널 평균심도는 30~40m 내외로 지질조건은 다양한 지층과 단층 파쇄대 등의 출현하는 복합지반으로 파악된다.

따라서 지반조건 및 도심지 특성을 고려해볼 때 기존의 터널굴착공법으로는 시공성, 안정성 및 경제성이 매우 불리한 것으로 판단되며 암반특성과 주변 여건을 고려하여 기계굴착 공법을 선정하였다.

[표 1.16] 암반특성 및 주변환경을 고려한 기계굴착 선정

로드헤더	Open TBM+확공	Shield TBM
• 자중에 의한 커터헤드 굴삭 • 단면 변화구간 추가 장비 없음 • 토사~경암(100MPa 이하)	• 그리퍼 지지추진 및 커터회전 굴착 • 연암 이상 구간에 적용 • 연암~경암(100MPa 이상)	• 세그먼트 자체 추진+커터헤드 굴착 • 도심 대규모 발진/도달구 개착 필요 • 모든 지층의 굴착 능력 우수

전 구간 암반강도 150MPa 이하로 로드헤더 굴착이 가능하나, 종점부 암반구간은 굴착 방향으로 25~40°의 엽리가 발달하였고 암질이 양호하여 TBM 선굴착을 시행하고 쐐기파쇄 유도공간을 확보한 후 로드헤더로 확공하는 방식으로 로드헤더 굴착 단면적을 최소화하였다.

[표 1.17] 양호한 암반구간 로드헤더 굴착 효율성 확보 방안

TBM+로드헤더 확공	TBM+발파 확공
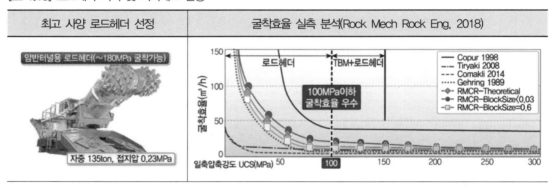	
• TBM 선굴착으로 로드헤더 굴착면적 축소(22%) • 확공 굴착 전 점보드릴 경사/직각 천공, 암반 블록화	• 발파 시 진동민원 배제 곤란, 전 구간 기계 굴착 불가 • TBM과 확공 동시시공 불가로 공기지연, 여굴량 증가

로드헤더 장비는 일축압축강도 180MPa까지 굴착 가능한 기종을 선정하였으며, 굴착효율 실측 분석결과, 일축압축강도 100MPa 이하에서 양호한 굴착효율을 발휘하는 것으로 검토되었다.

또한 구간별 암반 강도에 맞는 커터헤드(연암 예상지역 TC-60, 보통암 TC-72 및 경암 TC-87)를 적용하여 지반조건 대응 굴착효율을 최적화하였다.

[표 1.18] 로드헤더 기기 및 커터헤드 선정

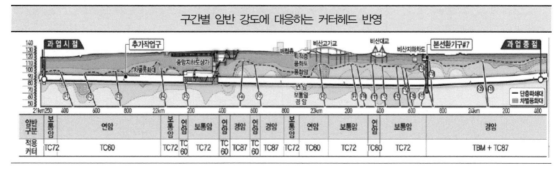

5. 위례신사선 도시철도 터널

5.1 현황

위례신사선 도시철도 민간투자 사업으로 서울특별시 송파구에서 강남구로 연결되는 경전철 사업으로, 사업목적은 위례신도시 광역교통개선 대책 결과를 반영하여 서울 동남권 지역의 대중교통 이용 편의를 제고하고 혼잡도 완화와 기존 도시철도망과의 연계를 통하여 대중교통 서비스 개선, 지역균형 발전에 기여하는 데 있다.

[그림 1.17] 위례신사선 사업노선 조감도

주 경유지는 위례신도시, 동남권 유통단지, 문정 법조타운, 가락시장역, 헬리오시티, 학여울역, 삼성역, 봉은사역, 청담역, 학동사거리와 신사역을 통과한다.

사업시설의 규모는 총연장 14.766km이고 정거장 11개소, 개착 124m 및 본선터널 12.992km로 구성되어 있다. 각종 지하차도, 아파트, 탄천과 양재천, 지하철, 영동대로 및 청담대로 하부 등 도심지를 터널로 통과하도록 계획되었다.

[그림 1.18] 위례신사선 평면도

5.2 지반조건

사업구간의 지반은 경기육괴 서측에 위치하며 호상흑운모편마암, 부분적으로 세립질편마암, 안구상편마암으로 구성되었으며, 단층 파쇄대 총 22개 중 노선과 교차하는 단층은 21개소로 추정된다.

폭 10m 이상의 주요 단층 파쇄대는 총 4개소이며, 이중 F8 단층은 신갈 단층대로, 경사시추에서 파쇄대 폭 27.8m를 확인하였다.

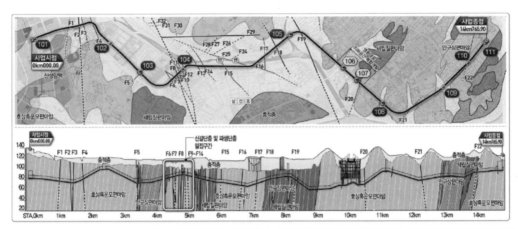

구분	터널 1구간	터널 2구간	터널 3구간
터널통과구간 지층 분포	102 정거장 구간 제외, 연암 이상	연암 이상 기반암, 평탄한 분포	차별풍화에 의한 심한 지층 기복
단층파쇄대 분포	F1~F9	F10~F19	F20~F22
일축압축강도	2.2~104.3Mpa (평균 39.2Mp)	6.4~100.5Mpa (평균 43.4Mp)	6.7~93.4Mpa (평균 42.5Mp)

[그림 1.19] 지질 종평면도

실내시험과 통계기법을 통한 분석결과, 터널 통과구간의 일축압축 강도는 최소 2.2~최대 104.3, 평균 41.9MPa로 나타났다. 또한 Pick 소모율과 직접 관련이 있는 석영함유율은 24~35%로서 서울지역 편마암과 비교하여 상대적으로 적은 것으로 분석되었다.

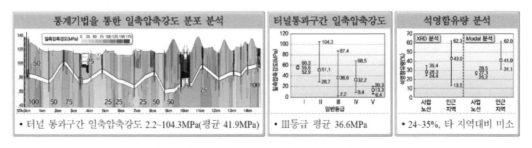

[그림 1.20] 일축압축강도 및 석영함유율 분석

5.3 굴착공법 선정

사업노선은 도심지를 통과하여 아파트, 병원, 학교, 빌딩 등이 근접하여 발파 굴착 적용 시 다수의 민원 발생이 예상된다. 터널 통과 평균심도는 40m 내외로, 다수의 단층 파쇄대와 교차하며 복합지반을 통과한다. 또한 역간 거리가 짧아 전단면 굴착장비 투입 시 시공 연속성에 제한이 있다. 따라서 도심구간 민원 최소화, 보안물건의 안정성, 시공 연속성 확보를 위해 기계굴착을 검토하였다.

[표 1.19] 기계 굴착 방식 검토

구분	자유면 굴착	전단면 굴착	
	로드헤더	쉴드 TBM	Open TBM
개요도			
단면 형상			
굴착 원리	• 자중에 의한 반력 이용하여 Pick으로 굴착 • 지보재, 콘크리트 라이닝으로 하중 지지	• 세그먼트 반력을 이용하여 커터헤드로 굴착 • 프리캐스트 세그먼트로 지반 하중 지지	• 그리퍼 반력을 이용하여 커터헤드로 굴착 • 지보재, 콘크리트 라이닝으로 지반 하중 지지
적용 조건	일축압축강도 180MPa 이하의 모든 암질에서 적용	도심지 천층 등 토사, 풍화암 이하의 연약한 지반에 적용성 높음	절리, 단층 파쇄대 등이 발달하지 않은 양호한 기반암 구간에 적합
시공성	• 주변지반 균열 영향 적음 • 굴착 작업의 연속성이 우수	• 구조물 근접통과 시 안정성 유리 • 암질변화가 클 경우 굴진율 저하	• 굴진속도가 빠름 • 지반 불량구간 대응 어려움
안정성	• 원지반 이완 최소화 • 불량지반 굴착 전 사전보강 양호	원지반 이완 최소화 및 쉴드 자체의 지지효과로 낙반 사고 없음	• 원지반 이완 최소화 • 불량지반 굴착 전 사전보강 불량

검토 결과 Open TBM은 절리 및 파쇄대가 발달하지 않은 양호한 암반에서 적용 가능하여 배제하였고, 쉴드 TBM은 지상부 작업장 면적 과다, 장비 조립, 해체 공간 확보의 어려움, 정거장 내 TBM 이동 시 시공간섭 발생 등의 문제로 적용성이 낮은 것으로 검토되었다. 따라서 굴착 단면적 최적화가 가능하고, 전방지질 대응성이 우수하며, 작업공간 제약이 없는 로드헤더로 선정하였다.

5.4 로드헤더 굴착방식 및 적용 사양 선정

로드헤더 굴착방식 선정은 붐의 방향과 커팅헤드의 중심축이 일치하는 Longitudinal 방식과 붐의 방향과 커팅헤드의 중심축 방향이 직각을 이루는 Transverse 방식이 있으며, 이 중 경암 이상의 암반굴착에 유리한 Transverse 방식을 선정하여 시공성을 향상시켰다.

[표 1.20] 로드헤더 굴착방식 비교

구분	Longitudinal(토사~연암용)	Transverse(암반용)
개요도	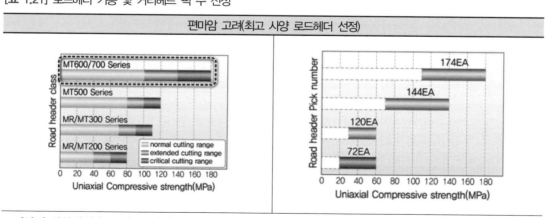	
특징	• 붐의 방향과 커팅헤드의 중심축이 일치 • 최대 일축압축강도 100MPa 이하	• 붐의 방향과 커팅헤드의 중심축의 방향이 직각 • 최대 일축압축강도 180MPa 이하

장비 사양은 지반조사 결과 사업구간의 최대 일축압축 강도는 100MPa 내외로 조사되어 MT300 시리즈(장비사 기준) 이상은 적용이 가능하나, 지반조사의 한계, 지반의 불확실성 등을 감안하여 극경암 출현 시 대응이 가능한 최고 사양인 MT700 시리즈로 선정하였고, 장비에 따른 커터헤드의 Pick 개수는 극경암과 경암 이하로 구분하여 선택 적용하였다.

[표 1.21] 로드헤더 기종 및 커터헤드 픽 수 선정

• 지반의 불확실성을 고려, 극경암(일축압축강도 180MPa) 굴착이 가능한 현재 최고 사양 선정
• 커터헤드의 Pick 개수는 트윈헤드당 극경암 174EA, 경암 이하 144EA로 선택 적용

5.5 미세먼지(분진) 저감을 위한 Total 환기 시스템

암반 굴착 시 발파 굴착과 로드헤더 굴착 모두 분진을 수반하게 된다. 발파 굴착의 경우 발파 후 갱내 분진 및 후가스 처리를 위해 터널 규모별 15~30분 이상 환기를 하도록 표준 품셈이 명시되어 있으며, 환기 시간 동안 막장 내 작업은 이루어지지 않는다.

로드헤더 굴착은 필요 단면적을 연속적으로 굴착하기 때문에 막장 내 충분한 환기가 지속적으로 이루어져야 한다. 따라서 분진 및 미세먼지 저감을 위해 Total 환기 시스템을 구축하였다.

1단계는 막장 내 신선한 공기를 압송하는 송기(급기)시스템을 구축하고, 2단계는 굴착 중 분진 저감을 위해 커터헤드에 장착되어 있는 노즐로 연속적인 살수를 실시하며, 3단계는 막장 후방에서 미분무 시스템을 이용하여 1차 저감 및 확산을 차단한다. 4단계는 이동식 집진기를 설치하여 3단계에서 차단되지 않은 분진을 재차 처리한다. 5단계는 배기시스템 구축으로 막장 내 처리된 공기를 외부로 배출시킨다.

[그림 1.21] 커터헤드 노즐 스프레이 시스템

[그림 1.22] Total 환기 시스템 구축

5.6 시공성 향상 및 유지보수 계획

사업구간은 터널 바닥부가 풍화암 이상의 암반으로 구성되어 있다. 따라서 접지압 부족에 의해 반력이 감소하여 굴착이 곤란한 구간은 없는 것으로 검토되었다.

그러나 지반의 불확실성, 풍화암 장기노출과 용수 등에 의해 접지력 감소로 소요 접지압 이하인 상황이 발생할 경우, 접지력 확보를 위해 필요구간의 터널 바닥부에 암버력을 50cm 이하로 포설하여 접지압을 유지하여 굴착을 진행하고, 그라우저 트랙패드를 이용하여 장비 주행성을 확보하였다.

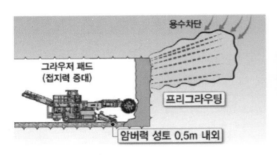 

[그림 1.23] 접지력 확보 및 주행성(트래피커빌리티) 개선 계획

지반조사 결과 사업구간의 최대 일축압축 강도는 100MPa 내외이나, 조사의 한계 및 지반의 불확실성을 감안하여 막장 내 극경암(150MPa 이상) 출현 시는 공사 기간 증가 및 필요 이상의 Pick 소모가 발생하므로 추가 대책을 강구하였다. 막장 관찰결과 극경암 출현부에 대해서 점보 드릴을 사용하여 사전 천공을 실시하고 선 균열 및 커터헤드의 관입이 가능토록 유도 후 로드헤더 굴착을 실시하여 시공성 및 경제성을 확보하도록 계획하였다.

또한 시공 중 장비 고장 또는 부품교환에 따른 인위적인 Jamming 방지를 위해 현장 커터샵을 운영하고 주요 부품 고장 또는 교체 시 정비기간 단축 계획을 수립하였다. 또한 장비사와의 사전조율로 제작기간이 오래 소요되는 커터 붐, 커터 기어 및 Appron 등은 공사기간 내 장비사에서 예비부품을 확보하고 전문 정비원을 배치하여 현장에서 즉시 유지보수가 가능토록 계획을 수립하였다.

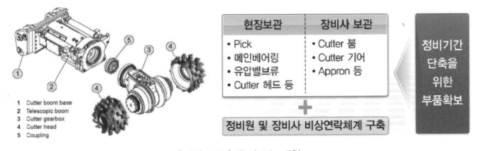

[그림 1.24] 유지보수 계획

5.7 현장지반 적용성 상세 평가 방법

본 내용은 특정 장비사의 시공사례와 분석을 통하여 제기된 장비굴착효율 평가방법으로 모든 시공조건에서 제한 없이 적용될 수 없으며, 원지반 조건에 대한 설계자의 평가와 판단에 따라 반영 여부를 결정하여야 한다는 점을 밝힌다.

앞에서 언급한 바와 같이 로드헤더는 토사, 풍화암 수준의 지반강도에서 시작하여 퇴적암 계열의 암반조건에서 주로 적용되어 왔으나 최근 장비의 발전과 함께 적용 범위가 보다 강한 암반과 다양한 암종으로 넓어지고 있다. 이러한 발전 과정에서 퇴적암 계열 이외의 화성암이나 변성암 조건에서도 적용할 수 있는 장비 적용성 평가방식이 제안되고 있어 기존의 국내 설계사례에서 적용된 일반적인 일축압축강도 위주의 장비 적용성 평가에서 벗어나 실제 현장에서 보다 유용하게 사용할 수 있도록 소개하고자 한다.

6. 암반특성을 고려한 로드헤더 굴진율 평가

암석(Rock)과 암반(Rock Mass)은 명확하게 구별되어야 한다. 암석(Rock)은 여러 광물의 집합체로서 구성입자들의 결합물질에 의해 강하게 결합되어 있어 일정한 강도를 갖는다. 자연재료로서의 물리적, 역학적 특성을 가지며 무결암(Intact rock)이라고도 한다. 암반(Rock Mass)은 암석의 집합체로서 다양한 형태의 불연속면을 포함하고 있다.

장비굴착효율 평가에 사용되는 실험실 UCS 결과는 암석(Rock) 자체의 강도이기 때문에 대략의 로드헤더 적용범위를 추정에는 유용하지만 실제 현장 적용성 분석에는 불연속면을 포함한 암반에 대한 재평가가 필요하다.

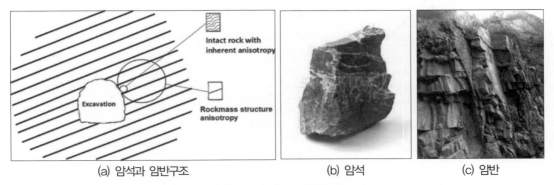

(a) 암석과 암반구조   (b) 암석   (c) 암반

[그림 1.25] 암석(Rock)과 암반(Rock Mass) 구분

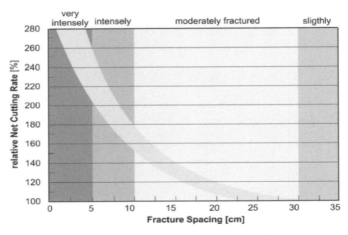

[그림 1.26] 로드헤더의 NCR에 미치는 암반 불연속면의 영향(Grimscheid, 2008)

6.1 암반을 대상으로 한 NCR 평가

일축압축강도(UCS)는 암석에 대한 평가로 암반을 대상으로 하는 터널 굴착에서 장비 적용성을 평가하는 데는 한계가 있다. 암반 굴착에 영향을 미치는 중요 매개변수는 다음의 표와 같다.

따라서 일축압축강도(UCS)에 의한 적용성 평가와는 별도로 현장 암반을 대상으로 굴착에 영향을 주는 인자를 고려하여 장비 적용성 재평가를 위한 지수(RMCR, Rock Mass Cuttability Rating)를 산정하고 상관성 그래프를 활용하여 NCR(Net Cutting Rate)를 재산정하는 것이 필요하다.

[표 1.22] 매개변수별 장비 적용성과의 연관성

매개변수	관련 평가 항목		장비 적용성과의 연관성
Strength of intact rock	일축압축강도	UCS	암석 굴착 효율(피크 소모 정도)
Intensity of discontinuities	블록 크기	BS	굴착 중 암반의 Scale effect
Conditions of discontinuities	절리 상태	JC	절리 조건에 따른 굴착 저항성
Orientation of discontinuities	주절리 방향	JO	주절리 방향에 따른 굴착 용이성

[표 1.23] Rating of uniaxial compressive strength(UCS) 평가

UCS(MPa)	Rating	
1~5	15	
5~25	12	Increasing strength of intact rock aggravates cuttability, but increasing strength of intact rock improves efficiency of discontinuities in cutting process
25~50	7	
50~100	4	
100~200	2	
200<	1	

[표 1.24] Rating of block size(BS) 평가

Block siz[m³]	Rating
0.6 <	20
0.3 ~ 0.6	16
0.1 ~ 0.3	10
0.06 ~ 0.1	8
0.03 ~ 0.06	5
0.01 ~ 0.01	3
< 0.01	1

Block size defines, if rock mass volume can or cannot be activated by cutting process (scale effect)

Block Size = $s_1 \cdot s_2 \cdot s_3$

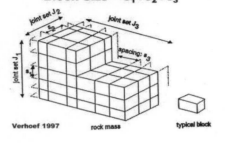

[표 1.25] Rating of joint conditions(JC) 평가

Surface	Aperture	Wall/Fill	Rating
rough	closed	hard, dry	30
slightly rough	< 1mm	hard, dry	20
slightly rough	< 1mm	soft, dry	10
smooth	1 ~ 5mm	soft, damp	5
very smooth	> 5mm	soft, damp to wet	0

Joint conditions define resistance of discontinuities against activation by cutting process(mechanical efficiency)

[표 1.26] Rating of orientation of joint set(JO) 평가

Influence on cuttability	Rating
very favorable	−12
favorable	−10
fair (and if block size <0.03m³)	−5
unfavorable	−3
very unfavorable	0

Joint orientation rates efficiency of cutting process in relation to attack direction of cutter head

〈Very favorable〉

Most influential joint set slightly inclined to nearly horizontal (−12)

〈Very unfavorable〉

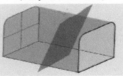

Most influential joint set highly inclined to nearly vertical (0)

6.2 암반적용 NCR-RMCR

RMCR(Rock Mass Cuttability Rating)은 각 매개변수의 합으로 구하며 로드헤더 굴착에 미치는 영향은 다음과 같다.

[표 1.27] RMCR 값에 대한 로드헤더 굴착영향

RMCR	Influence on cuttability by roadheaders
40~60	no to little influence
25~40	moderate influence
15~25	considerable influence
10~15	high influence
∠10	dominating influence

RMCR(Rock Mass Cuttability Rating)을 활용한 장비 적용성은 세계 여러나라 현장에서 평가된 실제 굴착 효율을 근거로 도출된 결과로 굴착 속도에 따라 다르게 나타난다. RMCR 30 이상에서는 UCS를 기반으로 한 이론적 굴착 효율과 큰 차이를 보이지 않지만 30 미만에서는 상당한 차이를 보이며 특히 낮은 굴착속도에서 효율이 크게 증가한다.

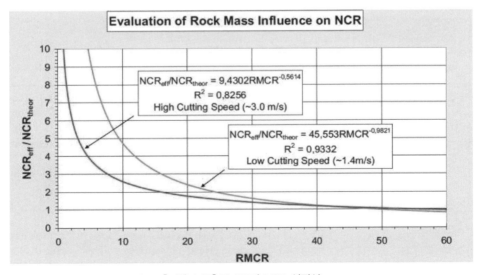

[그림 1.27] RMCR과 NCR 상관성

CHAPTER 02

해외 터널프로젝트에서 로드헤더 적용사례

■ 해외 터널프로젝트에서 로드헤더 적용

기계화 굴착과 터널링 방법을 이용한 다양한 옵션으로 인해 암반 기계굴착 과정을 집중적으로 이해할 필요가 점점 더 증가하게 되었다. 최적의 굴착공법 선정은 모든 프로젝트의 출발점이며 프로젝트의 성패를 좌우하게 된다. 지난 수십 년 동안 TBM의 개발뿐만 아니라 로드헤더를 이용한 암반 기계굴착 기술에도 큰 변화가 일어나고 있다. 특히 해외 도심지 대형 터널프로젝트에서 로드헤더를 이용한 기계굴착의 적용은 더욱 증가하고 있다.

본 장에서는 주요 해외 터널프로젝트에서의 로드헤더 적용사례를 살펴봄으로써 터널공사에서의 로드헤더 기술의적용성 및 유용성을 검토하고, 특히 경암반에서의 적용 가능성을 파악하고자 하였다. 또한 실제 터널현장에서 운영상 확인된 제반 문제점을 확인함으로써 로드헤더 기계굴착기술의 현장 적용성을 심도 있게 검토하고자 하였다.

[그림 2.1] 로드헤더 시공전경

1. WestConnex 지하도로 프로젝트(호주)

1.1 개요

연장 30km의 168억 AUD 달러 규모의 WestConnex 고속도로 프로젝트는 M4 신설구간과 M5 신설구간 그리고 M4-M5 링크로 두 개의 지하 자동차 도로를 연결하는 것으로 구성되며, 원활히 주행할 수 있는 시드니 중심 비즈니스 지구의 서부 우회로를 제공하는 메가 지하도로 프로젝트로서 본 프로젝트의 개요는 그림 2.2에서 보는 바와 같다.

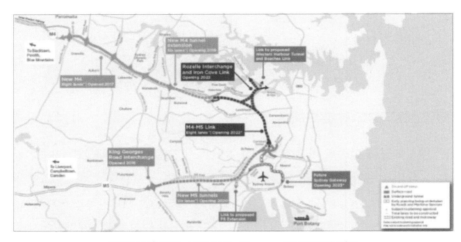

[그림 2.2] 호주 시드니 WestConnex 프로젝트의 개요

본 터널프로젝트는 4개 작업장에서 21개의 로드 헤더와 11개의 로보드릴 볼팅 장비를 이용하였으며, 병설 터널을 연결하는 50개의 횡갱을 포함하여 총 14km의 터널 건설이 이루어졌다. 첫 번째 굴착은 M4 단계의 터널링 작업에 적용되었다. 그림 2.3에는 로드헤더 관통과 굴착이 완료된 터널의 모습을 보여주고 있다.

(a) Breakthrough of the roadheaders

(b) Finished three-lane tunnel profile

[그림 2.3] 로드헤더를 이용한 터널 굴착

1.2 터널 설계

지반 조건은 대부분 터널링에 유리한 시드니 사암으로 이루어져 있다. 터널링은 건설장비에 대한 접근성 어려움, 주변 지역에 대한 영향 그리고 인구밀집으로 인해 TBM을 이용하지 않고 로드헤더 장비를 적용하였으며, 록볼트와 숏크리트로 지보하였다.

지보 설치는 로드 헤더가 전진함에 따라 점진적으로 수행되며, 본 터널에서는 지질 및 지반 조건에 따라 두 가지 구조 라이닝이 사용되었다. 사암에서의 지보는 부식 방지 록볼트와 1차(영구) 숏크리트 라이닝으로 구성되고, 셰일에서의 지보는 임시 록다웰, 1차 숏크리트 및 2차 숏크리트 라이닝으로 구성되었다.

터널 단면은 상대적으로 평평한 아치형 단면으로, 아치형 프로파일은 지반조건에 따라 약간 다르게 적용되었다. 터널의 표시 치수는 표 2.1에 정리되어 있다.

[표 2.1] 터널 단면 크기

Tunnel Section	Width-tunnel floor	Width-arched tunnel roof	Height
갱구 터널	12.4m	14.1m	6.5m
남측 확장 터널	16.9m	19.4m	7.3m
M4-M5 Link 터널	12.4m	14.1m	6.5m
비상주차대 구간	14.5m	18.7m	7.1m

전형적인 터널 단면은 그림 2.4에서 보는 바와 같다, 터널 천정부는 아치형, 측벽부는 직선형의 단면으로서 시드니 사암의 특성을 반영한 최적단면 설계이다. 3차선 터널 폭은 14.8m, 4차선 터널 폭은 18m에 이르며 터널 높이는 7m 내외이다.

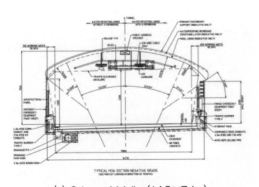 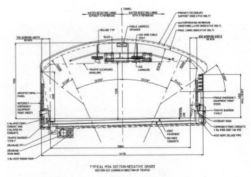

(a) 3 Lane Mainline(14.8×7.1m)   (b) 4 Lane Mainline(18.0m×7.5m)

[그림 2.4] Typical Section of Tunnel

1.3 로드헤더 기계굴착

터널 굴착은 로드헤더를 사용하여 수행되었다. 로드헤더는 트랙 장착 프레임에 회전식 커터 헤드 장착된 붐과 적재 장치(일반적으로 컨베이어)로 구성된 기계로서, 로드헤더 굴착 방법은 그림 2.5에 나타나 있다. 굴착 작업의 효율성을 높이고 전체 굴착 공기를 단축하기 위해 터널 굴착의 일부 영역에서 제어 발파를 사용할 수 있다. 제어 발파가 필요한 구간은 상세 설계 중에 검토되고, 시공 중에 확인된 지질 조건에 대응하여 확정되며, 주로 횡갱 및 벤치 굴착에 적용되었다.

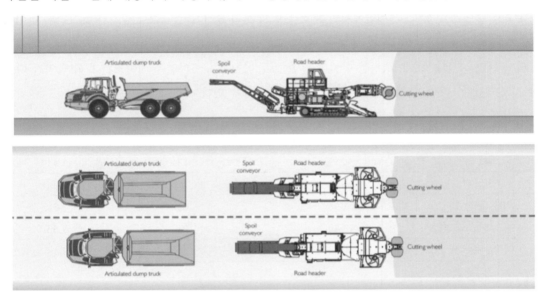

[그림 2.5] 로드헤더 기계굴착 계획

본 터널굴착에서는 로드헤더의 굴착 정확성을 높이기 위하여 VMT 시스템을 적용하였다. 이는 TUnIS 내비게이션 장치를 장착하여 설계상의 터널 굴착면, 록볼트 위치 등에 정확한 정보를 제공함으로써 보다 정밀한 시공이 되도록 하였다.

[그림 2.6] 로드헤더 기계굴착과 VMT TUnIS 내비게이션 시스템

1.4 터널 굴착방법

터널 굴착은 상반과 하반의 분할굴착 방법으로 적용하였다. 또한 폭이 상대적으로 큰 터널 단면의 특성을 고려하려 상반은 2분할 또는 3분할 굴착으로 계획하여 로드헤더 장비와 록볼트 장비 및 숏크리트 타설장비의 운용을 적절히 조합하여 굴착을 수행하였으며 그림 2.7에서 보는 바와 같다.

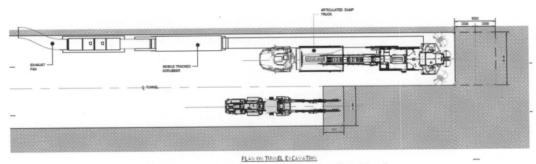

(a) Typical drives 9.0m to 14.0 wide → Split Heading

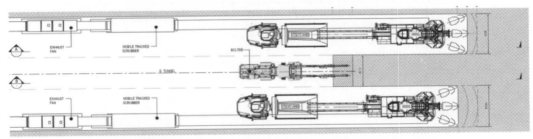

(b) Typical drives 14.0m to 19.0 wide → Bullhorn Heading

[그림 2.7] 로드헤더 기계굴착 방법

그림 2.8에는 상반에서 좌우 분할굴착을 하는 모습으로 좌측에서는 숏크리트 타설을 우측에서는 로드헤더 기계굴착을 동시에 시공하는 것을 볼 수 있다.

[그림 2.8] 로드헤더를 이용한 터널 상하반/좌우 분할굴착

1.5 터널 지보 설계

터널 지보타입은 암반등급에 따라 구분하였다. 사암인 경우 압축강도와 층리간격 그리고 층리사이의 심(Seam) 발달 정도에 따라 암반 등급을 5개로 구분하였다.

[표 2.2] 암반 등급(Sandstone)

Class	압축강도(MPa)	절리간격(mm)	허용 Seam(%)
I	> 24	> 600	< 1.5
II	> 12	> 600	< 3
III	> 7	> 200	< 5
IV	> 2	> 60	< 10
V	> 1	N. A	>10 또는 완전 풍화

[표 2.3] 지보 등급

Ground Type	Ground Support Type	
GT-SS-1	x-SS-ST1-y	
GT-SS-2	x-SS-ST2-y	
GT-SS-3	x-SS-ST3-y	x-SS-ST4-y
GT-SS-4	x-SS-ST4-y	x-SS-ST5-y
GT-SS-5	x-SS-ST5-y	x-SS-ST6-y

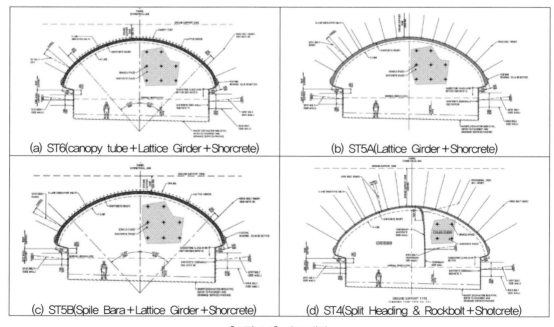

(a) ST6(canopy tube+Lattice Girder+Shorcrete)

(b) ST5A(Lattice Girder+Shorcrete)

(c) ST5B(Spile Bara+Lattice Girder+Shorcrete)

(d) ST4(Split Heading & Rockbolt+Shotcrete)

[그림 2.9] 지보 패턴

2. 오타와 LRT 프로젝트(캐나다)

2.1 프로젝트 개요

오타와는 인구 95만 명의 캐나다의 수도로 버스(BRT)에 포화 상태로 심각한 교통문제에 직면하여 이에 대한 해결책으로 BRT를 경전철로 교체하는 계획을 수립하였다. 이를 위하여 그림 2.10에서 보는 바와 같이 Conferdration Line을 계획하였으며 주요 구성은 다음과 같다.

- 13개 역이 있는 12.5km LRT 라인 / 기존 BRT 선로에서 경사로에서 10km
- 오타와 대학과 Pimisi 사이의 2.5km 터널 / 3개의 지하정거장 : Lyon, Parliament, Rideau

[그림 2.10] Ottawa LRT 프로젝트의 개요

2.2 설계 옵션

당초 설계는 본선터널은 TBM 공법으로, 지하정거장은 개착공법으로 검토되었다. 이후 다양한 설계옵션이 표 2.4에서 보는 바와 같이 검토되었다.

[표 2.4] 터널 단면 크기

Option		Pros	Cons
Design Scheme	Single Tunnel	• Lower cost • Flexibility in operation	• Higher risk of settlement minimized by rock quality
	Twin Tunnel	• Multiple faces • Overlapping of construction activities	• Higher cost and longer schedule • Potential impact on building basements
Excavation Procedures	TBM	• Speed • Open mode • One pass lining	• Paleovalley(soft soil) • Possible damage to building basements • Coordination required with stations • 1.5-2 years TBM procurement
	Drill & Blast	• Speed　• Economy • Multi face	• Urban restrictions • Noise　• Vibrations
	Mechanical	• Flexibility, Geometry • Multiple faces • Mobilize quickly	• Lower speed

2.3 본선터널과 지하정거장

지하구간은 본선터널과 3개의 지하정거장으로 구성되며, 지질종단면도가 그림 2.11에 나타나 있다. 교통이 혼잡한 도심지 통과구간으로 터널 직상부에 상당한 지장물이 확인되었다. 또한 복합지반 (Mixed ground) 조건으로 터널 굴착에 의한 주변 빌딩에 미치는 영향이 큰 것으로 나타났다.

LYON Station   Parliament Station   Existing Utilities

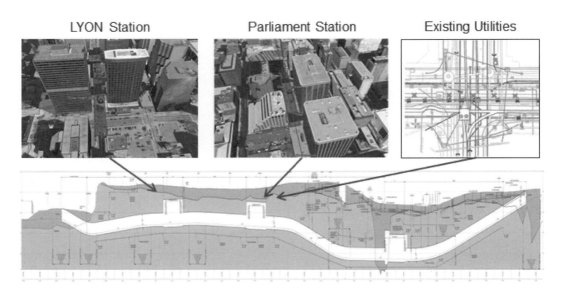

[그림 2.11] Ottawa LRT 프로젝트의 개요

주변 현황 및 지반조건을 고려하여 개착공법은 불가하고, 단선병렬 터널 또한 실현가능성이 적은 것으로 검토되었다. 또한 기존 구조물의 타이백과 볼트 그리고 복잡한 미확인 지장물로 인하여 TBM 공법은 리스크가 높은 것으로 나타나 최종적으로 적용성이 유연하고 시공성이 우수한 터널공법으로 기계굴착을 이용한 NATM 공법(SEM, Sequential Excavation Method)을 적용하였다. 총 3대의 굴착장비와 많은 버력 처리장비가 사용되었으며, 장비의 모습은 그림 2.12에서 보는 바와 같다.

[그림 2.12] 굴차 장비(SANVIK MT-720)와 머킹 장비(LHD Loaders)

2.4 정거장 터널 굴착

빌딩과 빌딩 사이가 20m인 공간에 폭 18m인 대단면 터널을 굴착하는 것은 가장 어려운 공정으로 주변 건물에 미치는 영향을 최소화하여야 한다. 이를 위하여 로드헤더를 이용한 측벽 분할굴착공법과 중앙에 텐션 타이를 설치하는 것으로 굴착계획을 수립하였다.

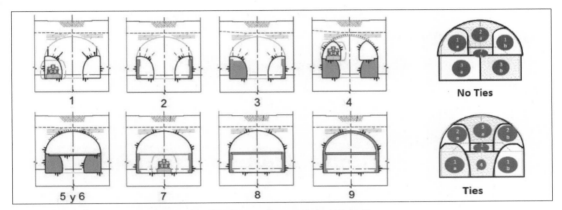

[그림 2.13] 정거장 터널의 굴착 단계

본 현장에서는 3개의 지하 정거장의 비교적 짧은 길이와 도심지 협소한 작업 공간을 고려하여 로드헤더 기계굴착공법을 적용하였다. 로드헤더는 서로 다른 암석 유형에 맞게 매우 빠르게 변경할 수 있는 장점을 가지고 있으며, 암질에 따라 일 200~450m³ 굴착 효율을 나타내었다.

[그림 2.14] 정거장 터널구간에서의 로드헤더 기계굴착

[그림 2.15] 정거장 터널 굴착 장면

3. 멜버른 메트로 프로젝트(호주)

3.1 프로젝트 개요 및 특징

멜버른 메트로는 서쪽에 Sunbury에서 남동쪽에 있는 Cranbourne/Pakenham까지 대용량 열차와 5개의 새로운 지하철역을 갖춘 새로운 지하 도시철도사업으로, 멜버른의 열차 네트워크를 통과하는 매주 50만 명 이상의 추가 승객들이 피크 기간 동안 철도 시스템을 사용할 수 있도록 네트워크에 용량을 제공할 것이다. 프로젝트 범위는 다음과 같다.

- 새로운 Sunbury-Cranbourne/Pakenham 라인의 일부로써 9km의 단선 병렬 철도터널
- 5개의 새로운 지하 정거장역 : Arden, Parkville, CBD North, CBD South, Domain역
- 대용량 신호체계 : 고성능 지하철 열차의 효율성을 극대화

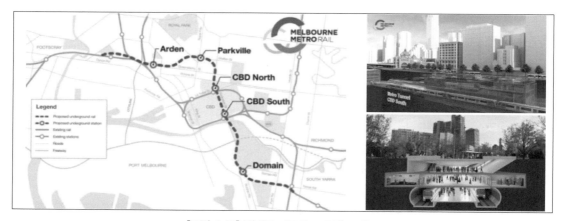

[그림 2.16] 멜버른 메트로 프로젝트 개요

멜버른 메트로는 본선터널 구간은 TBM 공법을 적용하고 지하 정거장 터널은 로드헤더 기계굴착 공법을 적용하였다. 정거장 터널은 최대 심도 39m의 대단면 터널로 분할 굴착과 도심지 구간 안전 문제로 로드헤더 기계굴착을 적용하였다.

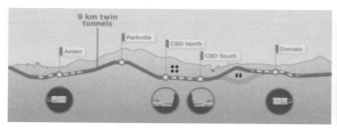

[그림 2.17] 멜버른 메트로 프로젝트 개요

3.2 로드헤더 굴착 및 시공

총 7대의 로드헤더가 두 개의 지하 정거장(CBD North와 CBD South)에 적용되었으며, 로드헤더는 118t, 15m 길이로 지하에 분리하여 내려졌다가 다시 조립되어 사용되었다. 지하 정거장 시공중 혼란을 최소화하기 위해 약 30m 깊이의 작업 수직구가 만들어졌으며, 세 개의 로드헤더가 동시에 운영되어 지하 정거장을 시공하도록 계획하였다. 지하 정거장 역의 길이는 240m, 폭은 30m, 승강장은 30m이다. 로드헤더는 Mitsui사의 SLB-350S로 매일 약 1500t의 암석을 굴착하였다.

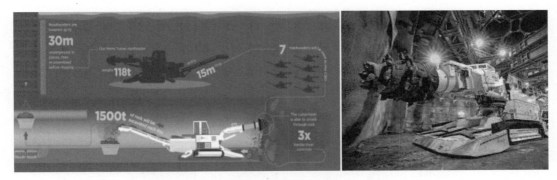

[그림 2.18] 로드헤더를 이용한 지하 정거장 굴착

지하 정거장은 단선 병렬터널인 본선터널과 승객 지하도의 핵심 부분을 형성하는 것으로 두 개의 진입 터널이 연결되며, 고성능 로드헤더로 굴착설계 되었다. 특히 정거장 터널은 대단면 특성을 반영하여 3아치 형태의 Trinocular 설계로 3부분의 분할하여 한 대의 로드헤더가 한 단면을 굴착하도록 하였다. 이와 같이 도심지 구간에서 대단면 터널을 굴착하는 경우, 여러 대의 로드헤더를 적용하게 되면 다양한 분할 굴착이 가능하게 되어 공기를 단축할 수 있고, 진동 등의 문제도 해결할 수 있다.

[그림 2.19] 로드헤더를 이용한 정거장 터널 분할 굴착

4. 시드니 메트로 프로젝트(호주)

4.1 터널 개요 및 특징

시드니 메트로는 호주 시드니에서 운영되는 완전 자동화된 고속 교통 시스템으로 호주 최대 공공 인프라 사업이다. 2019년에 개통된 1개 노선으로 탈라왕에서 채스우드까지 운행되며 13개 역과 대부분 지하에 위치한 36km의 단선병렬 선로로 구성되어 있다. 현재 이 노선을 채스우드에서 뱅크스타운까지 연장하는 작업이 진행 중이며, 시드니 하버와 시드니 센트럴 비즈니스 지구(CBD)에서 2024년 완공 예정으로, 총 66km 단선병렬 선로와 31개의 역을 갖게 된다.

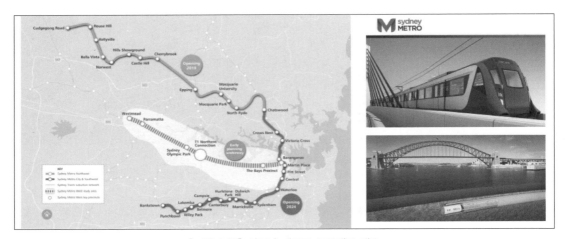

[그림 2.20] 시드니 메트로 프로젝트 개요

시드니 메트로는 본선터널 구간은 TBM 공법을 적용하고 지하 정거장 터널은 로드헤더 기계굴착 공법을 적용하였다. 터널 심도는 최대 25~40m의 단선 병렬 터널로 계획되었으며, 정거장 터널은 Binocular Platform, Single Platform의 대단면 터널로 계획하였다.

[그림 2.21] 시드니 메트로 터널 심도 및 터널 공법

4.2 로드헤더 굴착 및 시공

시드니 메트로에서는 총 10대의 130톤급 고성능 대형 로드헤더가 적용되어 도심지 도로 지하 20m에서 24시간 터널링 작업이 이루어졌다. 또한 Northwest 구간에서는 지하 25m에 있는 터널을 굴착하기 위해 로드헤더가 사용되었다. 50톤 무게와 6×6.4m 커팅 범위의 Mitsui S220 모델은 붐에 회전식 커터헤드를 장착하여 일일 약 5m의 굴착을 진행하였다. Pitt Street 정거장은 폭 11.5m 길이 240m은 지하 정거장 터널로 3대의 로드헤더가 굴착에 적용되었다. Martin Place 정거장 터널에서는 총 2대의 130톤급 로드헤더가 적용되었다. 이는 일정한 원형단면만이 가능한 TBM 터널과는 달리 로드헤더는 다양한 크기와 형태의 굴착단면이 가능하기 때문이다.

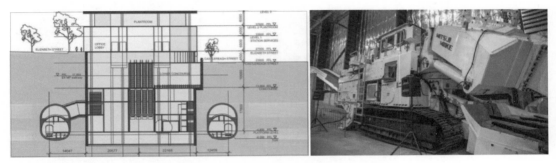

[그림 2.22] 시드니 메트로에서의 로드헤더 적용

[그림 2.23] 로드헤더를 이용한 정거장 터널 굴착

5. 몬트리올 메트로 프로젝트(캐나다)

몬트리올 메트로는 캐나타 퀘벡 몬트리얼과 광역권 도시들을 연경하는 도시철도 시스템이다. 총 연장은 69.2km, 4개 노선으로 전부 지하에 위치해 있는 것이 특징이다. 현재 지상으로도 운행하는 67km, 3개 노선 신설이 진행 중에 있으며, 2023년에 운행계통이 136.2km로 두배가량 늘어날 전망이다.

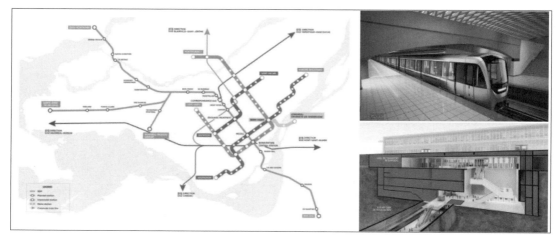

[그림 2.24] 몬트리올 메트로 프로젝트 개요

현재 추진중인 몬트리올 메트로는 도심지 공사특성을 고려하여 본선터널 구간은 TBM 공법을, 지하 정거장 터널은 로드헤더 기계굴착 공법을 적용하였다. 터널 심도는 평균 30~40m로 본선터널은 단선 병렬터널로, 정거장 구간은 대단면 터널로 계획하였다.

[그림 2.25] 몬트리올 메트로 터널 공법

5.1 로드헤더 굴착 및 시공

본 터널은 지하 차고지와 Côte-Vertu 역을 연결하는 터널로서 도로하부 25m에 있는 길이 600m 터널을 시공하기 위하여 로드헤더 기계굴착을 적용하였으며, 공기 단축을 위하여 24시간 작업을 시행하였다. 특히 터널 상부에 주거지역을 통과하기 때문에 진동에 대한 민원을 방지하고 터널 굴착에 의한 지상에 미치는 영향을 최소화하고자 하였다.

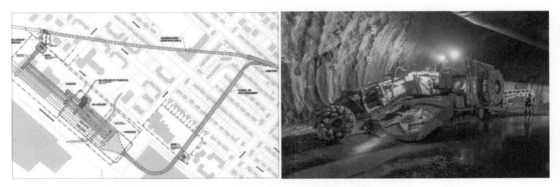

[그림 2.26] 몬트리올 메트로 Côte-Vertu garage 연결터널에서의 로드헤더 기계굴착

터널굴착을 위해 135톤의 무게의 독일산 로드헤더를 사용하였다. 본 로드헤더는 빠른 속도로 회전하는 수십 개의 강철로 된 콘 모양의 스파이크가 박혀 있는 원형 그라인더를 가지고 있으며, 굴진 속도는 3~5m/day로, 버력은 매일 30~40개의 대형 덤프트럭으로 처리되었다. 스파이크의 Pick는 매 2시간마다 교체해야 하며, 로드헤더의 GPS 시스템은 터널이 정확한 방향으로 가고 있는지 확인하도록 로드헤더 장비에 반영되었다.

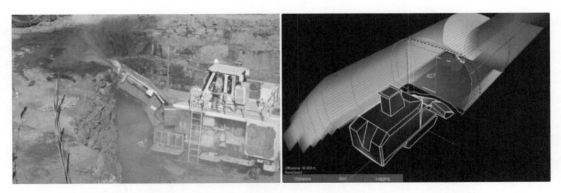

[그림 2.27] 몬트리올 메트로 Côte-Vertu garage 연결터널에서의 로드헤더 기계굴착

6. 해외 터널현장에서의 로드헤더 굴진성능 분석

6.1 몬트리올 메트로 Line 2 연장선 프로젝트

몬트리올 메트로 Line 2 연장선 구간으로 저토피 구간과 주거 지역을 통과하는 터널로서 총 연장은 5.2km로 로드헤더 굴착과 발파 굴착을 적용하였다. 특히 하저구간의 복선터널구간은 하저 암반층과의 토피고가 9m로 로드헤더 굴착을 적용하였다. 본 구간의 암반은 선캄브리아기의 셰일과 화석질 및 결정질 석회암으로 구성된다. 다음 표에는 암석시험으로부터 얻는 암석의 역학적 특성을 정리한 것으로 암석강도가 전반적으로 100MPa 이하임을 알 수 있다.

Sample #	Rock Type	P [g/cm³]	UCS[Mpa] from	UCS[Mpa] to	UCS[Mpa] mean	BTS[Mpa] from	BTS[Mpa] to	BTS[Mpa] mean	W$_f$[Mpa] from	W$_f$[Mpa] to	W$_f$[Mpa] mean	UCS : BTS	k$_c$	W$_f$: UCS [Nm/MPa]	CAI from	CAI to	CAI mean
2001/086/01	Shale (TF-33-01, 88'3''-90')	2.60	45.43	71.01	63.18	3.35	6.75	4.92	11.01	27.04	18.48	13	1	0.29	0.36	0.94	0.65
2001/086/02	Limestone-shaly, fossiliferous (TF-26-01, 82'2''-84'3'')	2.65	63.55	134.78	102.26	4.81	10.89	6.81	9.20	37.19	24.93	15	0.9	0.24	0.55	0.15	0.82
2001/086/03	Limestone-slightly, shaly, crystalline (TF-29-01, 96'8''-98'6'')	2.64	88.09	117.05	105.87	5.11	9.81	7.50	21.52	34.99	27.09	14	1	0.26	0.29	0.84	0.62
2002/003/01	Limestone-fossiliferous, fine grained (TF-50, 33'5''-34'3'')	2.59	93.12	117.10	102.14	4.58	9.28	7.37	6.32	21.72	16.46	14	1	0.16	0.44	0.75	0.63
2002/003/02	Limestone-crystalline, shaly (PF-2, 63'2''-65')	2.60	58.08	92.84	78.25	4.12	5.49	4.98	11.78	21.42	16.38	16	0.9	0.21	0.59	0.82	0.68
2002/069/01	Diabase-dyke (TF-67, 19.25-20.85m)	2.77	272.83	346.05	300.61	10.75	13.16	12.06	62.95	95.50	79.25	25	0.8	0.26	1.44	1.73	1.55
2002/069/02	Limestone-crystalline (TF-67, 57.0-58.2m)	2.61	63.77	82.62	70.20	3.31	7.91	5.92	10.75	12.98	12.02	12	1	0.17	0.68	1.00	0.82

[그림 2.28] 암석 시험 데이터 (Uwe Restner 등, 2004)

90MPa 이하의 암석평균강도(UCS)를 기준으로 27m³/h의 순 굴삭률(NCR, Net Cutting Rate)을 나타내었으나, 암반 특성을 반영하기 위하여 RMR 암반분류를 반영하였다.

$$\frac{NCR_{eff}}{NCR_{theor}} = 46.537 \times RMR_{rev}^{-0.9877}$$ (2.1)

여기서, NCR_{eff} : 실제 순 굴삭률, NCR_{theor} : 이론 굴삭률, RMR$_{rev}$: 수정 RMR시스템

본 현장의 암반분류값인 30 이하의 RMR$_{rev}$ 을 반영하게 되면 실제 순 굴삭률은 44m³/h로 증가하게 되며, 예상 굴삭율은 38~42m³/h, 픽 소모량은 0.1 pick/m³로 계산되었다.

로드헤더 ATM 105-IC는 본선터널의 2개 막장에서 운영되었으며, 하루에 굴착조와 지보설치에 10시간의 2교대와 유지관리 및 장소 변경에 4시간의 유휴시간이 사용되었다. 다음 그림에는 실제 기록된 로드헤더 운영 자료이다. 그림에서 보는 바와 같이 굴삭율과 피크소모량이 예상치에 근접함을 볼 수 있다. 또한 평균 굴진율은 8.6m/day로 나타났다.

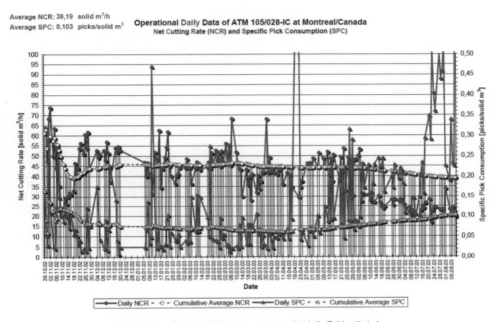

[그림 2.29] 로드헤더 ATM 105-IC의 실제 운영 데이터

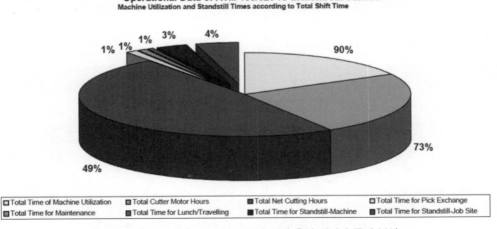

[그림 2.30] 로드헤더 ATM 105-IC의 실제 운영 데이터 통계 분석

6.2 East Side Access 프로젝트

East Side Access는 뉴욕시의 공공 공사로서 퀸스 본선에서 맨하탄 이스트 사이드의 그랜드 센트럴 터미널 하부에 새로운 지하 정거장역을 건설하는 메가 프로젝트이다. 본 공사에서 로드헤더 기계 굴착은 지하철 역사 굴착 중 TBM를 위한 챔버 구간에서 추가적인 보조 굴착으로 작은 단면에서 대형 단면으로 확대하는 구간에 적용되었으며, 로드헤더는 SANDVIK사의 MT720이다.

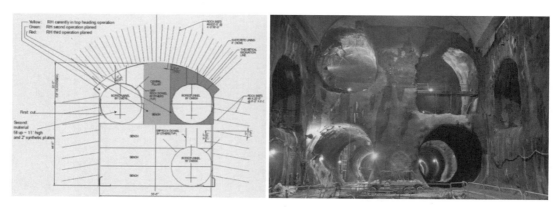

[그림 2.31] East Side Access 터널에서의 기계굴착 적용

본 구간의 주요 암종은 편암(부분적으로 편마암)과 페그마타이트로, 평균 일축압축강도(UCS)는 80~95 MPa이고, 평균 CAI는 3.7~3.8 범위를 나타냈으며, 광범위하게 균열 암반의 특성을 보이는 것으로 조사되었다.

Rock Data of Manhattan East Side Access - GCT 3 Project, EB Tunnel

Sample #	Rock Type	Chainage	γ [g/cm³]	UCS [MPa]	BTS [MPa]	W_f [Nm]	UCS:BTS	k_tough	W_f [Nm/MPa]	CAI	Percentage in Face	NCR [solid m³/nch]	SPC [picks/solid m³]
2008/030/01	Schist	EB 30+30	3,12	166,81	13,84	82,14	12	1,00	0,34	3,87	10%	9	20,000
2008/030/02	Schist	EB 30+40	2,87	67,14	10,69	19,74	6	1,25	1,34	3,15	35%	18	0,300
2008/030/03	Schist	EB 31+20	2,7	63,94	3,56	24,93	18	0,90	2,34	4,74	35%	26	0,600
2008/030/04	Pegmatite	EB 1043+30	2,6	110,25	1,59	46,21	10	1,00	3,3	5,08	10%	14	5,000
2008/030/05	Schist	EB 1044+00	2,72	65,33	6,72	20,86	10	1,00	4,34	1,81	10%	23	0,060
Average			2,83	94,69	9,28	38,77	11	1,03	2,34	3,73	---	18	5,192
Percentage related summary			2,82	80,12	8,20	30,55	12	1,05	2,09	3,84	100%	20	2,821
Uneconomical range for cutting													
Critical range for economical cutting													
Economical range for cutting													

[그림 2.32] 암석 시험 데이터(Uwe Restner 등, 2004)

본 현장에서는 로드헤더 MT720과 MT062가 운영되었으며, 상세한 로드헤더 운영자료는 그림에서 보는 바와 같이 평균 굴삭율 NCR은 12.42m³/h, 평균 픽소모량 SPC는 1.963picks/m³로 나타났다. 또한 장비 운과 대기시간 등을 분석해보면 장비의 총 가동시간이 33%로서 특수한 현장 상황 등의 원인으로부터 상대적으로 장비 활용도가 낮게 나타났음을 확인할 수 있다.

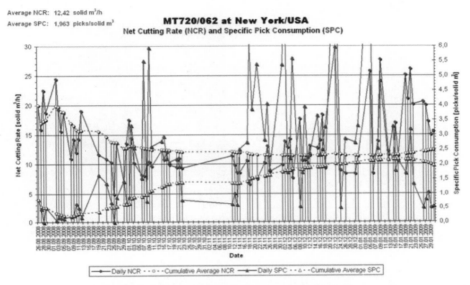

[그림 2.33] 로드헤더 MT720/062 실제 운영 데이터

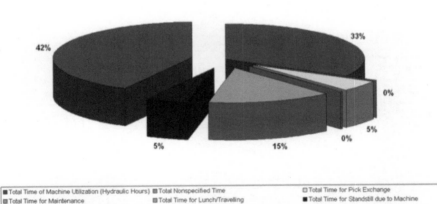

[그림 2.34] 로드헤더 MT720/062 실제 운영 데이터 통계 분석

6.3 Mont Cenis 터널-확장

Mont Cenis 터널은 최초의 알파인 통과터널로서 1870년에 건설되었으며, 새로운 EU 기준을 만족하기 위하여 터널 단면을 확장하여 개량하여야만 하였다. 본 개량공사에서 기존 터널 라이닝은 모든 진동에 매우 민감하여 발파 및 유압 해머를 사용하면 기존 라이닝이 손상될 위험이 높기 때문에 로드헤더가 적용되었다. 이러한 제반 특성을 고려하여 로드헤더 AHM 105-IC가 적용되었다.

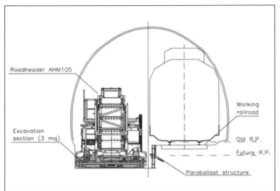

[그림 2.35] Mont Cenis 터널단면과 터널 전경

본 구간의 주요 암종은 변성암질 편암과 부분적으로 결정암질 석회암으로, 편마구조를 보이며, 이전 발파굴착으로 영향으로 균열이 심하게 발달하였다. 평균 일축압축강도(UCS)는 65 MPa, 평균 CAI는 1.6, 평균 RMCR 32로 조사되었다.

이러한 암석시험결과로부터 순 굴삭률 NCR과 픽소모량 SPC 그리고 평균 굴진율을 평가하였으며, 여기서 시스템 가용성은 90%로 설정되었고 장비운영 시간과 관련된 순굴삭 시간의 비율은 50%로 설정되었다.

Report No.	Rock Type	Chainage [m] from	to	Length [m]	Percentage	UCS [MPa] from	to	av.*	av.**	BTS [MPa] av.	W_f [Nm] av.	UCS:BTS	k_a	W_f:UCS [Nm/MPa]	CAI from	to	av.*	av.**
2001/063/01	Calcareous schist					25,00	120,00	72,50	93,19	8,46	23,04	11	1,00	0,25	0,80	2,80	1,80	0,93
2001/063/02	Calcareous schist with quartz and calcite layers, slightly graphitic					25,00	120,00	72,50	41,17	4,26	13,09	10	1,00	0,32	0,80	2,80	1,80	2,32
2001/063/03	Calcareous schist, highly graphitic	3000	12220	9220	75,45%	25,00	120,00	72,50	50,82	5,21	8,23	10	1,00	0,16	0,80	2,80	1,80	1,22
2001/063/04	Calcareous schist, highly graphitic					25,00	120,00	72,50	71,62	2,83	14,93	25	0,80	0,21	0,80	2,80	1,80	1,42
2001/063/05	Calcareous schist, highly graphitic					25,00	120,00	72,50	31,88	5,91	4,70	5	1,25	0,15	0,80	2,80	1,80	1,14
	Total:			12220	100,00%	---	---	86,25	59,60	6,72	14,45	11	1,05	0,24	---	---	2,16	1,82

* expected
** measured

[그림 2.36] 암석 시험 데이터(Uwe Restner, 2007)

본 현장에서는 로드헤더 MT720과 MT062가 운영되었으며, 상세한 로드헤더 운영자료는 그림에서 보는 바와 같이 평균 굴삭율 NCR은 28.51m^3/h, 픽소모량 SPC는 0.095picks/m^{3}로 나타났으며, 2단계에서는 평균 굴삭율 NCR은 33.15m^3/h, 픽소모량 SPC는 0.075picks/m^{3}로 나타났다.

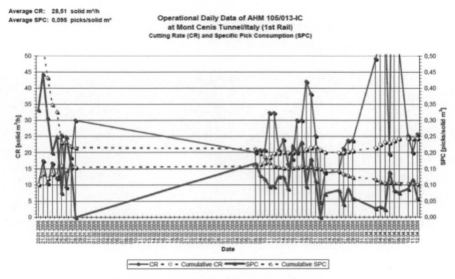

[그림 2.37] 로드헤더 MT620 실제 운영 데이터

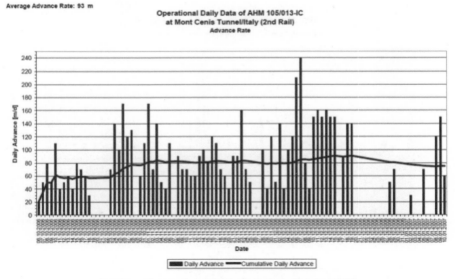

[그림 2.38] 로드헤더 MT620 실제 운영 데이터-굴진율

6.4 Markovec 터널

Markovec 터널은 Koper와 Izola(슬로베니아 해안지대)를 연결하는 2.2km 2차선 병설 터널로서 Koper 쪽 터널 상부로부터 10~35m의 거주자 밀집 지역을 통과하며, 로드헤더에 의한 굴착거리 상하행선 터널의 560m 구간이다. 본 구간의 지질은 이암이 주를 이루는 퇴적암으로 사암과 석회암이 섞여 있는 암석의 단축압축강도(UCS)는 최대 177.6MPa를 보이기도 한다. 특히 터널 상부와 거리가 얕은 지역은 불량한 연약암반으로 조사되었다. 로드헤더 장비는 MT720이다.

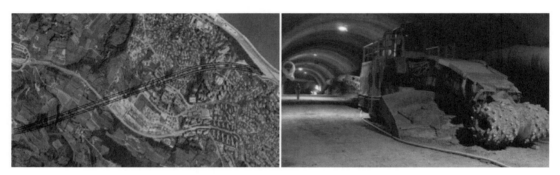

그림 2.39 Markovec 터널과 로드헤더 기계굴착 적용

로드헤더 기계굴착에 대한 운영 자료를 분석한 결과, 석회암 구간 굴진 시 순 굴삭율(NCR)은 약 35~45m³를 나타내었으며 일굴진율은 상반기준으로 4m를 기록하였으며, 이암−사암 구간 굴진 시 순 굴삭율(NCR)은 약 55~65m³를 나타내었으며 일 굴진율은 상반기준으로 8m를 기록하였다.

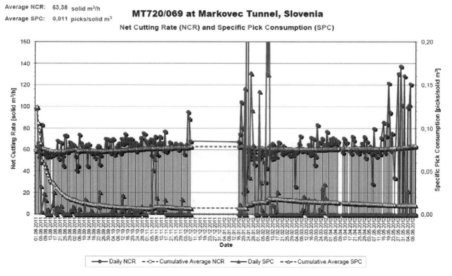

[그림 2.40] Markovec 터널에서의 로드헤더 실제 운영 데이터

6.5 Aarburg 터널

 Aarburg 터널은 연장 212m의 2차선 도로 터널로 터널 상부의 근접시공의 문제로 인해 발파 굴착이 허용되지 않아 로도헤더 기계굴착으로 계획 시공되었다. 주요 암종은 석회암을 포함한 Marl 층으로 평균일축압축강도(UCS)는 75MPa, 평균 CAI는 1.0, 평균 RMCR은 29로 조사되었다. 이러한 암반특성을 고려하여 로드헤더 장비는 ATM 105/039-IC가 적용되었다.

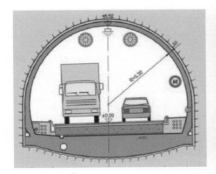 

[그림 2.41] Markovec 터널 단면과 완공후 터널 내부전경

 암반특성을 고려한 효율적인 순 굴삭률(RMCR)은 34m³/h, 픽소모량 SPC는 0.2picks/m³로 평가되었다. 그림에서 보는 바와 같이 실제 터널굴진 시 로드헤더 운영데이타를 모니터링한 결과 굴삭율 45.89m³/h와 픽소모량 0.036picks/m³로 예상보다 양호하게 나타났다.

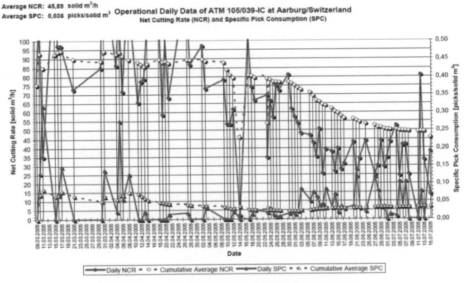

[그림 2.42] Aarburg 터널에서의 로드헤더 실제 운영 데이터

6.5 Bileca 터널

Bileca 터널은 연장 2.0km, 단면적 41m²의 수로 터널로서 주변 여건과 지반 특성을 고려하여 발파 굴착이 허용되지 않아 로드헤더 기계굴착으로 계획 시공되었다. 주요 암종은 석회암으로 광범위하게 균열을 포함하고 있으며, 평균일축압축강도(UCS)는 84MPa, 평균 CAI는 0.8로 조사되었다. 다음 표에는 보다 상세한 암석시험 결과가 정리되어 나타나 있다. 본 터널에서 로드헤더 장비 AHM 105/010-IC 5가 적용되었다.

Sample #	Rock Type	P [g/cm³]	UCS[Mpa] from	to	mean	BTS[Mpa] from	to	mean	Wᵢ[Mpa] from	to	mean	UCS : BTS	kc	Wᵢ : UCS [Nm/MPa]	CAI from	to	mean
2002/046/01	Limestone, Layer 2	2.62	144.39	214.36	173.28	0.58	8.26	6.21	45.32	77.87	59.70	28	0.80	0.34	0.86	1.31	1.03
2002/046/02	Limestone, Layer 3	2.64	–	–	146.78	5.74	11.91	8.82	–	–	48.27	17	0.90	0.33	1.03	1.18	1.09
2002/046/03	Limestone, Layer 4	2.64	140.82	220.98	175.27	5.83	7.71	6.72	35.38	99.10	95.96	26	0.80	0.38	0.76	1.53	1.6082
2002/046/04	Limestone, Layer 5	2.55	142.09	179.48	158.56	5.03	7.93	6.23	42.93	57.30	51.25	25	0.80	0.32	0.93	1.07	0.63
2002/046/05	Limestone, Layer 6	2.62	78.64*	223.28	159.92	5.08	6.53	5.79	30.14	89.54	66.93	28	0.80	0.42	0.68	1.17	0.68

*specimen failed due to stylolitic plane

[그림 2.43] Markovec 터널에서의 암석시험 데이터

그림에서 보는 바와 같이 실제 터널굴진 시 로드헤더 운영데이터를 모니터링한 결과 굴삭율 30.88m³/h와 픽소모량 0.275picks/m³로 나타났으며, 암반 내 균열과 절리발달의 특성으로 인하여 상대적으로 균진율이 양호하게 나타나 경제적인 굴진이 가능하였다.

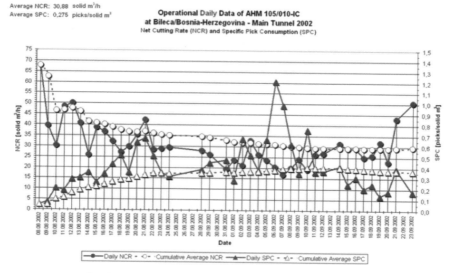

[그림 2.44] Bileca 터널에서의 로드헤더 실제 운영 데이터

7. 해외 터널현장에서의 로드헤더 적용 특성

해외 주요 터널 프로젝트에서의 로드헤더 적용사례를 정리하여 다음 표에 정리하여 나타내었다. 전반적으로 도심지 터널에서의 로드헤더의 적용이 증가하고 있으며, 적용 암반도 연암반에서부터 중경암반까지 다양하게 적용되고 있음을 볼 수 있다.

[표 2.5] 해외 도심지 터널 프로젝트에서의 로드헤더 적용사례

터널 특징	로드헤더 특성	현장 전경
WestConnex Tunnel/호주 시드니 • 지하도로(3차선/4차선) 터널 • 평평한 아치형 단면 • 암종-시드니 사암	• 총 35대 로드헤더 운용 • 공기단축을 위한 멀티막장 운영 • 대단면으로 TBM 적용 불가 • 정밀시공-VMT System 적용	
NortheConnex Tunnel/호주 시드니 • 고속도로(2/3차선) 병렬터널 • 연장 9km (시드니 최장터널) • 단면 : 폭 14m×높이 8m	• 총 19대 로드헤더 도입 운용 • 굴착공기 32개월 • 25~30m/주(시드니 사암) • 심도 90m(시드니 최장심도)	
Melbourn Metro/호주 멜버른 • 단선 병렬터널-도시철도 • 본선터널 9km • 총 5개 정거장	• 총 7대 로드헤더 도입 운용 • 지하정거장 구간에 로드헤더 적용 • 본선터널구간 TBM 6대 적용 • 심도 30~40m	
Sydney Metro/호주 시드니 • 호주 최대 공공인프라 공사 • 단선 병렬터널-도시철도 • 13개 역/36km	• 총 10대 로드헤더 도입 운용 • 지하정거장 터널-130t 로드헤더 • 24시간/일-7일/주 작업 • 복잡한 지하공동 단면 굴착	
Metro Bilbao Line 3/스페인 빌바오 • 단선 병렬터널-도시철도 • 굴착단면적 62m² • 7개 정거장/40.61km	• 로드헤더 MT520 도입 운용 • 암석강도 60MPa • 36~38m³/hour • 암종-Marls/석회암/사암	
Montreal Metro Lune 2/몬트리올 • Line 2 연장선/단선병렬 터널 • 본선터널(5.2km) • 암종-석회암/셰일	• 로드헤더 ATM 105-IC 도입 운용 • Lot C04 구간(상하반 분할굴착) • 굴진율 평균 8.6m/일(10시간/일) • 39m³/hour-Overbreak 8cm	
Ottawa LRT/캐나다 오타와 • Confederation 라인/단선 병렬 • 본선터널(2.5km) • 3개의 지하정거장	• 3대의 로드헤더 MT720-135tone • 지하정거장 터널-SEM공법 • 24시간 운영 • 암종-석회암	

CHAPTER 03 도심지 터널에서 로드헤더 전망과 과제

■ 도심지 터널프로젝트에서 로드헤더 적용과 전망

최근 국내 터널프로젝트에서의 발파공법에 대한 문제가 이슈가 되고 있다. 특히 발파진동과 발파 굴착에 대한 안전성에 대한 우려는 집단 민원의 주요 사항으로 부각되어 이에 대한 기술적인 대처방안이 요구되고 있는 상황이다. 하지만 국내 터널공사에서의 로드헤더를 이용한 기계굴착의 경험이 매우 부족하고, 경암반이 우세한 국내 암반의 특성상 로드헤더를 이용한 기계굴착의 적용에 대하여 많은 우려가 있는 것이 사실이다. 앞서 살펴본 바와 같이 해외 도심지 터널공사에서도 심각한 민원 문제를 해결하기 위한 대안으로서 TBM 공법과 로드헤더 기계굴착공법이 도심지 공사에 적극적으로 적용되기 시작하였으며, 특히 대형 고성능 로드헤더의 개발로 인하여 그 유용성과 적용성은 더욱 증가하고 있음을 볼 수 있다. 본 장에서는 이러한 배경을 바탕으로 국내 도심지 터널프로젝트에서의 로드헤더 기계굴착공법의 적용 가능성을 검토하고, 보다 활발한 적용을 위한 해결과제에 대하여 검토하고자 하였다.

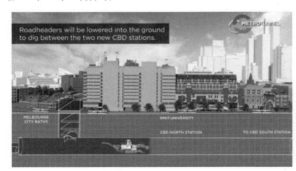

[그림 3.1] 도심지 터널에서의 로드헤더 기계굴착 적용

1. 도심지 터널에서의 로드헤더의 적용성

국내에서의 로드헤더 기계굴착의 적용성을 검토하기 위하여 먼저 해외 터널프로젝트에서 로드헤더를 이용하여 굴착시공에 적용된 사례를 정리하였다. 표에서 보는 바와 같이 하여 많은 국가에서 로드헤더를 적영하고 있음을 확인하였으며, 다양한 암종과 암석 강도 조건에서 굴삭율과 굴진율을 나타내고 있으며, 일반적으로 암석강도가 100MPa 이하인 경우가 많음을 볼 수 있다.

[표 3.1] 해외 터널프로젝트에서의 로드헤더 적용 조건

터널명	국가	일축압축강도(MPa)	암종	굴착율(m³/hr)
Premadio II	이탈리아	27~129	편마암	83.8
Airport Link Brisbane	호주	30~99	응회암	34~90
Markovec Tunnel	슬로베니아	55~126	이암/사암 교호	35~45
Durango	멕시코	20~100	–	50
Anei-Kawa Tunnel	일본	<143	화강암	–
Bibao Metro Line 3	스페인	50~70	석회암/사암	36-38
WestConnex Tunnel	호주	20~50	시드니 사암	–
NorthConnex Tunne	호주	20~50	시드니 사암	–
East side Access	미국	80~95(평균 74)	편암/Pegmatite	17.39(최대 52.17)
Pozzano	이탈리아	90~100		
St.Lucia Tunnel	이탈리아	90~200	흑운모 편암/편마암	4m/day
Montreal Metro Line 2	캐나다	<90	석회암/셰일	39
Bileca Water Tunnel	보스니아	최대 173(평균 84)		10.53(최대 26.32)

현재 해외에서는 도심지 구간에서의 터널굴착은 기계화 시공을 점차적으로 확대 적용하고 있으며, 굴착방법으로서 TBM 터널과 로드헤더 기계굴착을 조합하여 운영하고 있음을 확인하였다. 특히 호주의 경우 시드니 메트로, 멜버른 메트로와 같은 도시철도 프로젝트와 WestConnex 및 NorthConnex와 같은 지하도로 프로젝트에 로드헤더 기계굴착을 광범위하게 적용하고 있음을 볼 수 있다.

지금까지 국내에서의 로드헤더 기계굴착 설계 사례와 해외에서의 로드헤더 기계굴착 적용사례를 살펴본 바와 같이, 도심지 터널공사에서의 안전문제와 환경이슈에 효율적으로 대처하기 위해서는 로드헤더 기계굴착의 도입과 운영이 반드시 필요하다 할 수 있다. 특히 로드헤더 기계굴착은 기존 발파 굴착에 비하여 많은 장점을 가지고 있으며, TBM 공법이 가지고 있는 기술적 한계를 해결할 수 있다는 점에서 도심지 터널에서의 로드헤더 기계굴착은 적용성이 매우 높다고 할 수 있다.

2. 도심지 터널에서 로드헤더 기계굴착의 적용성 평가

도심지 터널에서의 로드헤더 기계굴착의 적용성을 평가하기 위하여 평가 요소를 단면 적용성, 굴착 적용성, 장비 이동성, 여굴 과굴착, 암반 안정성 및 진동 영향으로 구분하여 각 굴착공법에 대한 상대적인 적용성을 검토하였다. 그 결과를 표 3.2에 정리하여 나타내었으며 다양한 측면에서 로드헤더 기계굴착의 적용성이 높음을 확인할 수 있다.

특히 도심지 터널에서 가장 민감하고 중요한 발파진동에 대한 문제를 로드헤더 기계굴착은 해결할 수 있다는 점이다. 표에서 보는 바와 같이 로드헤더 기계굴착에 의한 진동은 발파진동에 비하여 매우 작게 나타나는 것을 실제 측정 데이터로 부터도 확인할 수 있다(Plinninger, 2015)

또한 굴착 터널의 정확한 굴착선면은 최종 라이닝 설치에 도움이 되며, 콘크리트와 작업 시간의 비용 절감은 전체 터널링 프로젝트에 큰 영향을 준다. 그 예로서 총 길이 1200m의 터널에서 발파굴착 구간과 비교하여 4,960m² 콘크리트를 절약하였다는 결과도 있으며(Uwe, Restner, 2007), 그림에서 보는 바와 같이 동일한 터널에서 로드헤더 적용구간의 과굴착(overbreak)량이 발파 굴착에 비하여 상당히 감소함을 볼 수 있다.

표 3.2 도심지 터널에서의 로드헤더 기계굴착의 적용성 평가

구분		굴착공법별 적용성		
		기계 굴착	발파 굴착	TBM
단면 적용성	Flexibility in shape and size	높음	높음	매우 낮음
굴착 적용성	Possibility of multiple step	높음	높음	매우 낮음
장비 이동성	Mobilization of excavation equipment	빠름	보통	낮음
여굴 과굴착	Excavation profile and Overbreak	낮음	높음	매우 낮음
암반 안정성	Impact on stability of rock	거의 없음	상당함	거의 없음
진동 영향	Vibration problem	거의 없음	매우 심각	거의 없음

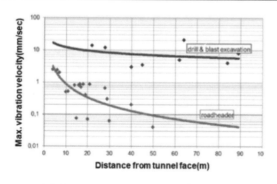

발파와 로드헤더 진동 비교(Plinninger, 2015)

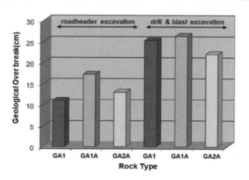

발파와 로드헤더 과굴착 비교(Lenze, 2006)

3. 국내 도심지 터널공사에서 로드헤더 적용을 위한 해결 과제

국내에서 로드헤더 기계굴착의 적용을 확대하고, 고성능 기계굴착 도입을 적극적으로 반영하기 위해서는 많은 기술적 검토와 고민이 요구되는 시점이다. 이는 현재 개발 운영 중인 고성능 기계굴착장비가 국내 터널 현장에 도입 운영된 적이 없어, 과연 국내 암반 특성과 터널 공사 시스템에 적합한지에 대한 자료가 전무하기 때문으로 향후 다음과 같은 문제를 해결하여야만 한다.

■ 해외 고성능 로드헤더의 현장 적용성 검증

현재 세계적으로 다양한 국가의 터널프로젝트에서 다양한 제품의 고성능 로드헤더가 운영 적용되고 있다. 이러한 해외 터널 현장에서의 실질적인 운영 자료를 검토 분석하여 고성능 로드헤더에 대한 현장 적용성을 검증하여야 한다. 특히 국내의 공사 여건과 민원 등의 제반 문제 등을 종합적으로 고려하여 도심지 터널프로젝트에서의 터널공법을 선정하고 결정할 수 있도록 하여야 한다.

■ 국내 암반특성에 적합한 로드헤더 기계굴착 시스템 구축

국내의 암반은 상대적으로 경암반이 많고, 석영 등을 많이 함유한 결정질 화강암/편마암이 주를 이루고 있는 특성을 가진다. 현재까지 개발 운영되고 있는 로드헤더 특성상 이러한 국내 암반조건에 대하여 효율성 확보와 더불어 경제성 문제를 해결할 수 있는 최적 장비에 대한 기술 개발이 수행되어야 한다.

■ 도심지 터널에서의 기계굴착 운영자료 검증 및 피드백

현재 국내 도심지 터널프로젝트에서 고성능 로그헤더 기계굴착이 설계에 반영되고 도입이 예정되어 조만간 터널 현장에 적용될 예정이다. 따라서 각 터널현장에서의 운영 중인 실제 데이터가 축적되고 공유되도록 하여야 하며, 고성능 로드헤더 장비의 운영상의 제반 문제점을 해결하는 데 산학연 협력체계가 구축되어야 할 것이다.

■ 도심지 터널에서의 적합한 최적장비 개발 및 운영

도심지 터널에서의 적용성을 확장하기 위해 단단하고 마모성이 높은 암종을 커팅할 수 있으며, 300kW 커터 헤드 파워와 최대 120t 작동 중량을 초과하지 않으면서 충분한 유연성과 기동성을 유지하고 비용을 저렴하고 적절한 수준으로 유지할 수 있는 최적의 로드헤더 장비를 개발해야 한다.

부록
Appendix

APP.1 주요 로드헤더 장비 소개

로드헤더 기계굴착 가이드

APPENDIX
01

주요 로드헤더 장비 소개

Technical data	
Cutter motor power	300W
Cutting height(max)	6,600mm
Dimension(L-W-H)	19,400×4,560×5,030mm
Ground pressure	0.25MPa
Installed power	522kW
Loading capacity	350m^3/h
Cutting width(max)	9,100mm
Weight	135,000kg
Max. tram speed	15m/min

[SANDVIK] MT720 Roadheader for tunneling

Technical data	
Cutter motor power	300W
Cutting height(max)	6,600mm
Dimension(L-W-H)	19,400×4,560×5,030mm
Ground pressure	0.25MPa
Installed power	522kW
Loading capacity	350m^3/h
Cutting width(max)	9,100mm
Weight	135,000kg
Max. tram speed	15m/min

[SANDVIK] MT520 Roadheader for tunneling

Technical data	
Weight	120,000kg
Dimension(L-W-H)	13,300×3,500×2,600mm
Cutting height(max)	5,800mm
Cutting width(max)	8,500mm
Cutter motor power	300kW
Ground pressure	0.19MPa
Loading capacity	300m^3/h
Max. tram speed	17m/min
Installed power	504kW

[SANDVIK] MH621 Roadheader for hardrock

Technical data	
Weight	10,500kg
Dimension(L-W-H)	14,300×5,200×3,000mm
Cutting height(max)	5,200mm
Cutting width(max)	8,300mm
Cutter motor power	325kW
Ground pressure	0.24MPa
Max. tram speed	13m/min
Installed power	547kW

[SANDVIK] MR520 Roadheader for Mining

Technical data	
Weight	67,000kg
Dimension(L-W-H)	11,000×3,100×2,300mm
Cutting height(max)	5,000mm
Cutting width(max)	7,500mm
Cutter motor power	230kW
Ground pressure	0.17MPa
Max. tram speed	15m/min
Installed power	452kW

[SANDVIK] MR361 Roadheader for hardrock

Technical data	
Weight	67,000kg
Dimension(L-W-H)	10,900×3,300×2,300mm
Cutting height(max)	4,900mm
Cutting width(max)	7,500mm
Cutter motor power	230kW
Ground pressure	0.17MPa
Max. tram speed	0~9m/min
Installed power	404kW

[SANDVIK] MR341 Roadheader for hardrock

Technical data	
Total length	Approx. 22.1m
Total height	5.0m
Total width(crawler width)	4.5m(3.2m)
Total weight	Apporox. 116tons
Max. cutting height	8.8m
Max. cutting width	8.3m
Under cut	0.45m
Cutting motor	300/200kW-4/6P

[MITSUI] SLB-300SG

Technical data	
Total height	4.2m
Total width(crawler width)	3.6m(2.6m)
Total weight	Apporox. 64tons
Max. cutting height	6.0m
Max. cutting width	6.4m
Under cut	0.35m
Cutting motor	200/110kW-4/8P

[MITSUI] MRH-S200SG

Technical data	
Total length	Approx. 18m
Total height	4.8m
Total width(crawler width)	3.4m(3.2m)
Total weight	Apporox. 120tons
Max. cutting height	8.8m
Max. cutting width	8.8m
Under cut	0.45m
Cutting motor	350/350kW-4/6P

[MITSUI] SLB-350S

Technical data	
Total height	4.8m
Total width(crawler width)	3.4m(3.2m)
Total weight	Apporox. 90tons
Max. cutting height	8.8m
Max. cutting width	8.3m
Under cut	0.45m
Cutting motor	300/200kW-4/6P

[MITSUI] SLB-300S

Technical data	
Total length	Approx. 11.5m
Total height	3.85m
Total width(crawler width)	2.9m(2.6m)
Total weight	Apporox. 53tons
Max. cutting height	7.0m
Max. cutting width	7.2m
Under cut	0.35m
Cutting motor	200/110kW-4/8P

[MITSUI] MRH-S200

Technical data	
Total length	Approx. 12.1m
Total height	1.8m
Total width(crawler width)	2.8m(1.9m)
Total weight	Apporox. 27tons
Max. cutting height	4.5m
Max. cutting width	5.1m
Under cut	0.25m
Cutting motor	100/60kW-4/8P

[MITSUI] MRH-S100

Technical data	
Total length	Approx. 11.3m
Total height	1.5m
Total width(crawler width)	2.8m(1.8m)
Total weight	Apporox. 20tons
Max. cutting height	3.8m
Max. cutting width	4.2m
Under cut	0.25m
Cutting motor	65kW-4P

[MITSUI] MRH-S65

Technical data	
Total length	15.6m
Total width	3.6m
Total height	3.7m
Total weight	125t
Total power	530kW
Total cutting power	300kW
Max. cutting width	6.5m
Cutting area	40m^2
Max. UCS	70MPa
Depth	247mm
Gradeability	±16°

[CREG] CTR 300A - Boom type Roadheader

Technical data	
Total length	17.2m
Total width	3.8m
Total height	3.83m
Total weight	103t
Total power	507kW
Total cutting power	300kW
Max. cutting width	7.4m
Cutting area	45m^2
Max. UCS	50MPa
Depth	233mm
Gradeability	±16°

[CREG] CTR 300R – Boom type Roadheader

Technical data	
Total length	
Total width	
Total height	
Total weight	
Total power	
Total cutting power	
Max. cutting width	
Cutting area	
Max. UCS	
Depth	
Gradeability	

[CREG] CTR 300D – Boom type Roadheader

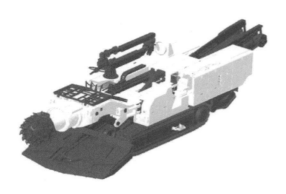

Technical data	
Total length	13.4m
Total width	3.6m
Total height	2.2m
Total weight	110t
Total power	520kW
Total cutting power	300kW
Max. cutting width	6.3m
Cutting area	45m^2
Max. UCS	70MPa
Depth	233mm
Gradeability	±16°

[CREG] CTR 300S – Boom type Roadheader

Technical data	
Total length	17m
Total width	3.6m
Total height	3.8m
Total weight	110t
Total power	496.5kW
Total cutting power	300kW
Max. cutting width	7.2m
Cutting area	45m^2
Max. UCS	70MPa
Depth	233mm
Gradeability	±16°

[CREG] CTR 260T - Boom type Roadheader

Technical data	
Total length	16.2m
Total width	4.2m
Total height	4.32m
Total weight	132.5t
Total power	633kW
Total cutting power	323kW
Max. cutting width	8m
Cutting area	50m^2
Max. UCS	70MPa
Depth	293mm
Gradeability	±14°

[CREG] CTR 323 - Boom type Roadheader

Technical data	
Total length	16.2m
Total width	5.0m
Total height	5.1m
Total weight	188t
Total power	633kW
Total cutting power	350kW
Max. cutting width	8.26m
Cutting height	4.08m
Max. UCS	80MPa
Ground pressure	0.19MPa
Gradeability	±16°

[CREG] CTR 450 - Boom type Roadheader

참고문헌 Reference

PART I

국토교통부, 2012, 도로설계편람.

국토교통부, 2016, 터널설계기준.

국토교통부, 2016, 터널표준시방서.

국토교통부, 2019, 대심도 교통시설사업의 원활한 추진을 위한 제도개선.

국토교통부, 2020, 지하안전영향평가서 매뉴얼 터널해설편.

국토교통부, 2020. 수도권 광역철도 A노선 민간투자사업에 실시계획변경 고시, 국토교통부 고시 2020-333호.

김영근, 한국지반공학회 학회지, 2020, 도심지터널, 기계굴착의 시대는 오는가?

김영근, 한국터널지하공간학회 학회지 2021, 도심지 터널에서의 로드헤더 기계굴착의 적용과 전망.

신안산선 복선전철 민간투자사업 설계 성과품 1식, The NEXTRAIN(2020).

일본 국토청 대심도이용연구회, 평성10년, 대심도 지하이용의 과제와 전망.

한국건설기술연구원, 2012, 대심도 지하 복층터널 구축개발 기획 최종보고서.

한국건설기술연구원, 2015, 대심도 지하도로 설계지침 제정연구 최종보고서.

한국건설기술연구원, 2019, 차세대 대심도 교통인프라 안전성 확보 기술개발기획 연구 중가보고서, pp.13-16.

한국교통연구원, 2009, 대심도 철도정책의 실행방안 연구보고서.

한국암반공간학회, 2020, KSRM 기술포럼-로드헤더 기계굴착-도심지 터널에서의 기계굴착 적용 방안 모색.

한국터널지하공간학회, 2016, 터널설계기준해설서.

한국터널지하공간학회, 2018, KTA 정책연구보고서 - 선진국형 터널공사 건설시스템.

한국터널지하공간학회, 2020, 도심지터널 지하안전영향평가 평가기준 수립 학술연구용역 연구보고서.

한국터널지하공간학회, 2020, KTA 정책포럼-대심도 터널현안과 대책-자료집.

PART II

Balci, C. and Bilgin, N.(2007) Correlative study of linear small and full-scale rock cutting tests to select mechanized excavation machines, International Journal of Rock Mechanics & Mining Sciences, Vol.44, pp.468-47.

Balci, C., Demircin, M.A., Copur, H., Tuncdemir, H.(2004) Estimation of optimum specific energy based on rock properties for assessment of roadheader performance, The Journal of The South African Institute of Mining and Metallurgy, Vol.104, pp.633-642.

Bilgin, N., Demircin, M.A., Copur, H., Balci, C., Tuncdemir, H., Akcin, N., 2006. Dominant rock properties affecting the performance of conical picks and the comparison of some experimental and theoretical results. International Journal of Rock Mechanics and Mining Sciences, 43(1):139-156.

Bilgin, N., Yazici, S., Eskikaya, S.(1996) A model to predict the performance of roadheaders and impact hammers in tunnel drivages, Proceedings of Eurock '96, A.A Balkema, pp.715-720.

Choi, S.W., Chang, S.H., Lee, G.P., Park, Y.T., 2014. Performance estimation of conical picks with slim design by the linear cutting test (II): depending on skew angle variation. J. Korean Tunn. Undergr. Sp. Assoc.

Copur, H., 1999. Theoretical and experimental studies of rock cutting with drag bits toward the development of a performance prediction model for roadheaders. PhD thesis, Colorado School of Mines, p.361.

Copur, H., Bilgin, N., Balci, C., Tumac, D., Avunduk, E., 2017. Effects of Different Cutting Patterns and Experimental Conditions on the Performance of a Conical Drag Tool. Rock Mech. Rock Eng.

Copur, H., Ozdemir, L., Rostami, J.(1998) Roadheader applications in mining and tunneling, Mining Engineering, Vol.50, pp.38-42.

Ebrahimabadi, A., Goshtasbi, K., Shahriar, K., Seifabad, M.C., 2011. A model to predict the performance of roadheaders based on the rock mass brittleness index. Journal of the Southern African Institute of Mining and Metallurgy, 111:355-364.

Evans, I., 1962. A theory of the basic mechanics of coal ploughing. Proceedings of the

International Symposium on Mining Research, University of Missouri, Pergamon Press. V2: pp.761-768.

Evans, I., 1972a. Line spacing of picks for efficient cutting. International Journal of Rock Mechanics and Mining Sciences & Geomechanics, 9:355-359.

Evans, I., 1972b. Relative efficiency of picks and discs for cutting rock. MRDE Report No.41, National Coal Board, UK, p.6.

Evans, I., 1982. Optimum line spacing for cutting picks. The Mining Engineer, January: 433-434.

Evans, I., 1984a. A theory of the cutting force for point attack picks. International Journal of Mining Engineering, 2:63-71.

Evans, I., 1984b. Basic mechanics of the point attack pick. Colliery Guardian, May: 189-193.

Evans, I., Pomeroy, C.D., 1966. The Strength, Fracture and Workability of Coal. Pergamon Press, Library of Congress Catalogue Card Nr. 66-14657. p.277.

Gehring, K.H., 1989. A cutting comparison. Tunnels and Tunnelling, November:27-30.

Goktan, M., 1990. Effect of cutter pick rake angle on the failure pattern of high strength rocks. Mineral Science Technology, 11:281-285.

Hekimoglu, O.Z., 2019. Suggested methods for optimum rotative motion of point attack type drag tools in terms of skew angles. Int. J. Mining, Reclam. Environ.

Hurt, K.G., 1980. Rock Cutting Experiments with Point Attack Tools. Colliery Guard. Redhill.

Jeong, H., 2017, Assessment of rock cutting efficiency of pick cutters for the optimal design of a mechanical excavator, PhD thesis, Seoul National University.

Jeong, H., Choi, S., Jeon, S., (2020) Effect of skew angle on the cutting performance and cutting stability of point-attack type picks, Tunnelling and Underground Space Technology, 103, 103507.

Jeong, H., Jeon, S., 2018. Characteristic of size distribution of rock chip produced by rock cutting with a pick cutter. Geomech. Eng. 15, 811-822.

Jeong, H.Y., Cho, J.W., Jeon, S., Rostami, J., 2016. Performance assessment of hard rock TBM and rock boreability using punch penetration test. Rock Mech. Rock Eng. 49, 1517-1532.

Kang, H., Cho, J.W., Park, J.Y., Jang, J.S., Kim, J.H., Kim, K.W., Rostami, J., Lee, J.W., 2016. A new linear cutting machine for assessing the rock-cutting performance of a pick cutter. Int. J. Rock Mech. Min. Sci. 88, 129–136.

Kim, E., Rostami, J., Swope, C., Colvin, S.(2012a) Study of Conical Bit Rotation Using Full-Scale Rotary Cutting Experiments, Journal of Mining Science, Vol.48, pp.717–731.

Liu, S., Cui, Yuming, Chen, Yueqiang, Guo, Chuwen, 2019, Numerical research on rock breaking by abrasive water jet-pick under confining pressure, International Journal of Rock Mechanics and Mining Sciences, 120:41–49.

Mostafavi, S. S., Yao, Q. Y., Zhang, L. C., Li, X. S., Lunn, J., & Melmeth, C. (2011, January 1). Effect of Attack Angle On the Pick Performance In Linear Rock Cutting. American Rock Mechanics Association.

Nishimatsu, Y., 1972. The mechanics of the rock cutting. International Journal of Rock Mechanics and Mining Sciences, 9:261–271.

Park, J.Y., Kang, H., Lee, J.W., Kim, J.H., Oh, J.Y., Cho, J.W., Rostami, J., Kim, H.D., 2018. A study on rock cutting efficiency and structural stability of a point attack pick cutter by lab-scale linear cutting machine testing and finite element analysis. Int. J. Rock Mech. Min. Sci. 103, 215–229.

Rostami, J.(2013) Cutterhead Design Procedures and Performance Evaluations for Roadheader, Final report submitted to Korea Institute of Construction Technology, August 2013, Jamal Rostami Engineering Services LLC.

Rostami, J., Ozdemir, L., Neil, D.M.(1994a) Application of Heavy Duty Roadheaders for Underground Development of the Yucca Mountain Exploratory Study Facility, High level radioactive waste management, Proceedings of the 5th Annual international conference, Vol.2, 395–402.

Rostami, J., Ozdemir, L., Neil, D.M., 1994. Performance prediction: A key issue in mechanical hard rock mining. Mining Engineering, 11:1263–1267.

Shao, W., Li, X., Sun, Y., Huang, H. (2017) Parametric study of rock cutting with SMART* CUT picks, Tunnelling and Underground Space Technology, 61, 134–144.

Thuro, K., Plinninger, R.J.(1999) Roadheader excavation performance-geological and geotechnical influences, Proceedings of the 9th ISRM Congress, Paris, pp.1241–1244.

PART III

Aker Wirth and Rio Tinto—Mobile Tunnel Miner (MTM) Full Version, 2013.06.14.
  http://www.youtube.com/watch?v=u6AJ—YvjbiA

Caterpillar, 2016, Website:
  https://www.cat.com/en_US/campaigns/awareness/ rock—straight—system.html

CREG, 2019, Introduction of Road Header, CREG tunneling equipment manufacturing Co.
  LTD.

Leonida, C.: Making hard—rock history, Mining Magazine July/August 2016, pp.52—61.

Jin—Seok Jang, Wan—Suk Yoo*, Hoon—Kang, Jung—Woo Cho, Myeong—Sik Jeong, Sang—
  Kon Lee, Yong—Jae Cho, Jae—Wook Lee, and Jamal Rostami, 2016, Cutting Head Attachment
  Design for Improving the Performance by using Multibody Dynamic Analysis, International
  Journal of Precision Engineering and Manufacturing, Vol.17, No.3, pp.371—377.

Jin—Young Park, Hoon Kang, Jae—Wook Lee, Jong—Hyoung Kim, Joo—Young Oh, Jung—
  Woo Cho*, Jamal Rostami, Hyun Deok Kim, 2018, A study on rock cutting efficiency
  and structural stability of a point attack pick cutter by lab—scale linear cutting machine
  testing and finite element analysis, International Journal of Rock Mechanics and Mining
  Sciences, 103 (2018), pp.215—229.

Sandvik, 2006, Operator's Manual, en—US A.001.1 2016—09—21 (with permission of Sandvik
  Suhjun)

PART IV

Alber(2008), Stress dependency of the Cerchar abrasivity index(CAI) and its effects on wear of selected rock cutting tools, Tunnelling & Underground Space Technology Vol.23(4), pp.351-359.

Balci and Bilgin(2007), Correlative study of linear small and full-scale rock cutting tests to select mechanized excavation machines, International Journal of Rock Mechanics & Mining Sciences, Vol.44, pp.468-476.

Bieniawski(1968), The effect of specimen size on compressive strength of coal. Int. Journal Rock Mech. Vol.5, pp.325-335.

Copur and Rostami(1998), Roadheader applications in mining and tunnelling, Mining Engineering, Vol.50, pp.38-42.

Gehring(2000), Modern roadheader technology for tunnel excavation, Proceedings of Tunnel Maq', Madrid, pp.1-14.

Hiller and Crabb(2000), Groundborne vibration caused by mechanized construction works, Transport Research Laboratory Report 429.

ITA(2006), Guidelines for Tunnelling Risk Assessment 2006, ITA WG2.

McFeat-Smith and Fowell(1977), Correlation of rock properties and cutting performance of tunnelling machines, Proceedings of Conference on Rock Engineering, Newcastle Upon Tyne, United Kingdom, pp.581-602.

Melbourne Metro Rail Project(2016), Noise and Vibration, Appendix B.

Ocak and Bilgin(2010), Comparative studies on the performance of a roadheader, impact hammer and drilling and blasting method in the excavation of metro station tunnels in Istanbul, Tunnelling and Underground Space Technology, Vol.25, pp.181-187.

Restner and Plinninger(2015), Rock Mechanical Aspects of Roadheader Excavation, EUROCK 2015 & 64th Geomechanics Colloquium, Schubert, pp.249-254.

Restner(2007), New Technologies Extend the range of applications of roadheaders, Conference paper, https://www.researchgate.net/publication/284726442.

Rostami(2011), Section 7.1 Rock Breakage, Mechanical, Mining Engineering Handbook, Society of Mining, Metallurgy, and Exploration Engineering Inc(SME).

Rostami(2013), Cutterhead Design Procedures and Performance Evaluations for Roadheader, Final report submitted to Korea Institute of Construction Technology, August 2013, Jamal Rostami Engineering Services LLC.

SANDVIK(2010), Mineral Ground Tools—Mining, Product Catalog, http://www.miningandconstruction.sandvik.com

SANDVIK(2014), Options Technical Description MT–720–PLC specification, 201, Rev0, http://www.sandvik.com.

Thuro and Plinninger(1998), Geological limits in roadheader excavation—Four case studies, Proceedings of the 8th International IAEG Congress, pp.3545~3552.

Thuro and Plinninger(1999), Roadheader excavation performance—geological and geotechnical influences, Proceedings of the 9th ISRM Congress, Paris, pp.1241–1244.

국토교통부(2016), 대한민국 국가지도집II, 국토지리정보원.

대림산업(2019), 월곶~판교 복선전철 6공구 건설공사 기본설계보고서.

서용석, 윤현석, 김동규, 권오일(2016), "국내에 분포하는 암반의 물리·역학적 특성분석", The Journal of Engineering Geology, Vol.26, No.4, pp.593–600.

박영택, 최순욱, 박재현, 이철호, 장수호(2013), "로드헤더의 굴착원리와 데이터베이스를 활용한 로드헤더 핵심 설계 항목의 통계분석", 한국지하공간학회지, Vol.23, No.5, pp.428–441.

장수호(2015), "기계식 암반굴착기술—TBM과 로드헤더를 위주로", 한국자원공학회지, Vol.52, No.5, pp.531–548.

한국암반공학회(2020), 2020 KSRM 기술포럼, 로드헤더 기계굴착; 도심지 터널에서의 로드헤더 기계굴착 적용방안 모색.

현대건설(2019), 인천도시철도1호선 검단연장선 1공구 기본설계보고서.

SK건설(2019), 동탄~인덕원 복선전철 제1공구 및 월곶~판교 복선전철 제8공구 건설공사 기본설계보고서.

PART V

A. Ramezanzadeh and M. Hood, A state of the art review of mechanical rock excavation technologies, IJMEI Vol.1. No.1, 2010.

Alber, M. 2008. Stress dependency of the Cerchar abrasivity index (CAI) and its effects on wear of selected rock cutting tools. Tunnelling & Underground Space Technology 23(4), pp.351-359.

DGGT-Deutsche Gesellschaft fü Geotechnik e.V. 2004. Neufassung der Empfehlung Nr. 1. des Arbeitskreises 3.3. "ersuchstechnik Fels" der Deutschen Gesellschaft fü Geotechnik e.V.: Einaxiale Druckversuche an zylindrischen Gesteinsprüköpern. Bautechnik, 81, 10, pp.825-834.

Gehring K.H. 2000. Modern roadheader technology for tunnel excavation. In: Proceedings of Tunnel Maq' 2000, pp.1-14, Madrid, Spain.

Gehring, K.H. & Reumüller, B. 2002. Hard rock cutting with roadheaders-the ICUTROC approach. In R.

Gehring, K.H. 1995. Leistungs-und Verschleißprognose im maschinellen Tunnelbau. Felsbau 13, 6, pp.439-448.

Komura, Y. & Inada, Y. 2006. The effect of the loading rate on stress-strain characteristics of tuff. In: J. Soc. Mater. Sci, 55, 3, pp.323-328.

Lajtai, E.Z., Scott Duncan, E.J. & Carter, B.J. 1991. The effect of strain rate on rock strength. In: Rock Mech. Rock Eng., 24, pp.99-109.

Mohamed Darwish, Reem Aboali, Selection Criteria for Tunnel Construction, 2015.

Projet Garage Côote-Vertu, COMPARAISON ENTRE L'EXCAVATION DU ROC PAR MOYEN MÉECANIQUE ET PAR FORAGE DYNAMITAGE.

Restner, U. & Gehring, K.H. 2002. Quantification of rock mass influence on cuttability with roadheaders.

Restner, U. & Gehring, K.H. 2002. Quantification of rock mass influence on cuttability with roadheaders. In: Proceedings of TUR 2002. pp.53-68, University of Mining and Metallurgy, Krakó-Krynica, Poland.

Restner, U. 2008. Sandvik Mining and Construction's Rock Testing Standards. Sandvik internal, not officially published document. Zeltweg, Austria.

Rodney, G. 2003. Montreal breaks new ground with roadheader. World Tunnelling October 2003: 309–312.

Sandvik, Sandvik Tunnelling Roadheader, Product Protfolio, 2008.

Schaffer, C.M. 2008. Qualification and quantification of the influence of specimen geometry and loading rate on uniaxial compressive strength and parameters derived from the UCS test. Bachelor's thesis. Montanuniversitä Leoben, Austria.

Snadvik, Roadheader in tunnelling Today's state of the art roadheader, 2010.

Thuro, K. & Plinninger, R.J. 2003. Hard rock tunnel boring, cutting, drilling and blasting: rock parameters for excavatability–Proceedings of the 10th ISRM Int. Congress on Rock Mechanics, Johannesburg, South Africa, 8–12. September 2003, pp.1227–1234.

Thuro, K., Plinninger, R.J. & Zä, S. 2001. Scale effects in rock strength properties. Part 1: Unconfined compressive test and Brazilian test.–In: Säkkä P. & Eloranta, P. (eds.): Rock Mechanics–A Challenge for Society.–Proceedings of the ISRM Regional Symposium Eurock 2001, Espoo, Finland, 4–7 June 2001, pp.169–174, Lisse(Balkema/Swets & Zeitlinger).

Uwe Restner and Ralf J. Plinninger Rock Mechanical Aspects of Roadheader Excavation, EUROCK 2015 & 64th Geomechanics Colloquium.

Uwe Restner, "Metro Montreal"–Successful operation of a state–of–the–art roadheader –ATM 105–ICUTROC–competing with drill & blast operation in urban tunnelling, 2004.

저자 소개 Authors

구 성	주저자
PART I 도심지 터널과 기계굴착	김영근 박사원
PART II 기계굴착 가이드 – 실험 및 방법론	정호영 조정우
PART III 기계굴착 장비 설계 및 운영	조정우 장진석
PART IV 로드헤더를 이용한 터널 굴착설계	박사원 김영근
PART V 도심지 터널에서 로드헤더 설계 및 적용사례	이용준 김영근 최성현

김영근

(주)건화 지반터널부 부사장 / 기술연구소 연구소장

서울대학교 자원공학과 졸업(공학박사)
화약류관리 기술사 / 지질 및 지반 기술사
한국암반공학회 발전위원장
한국터널지하공간학회 부회장 / 한국지반공학회 부회장
중앙건설기술심의위원

정호영

부경대학교 에너지자원공학과 조교수

서울대학교 에너지자원공학과 졸업(공학박사)
한국암반공학회 정회원

조정우

한국생산기술연구원 수석연구원

서울대학교 지구환경시스템공학부 졸업(공학박사)
한국암반공학회 이사
한국터널지하공간학회 정회원
한국도로공사 기술자문위원

저자 소개 Authors

장진석

한국생산기술연구원 선임연구원

부산대학교 기계공학과 졸업(공학박사)
(사)대한기계학회 정회원
한국기계가공학회 정회원

박사원

(주)건화 지반터널부 상무

홍익대학교 토목공학과 졸업(공학박사)
토질 및 기초 기술사
한국수자원공사 설계자문위원
국가건설기준(터널) 평가위원

이용준

(주)단우기술단 지반공학부 전무

아주대학교 건설교통학과 졸업(공학박사)
한국터널지하공간학회 정회원

최성현

(주)샌드빅서전 건설장비영업부 팀장

상지대학교 자원공학과 졸업
인하대학교 대학원 토목공학과 암반공학 전공(공학석사)

도심지 터널
로드헤더 기계굴착 가이드
Roadheader Excavation Guide in Urban Tunnelling

초 판 인 쇄 2021년 5월 10일
초 판 발 행 2021년 5월 27일

저   자 김영근, 정호영, 조정우, 장진석, 박사원, 이용준, 최성현
펴 낸 이 김성배
펴 낸 곳 도서출판 씨아이알

편 집 장 박영지
책 임 편 집 김동희
디 자 인 윤지환, 윤미경
제 작 책 임 김문갑

등 록 번 호 제2-3285호
등 록 일 2001년 3월 19일
주   소 (04626) 서울특별시 중구 필동로8길 43(예장동 1-151)
전 화 번 호 02-2275-8603(대표)
팩 스 번 호 02-2265-9394
홈 페 이 지 www.circom.co.kr

I S B N 979-11-5610-968-6 93530
정   가 30,000원